职业教育电子商务专业"十一五"规划教材

# 电子商务概论

主 编 李贞华

副主编 何兴旺

参 编 覃永学 白晓雷

白宝田 施 勇

机械工业出版社

"电子商务概论"是电子商务专业的核心课程之一，也是经济
管理类其他相关专业电子商务方面的基础课程之一。本书共分 9 个
单元，分别从初识电子商务、领会电子商务交易模式、熟悉电子商
务安全、运用电子支付、认识电子商务物流、掌握网络营销策略、
学会网络采购、了解电子商务法律、分析电子商务案例几个方面介
绍了电子商务的基本理论与实务操作。本书系"任务驱动"系列教
材之一，可作为职业教育电子商务专业教材，也可作为全国电子商
务员考试的培训或复习用书。

## 图书在版编目（CIP）数据

电子商务概论/李贞华主编．—北京：机械工业出版社，2009.4
职业教育电子商务专业"十一五"规划教材
ISBN　978-7-111-26717-1

Ⅰ.电… Ⅱ.李… Ⅲ.电子商务—职业教育—教材
Ⅳ. F713.36

中国版本图书馆 CIP 数据核字（2009）第 046176 号

机械工业出版社（北京市百万庄大街 22 号　邮政编码 100037）
策划编辑：徐永杰　　责任编辑：聂志磊
封面设计：马精明　　责任印制：乔　宇
北京双青印刷厂印刷
2009 年 5 月第 1 版第 1 次印刷
184mm×260mm · 14.75 印张 · 344 千字
0 001—3 000 册
标准书号：ISBN　978-7-111-26717-1
定价：25.00 元

# 前　　言

随着经济全球化和以 Internet 为核心的网络技术的飞速发展，电子商务作为一种全新的商务手段得到了迅速的普及和推广。电子商务从发展之初就以其独特的魅力引起了社会各界的极大关注，它给社会的生产、管理，人们的生活、就业，政府职能，法律制度以及教育文化等各个方面带来了巨大的影响。未来的电子商务必将成为世界信息系统的核心和新世纪经济活动的重心。

本书的编写本着"以任务为主线、以技能为载体、以学生为中心"的指导思想，以提高学生的整体素质为基础，充分体现了职业教育的特点。此外，本书在体例安排上，结合职业教育学生的心理和生理特点，版式设计灵活、简洁，配有大量的网页图片和流程图，使其具有生动性、趣味性和启发性等特点。同时，本书还注意与人力资源和社会保障部颁布的《电子商务师国家职业标准》相衔接。

本书的结构如下：
- 任务目标：通过学习本单元内容应达到的目标。
- 任务相关理论介绍：本单元的主要内容。
- 知识链接：一些电子商务的数据资料。
- 示例：通过一些示例和对示例的分析提示，增强学生对知识的理解。
- 单元总结：本单元主要内容提要。
- 课后习题：为巩固掌握所学内容而设计的练习题。

本书共分 9 个单元，包括初识电子商务、领会电子商务交易模式、熟悉电子商务安全、运用电子支付、认识电子商务物流、掌握网络营销策略、学会网络采购、了解电子商务法律和分析电子商务案例。本书可作为职业学校电子商务专业和其他相关专业学生的教材，也可作为电子商务专业培训教材或一般参考书。书中引用大量的实际案例，每一单元都精心编写了练习题，以帮助学生更加深刻地理解知识，并配有电子课件和习题参考答案，方便教师教学。

本书由李贞华担任主编，何兴旺担任副主编。具体分工如下：覃永学编写第一～二单元；何兴旺编写第三、第七单元；李贞华编写第四~六单元；白晓雷编写第八单元；白宝田、施勇编写第九单元。

由于时间仓促与编者水平有限，书中难免有不足之处，敬请各位专家、读者批评指正。

编　者

# 目　　录

# 第一单元　初识电子商务

　　20世纪末，继 Internet 如旋风般席卷全球之后，集信息技术、商务技术和管理技术于一体的电子商务也迅速进入了人们的生产和生活中，加快了经济全球化、贸易自由化和信息现代化的发展步伐。目前，电子商务正以强劲之势改变着企业的经营方式、商务的交流方式、人们的消费方式和政府的工作方式，越来越多地影响着社会的经济发展和人们的生活。

## 任务一　电子商务从哪儿来的

### 任务目标

　　了解电子商务产生和发展的重要条件以及电子商务兴起和发展的两个阶段。

### 任务相关理论介绍

#### 一、电子商务的起源

　　20世纪60年代，电子计算机的广泛应用和先进通信技术的使用导致了电子数据交换（Electronic Data Interchange，简称 EDI）技术的出现和发展，一些集团开始合作开发采购、运输和财务领域中应用的工业 EDI 标准，而这些标准只适用于工业界内的贸易。为了广泛使用 EDI 技术，20世纪70年代，美国运输数据协调委员会和国家信用管理协会在应用研究基金会原有标准的基础上，着手开发了 EDI 标准。随后，世界各大公司与企业开始采用电子数据交换技术，将其用于发送和接受订单、交货信息和支付信息等。电子商务由此诞生。

#### 二、电子商务产生的基础

　　早期的电子商务大部分都建立在大量功能不同的软件设施基础上，因此使用价格极为昂贵，仅大型企业才会使用电子商务技术。此外，早期的网络技术的局限性也限制了电子商务技术应用范围的扩大和水平的提高。随着全球商贸业务的发展以及信息管理技术的成熟，企业对电子商务的需求越来越强烈。20世纪90年代以来，因特网技术和EDI技术的迅猛发展为电子商务的发展奠定了坚实的基础。

电子商务产生和发展的主要条件是：

（1）计算机的广泛应用　从计算机问世至今，计算机的处理速度越来越快，处理能力越来越强，价格越来越低，应用越来越广泛，这为电子商务的应用提供了基础。

（2）网络的普及和成熟　由于Internet逐渐成为全球通信与交易的媒体，全球上网用户呈级数增长趋势和网络快捷、安全、低成本的特点为电子商务的发展提供了应用条件。

（3）信用卡的普及应用　信用卡以其方便、快捷、安全等优点成为人们消费支付的重要手段，并由此形成了完善的全球性的信用卡计算机网络支付与结算系统，使"一卡在手、走遍全球"成为可能，同时也为电子商务中的网上支付提供了重要的手段。

（4）安全电子交易协议的制定　1997年5月31日，由美国VISA和Master Card国际组织等联合制定的安全电子交易（Secure Electronic Transaction，简称SET）协议出台，该协议得到大多数厂商的认可和支持，这为开展电子商务提供了安全环境。

（5）政府的支持与推动　自1997年欧盟发布了欧洲电子商务协议，美国随后发布全球电子商务纲要以后，电子商务受到世界各国政府的重视，许多国家的政府开始尝试网上采购，这为电子商务的发展提供了有力的支持。

### 知识链接

电子商务是指交易当事人或参与人利用计算机技术和网络技术（主要是Internet）等现代信息技术所进行的各类商务活动，包括货物贸易、服务贸易和知识产权贸易。

## 三、电子商务的发展历程

电子商务最早产生于20世纪60年代，在20世纪90年代得到了快速发展，从产生到现在经历了几个不同的阶段。

第一阶段：基于EDI的电子商务

从技术的角度来看，人类利用电子通信的方式进行贸易活动已有几十年的历史了。早在20世纪60年代，人们就开始用电报发送商务文件；20世纪70年代，人们又普遍采用方便、快捷的传真机来替代电报。但是由于传真文件是通过纸面打印来传递和管理信息的，不能将信息直接转入到计算机信息管理系统中，因此，人们开始采用EDI作为企业间进行电子商务交易的应用技术，这也就是电子商务的雏形。

EDI在20世纪60年代末期产生于美国。当时的贸易商们在使用计算机处理各类商务文件的时候发现，由人工输入到一台计算机内的数据中有70%是来源于另一台计算机输出的数据，由于过多人为因素影响了数据的准确性和工作效率的提高，人们开始尝试在贸易伙伴的计算机之间使数据能够自动交换，因此EDI应运而生。

第二阶段：基于 Internet 的电子商务

由于 VAN（增值网）的费用很高，只有大型企业才有条件使用，因此限制了基于 EDI 的电子商务的应用范围的扩大。20 世纪 90 年代中期，Internet 迅速普及，逐步地从大学、科研机构走向企业和百姓家庭，其功能也已从信息共享演变为一种大众化的信息传播工具。从 1991 年起，一直排斥在互联网之外的商业贸易活动正式进入到这个王国，从而使电子商务成为互联网应用的最大热点。以直接面对消费者的网络直销模式而闻名的美国戴尔（Dell）公司 1988 年 5 月的在线销售额高达 500 万美元，该公司 2000 年在线收入占总收入的一半。另一个网络新贵——亚马逊网上书店（Amazon.com）的营业收入从 1996 年的 1 580 万美元猛增到 1998 年 4 亿美元。eBay 公司是互联网上最大的个人拍卖网站，这个跳蚤市场在 1998 第一季度的销售额就达 1 亿美元。

综合所述，EDI 技术的产生和发展为以 Internet 为基础的电子商务应用提供了有益的尝试和技术准备，Internet 技术的普及与发展也为 EDI 技术的进一步发展提供了动力和技术条件。

# 任务二　了解现实中电子商务的应用

## 任务目标

了解电子商务的优势以及电子商务对社会经济和人类工作、生活方式的影响。

## 任务相关理论介绍

### 一、发展电子商务的原因

以互联网为依托的电子技术平台为传统商务活动提供了一个无比宽阔的发展空间，其优越性是传统媒介手段根本无法比拟的，其特点如下：

（1）广域性　互联网跨越世界、穿越时空，无论身处何地，无论白天与黑夜，只要利用浏览器轻点鼠标，你就可以随心所欲地登录任何国家、地域的网站，与他人直接沟通。

（2）即时性　21 世纪是信息社会，信息就是财富，而信息传递速度的快慢对于商家而言可谓是生死攸关。互联网以其传递信息速度的快捷性而备受商家青睐。

（3）虚拟性　互联网使传统的空间概念发生了变化，出现了有别于实际地理空间的虚拟空间。处于世界任何角落的个人、公司或机构，可以通过互联网紧密地联系在一起，建立虚拟社区、虚拟公司、虚拟政府、虚拟商场、虚拟大学或者研究所等，以达到信息共享、资源共享、智力共享等目的。

（4）互动性　通过互联网，商家之间可以直接交流、谈判、签合同，消费者也可以

把自己的反馈建议反映到企业或商家的网站上，而企业或商家则要根据消费者的反馈及时调查产品及服务的品质，做到良性互动。

综合以上优势，电子商务作为一种新的商业模式于 20 世纪最后的 10 年出现在人们面前，和传统的交易方式相比，电子商务有很多优越之处。例如，它可以突破地域和时间限制，使处于不同地区的人们自由地传递信息，互通有无，开展贸易；它的快捷、自由和交换的低成本等优势使其大受欢迎，并被广泛使用。

## 二、电子商务的影响

21 世纪是一个以网络为核心的信息时代，数字化、网络化与信息化是 21 世纪的时代特征。电子商务作为信息时代的一种新的商贸形式，不仅带来了经营战略、组织管理及文化冲突等方面的变化，还带来了一种通过技术的辅助、引导、支持来实现前所未有的频繁的商务经济往来的方式，是商务活动本身发生的根本性革命。电子商务直接改变的是商务活动的方式、买卖的方式、贸易磋商的方式、售后服务的方式等。

### 1. 电子商务对社会经济的影响

1）电子商务将改变商务活动的方式：传统的商务活动中，推销员满天飞、采购员遍地跑、说破了嘴、跑断了腿的现象不复存在了，消费者在商场中精疲力尽地寻找自己需要的商品的现象也不会有了。现在，只要动动手，消费者通过互联网就可以进入网上商场浏览、采购各类产品，而且还能享受到在线服务；商家们可以在网上与客户联系，利用网络进行货款结算服务；政府还可以方便地进行电子招标、政府采购等活动。

2）电子商务将改变人们的消费方式：网上购物的最大特征是消费者的主导性，购物主动权掌握在消费者手中；同时，消费者还能以一种轻松自由的自我服务的方式来完成交易。

3）电子商务将改变企业的生产方式：电子商务取消了许多中间环节，一切将更加直接。消费者通过网上购物，其个性化、特殊化需求通过网络完全展示在生产厂商面前，为了满足顾客的个性化需求，生产厂商针对特定的市场，生产不同的产品。制造业中的许多企业纷纷发展和普及电子商务。例如，美国福特汽车公司在 1998 年 3 月份将分布在全世界的 12 万个电脑工作站与分公司的内部网连接起来，并将全世界的 1.5 万个经销商纳入内部网中，福特公司的最终目的是实现能够按照用户的不同要求，做到按需供应汽车。

4）电子商务将对传统行业带来一场革命：电子商务是一种崭新的贸易形式，通过人与电子通信方式的结合，极大地提高商务活动的效率，减少不必要的中间环节。传统的制造业借此进入小批量、多品种生产的时代；传统的零售业和批发业开创了"无店铺"和"网上营销"的新模式；各种在线服务为传统服务业提供了全新的服务方式。

5）电子商务将带来一个全新的金融业：由于在线电子支付是电子商务的关键环节，也是电子商务得以顺利发展的基础条件，随着电子商务在电子交易技术环节上的突破，网上银行、银行卡支付网络、银行电子支付系统以及电子支票、电子现金等服务将传统的金融业带入一个全新的领域。1995 年 10 月，全球第一家网上银行"安全第一网络银行（Security First Network Bank）"在美国诞生。这家银行没有建筑物，没有地址，营业厅就是网站首页，员工只有 10 人，与总资产超过 2 000 亿美元的美国花旗银行相比，"安全第一网络银行"简直是微不足道，但与花旗银行不同的是，该银行所有的交易都通过互联网进行。

6）电子商务将改善政府的行为：政府承担着大量的社会、经济、文化的管理和服务的功能，尤其作为"看得见的手"，在调节市场经济运行、防止市场失灵方面有着很大的作用。电子政府或称网上政府的出现，将使政府的角色重新进行定位。

7）电子商务将对企业管理产生巨大的影响：电子商务改变了企业的竞争方式、竞争基础和竞争形象，商务信息对企业的影响大大超出了其他因素的影响。

### 2．电子商务对人们思维方式的影响

电子商务是商务领域的一场信息革命，它将对人们的思维方式产生根本性的影响。新的思维方式体现在以下几个方面。

1）时空观念的转换方面：电子商务没有时间上的间断和地域上的界线，一切都以虚拟方式出现。

2）低成本扩张的可能性方面：这种电子交易方式降低了成本，提高了交易效率。

3）营销观念的变革方面：商务活动必须重视速度快、信用高和服务周到。

4）学习的重要性方面：不断地学习是工作和生存的必要条件。

### 3．电子商务对人类工作和生活方式的影响

电子商务不仅影响着社会经济、企业管理，同时也在改变着人们的生活、工作、学习以及娱乐方式。

1）在信息传播方面：无论对信息传播者还是信息受众，网上信息传播都是最佳的选择。这也是电子商务受欢迎的原因之一，网上信息传播的优势使网络广告也越来越受广告主欢迎。

2）在生活方式方面：电子商务的发展使人们的生活方式发生了变化。现在轻点鼠标，人们就可以在网上聚会、购物、看电影、玩游戏、看书、讨论问题；当然，这也出现了新的问题，如网上垃圾污染问题、家庭隐私问题、网上安全问题等。

3）在办公方式方面：利用电脑与网络在家里办公已成为可能，不再局限于办公室，既节约了时间和费用，也减轻了交通压力，在家里办公已成为一些企业的时尚。

4）在消费方式方面：消费者不必将时间花在选购和排队等待上，在家里就可以利用互联网完成整个购物的过程。网上购物和咨询、电子支付、送货上门等，整个过程都可以通过鼠标点击来完成，消费者可以十分轻松的心情在网上尽情畅游。

5）在教育方式方面：交互式的网络多媒体技术给人们的教育带来了很大的方便，远程的数字化课堂让很多人的教育问题得到解决。讲课、作业、讲评，一切都在网络上进行。网络大学作为远程教育的一种方式，打破了时间和空间的限制，为越来越多的人们所接受。

# 任务三　掌握电子商务的类型

## 任务目标

掌握电子商务的几种主要的分类方法，尤其是按照电子商务活动的对象类型分类。

## 任务相关理论介绍

电子商务的应用极其广泛，因此有许多分类方法。

### 一、按照电子商务活动的范围分类

按照电子商务活动的范围分类，可分为本地电子商务、远程国内电子商务和全球电子商务。

#### 1．本地电子商务

本地电子商务是指用本城市内或本地区内的信息网络实现的电子商务活动，电子交易的地域范围较小。本地电子商务系统是利用 Internet、Intranet 或专用网将下属系统连接在一起的网络系统。本地电子商务系统是开展远程国内电子商务和全球电子商务的基础系统。

#### 2．远程国内电子商务

远程国内电子商务是指在本国范围内进行的网上电子交易活动，其交易的地域范围较大，对软、硬件和技术要求较高，要求在全国范围内实现商业电子化、自动化，实现金融电子化，交易各方需具备一定的电子商务知识、经济能力和技术能力，并具有一定的管理水平和能力等。

#### 3．全球电子商务

全球电子商务是指在全世界范围内通过全球网络进行的电子交易活动，其涉及了有关交易各方的相关系统，如买方国家进出口公司系统、海关系统、银行金融系统、税务系统、运输系统、保险系统等。全球电子商务业务内容繁杂、数据往来频繁，要求电子商务系统严格、准确、安全、可靠，联合国国际贸易委员会应制定出世界统一的电子商务标准和电子商务（贸易）协议，使全球电子商务得到顺利发展。

### 二、按照电子商务活动的对象类型分类

按照电子商务活动的对象类型分类，可分为企业对企业的电子商务（B to B，简称B2B）、企业对消费者的电子商务（B to C，简称 B2C）、企业对政府的电子商务（B to G，简称 B2G）、消费者对消费者的电子商务（C to C，简称 C2C）、消费者对政府的电子商务（C to G，简称 C2G）。

#### 1．企业对企业的电子商务

企业对企业的电子商务是指企业（生产企业或商业企业）利用 Internet 或各种商务网络向供应商（生产企业或商业企业）订货、收发票据和支付货款的活动。企业对企业的电子商务是目前为止电子商务发展最快的一个领域，也将是电子商务业务中的重头戏。典型的 B2B 网站有阿里巴巴等。阿里巴巴电子商务网站建于 1999 年，是全球最大的网上贸易市场，如图 1-1 所示为阿里巴巴电子商务网站。

图 1-1　B2B——阿里巴巴电子商务网站

　　处于生产领域的商品生产企业，它进行传统商务的过程大致可以描述为：需求调查——材料采购——生产——商品销售——收款——货币结算——商品交割。

　　当引入电子商务后，这个过程可以描述为：以电子查询的形式进行需求调查——以电子单证的形式调查原材料信息——确定采购方案——生产——通过电子广告促进商品销售——以电子货币的形式进行资金接收——同电子银行进行货币结算——商品交割。

### 2．企业对消费者的电子商务

　　企业对消费者的电子商务基本等同于商业电子化的零售商务，随着互联网的出现和快速发展，这种类型的电子商务发展得很快。Internet 上已遍布各种类型的商业中心，提供各种商品的电子商务服务，如鲜花、书籍、计算机、汽车和各种消费商品的交易和服务。例如，IT 产品销售网站就很多，如 IT168（http://www.it168.com）、太平洋电脑网（http://www.pconline.com.cn，如图 1-2 所示）。

图 1-2　B2C——太平洋电脑网

为了获得消费者的认同,网上销售商在网络商店的布置方面往往煞费苦心。网上商店的商品不是摆在货架上,而是做成了电子目录,里面有商品的图片、详细的说明书、尺寸和价格信息等。"第三方"的购买指南还不时帮助消费者在众多的商品品牌之间做出选择。消费者对选中的商品只要用鼠标轻轻一点,再把它拖到网站的"购物手推车"里就可以了。在付款时,消费者需要输入自己的姓名、电话、住址及信用卡号码,按下回车键,一次网上购物就算完成。为了解决消费者的疑问,大多数网上销售商还提供免费电话咨询服务。

总之,这种购物过程彻底改变了传统的面对面交易方式,是一种崭新而有效、保密性好、安全性高的电子购物过程,利用各种电子商务保密服务系统,人们就可以在 Internet 上使用自己的信用卡放心大胆地购买物品。

### 3.企业对政府的电子商务

企业对政府的电子商务可以覆盖到企业、公司与政府机构间的许多事务,目前我国有些地方政府已经推出网上采购。例如,政府通过 Internet 发布采购清单,公司以电子化方式回应;另外,政府通过电子交换的方式向企业征税等。这种方式可以帮助政府更好地树立形象,实施对企业的行政事务管理,推行各种经济政策等。如图 1-3 所示为中国电子口岸网。

图 1-3　B2G——中国电子口岸网

### 4.消费者对消费者的电子商务

消费者之间可以通过使用公共网站和个人网站等方式来交换数据,如民间以物易物方式的交换、信息资料的交换及民间借贷等。如图 1-4 所示为拍拍网。

图1-4　C2C——拍拍网

### 5．消费者对政府的电子商务

消费者对政府的电子商务是指政府对个人的电子商务活动，如社会福利基金的发放及个人报税等。

### 三、按照电子商务活动的运作方式分类

按照电子商务活动的运作方式分类，可分为完全电子商务和非完全电子商务。

### 1．完全电子商务

完全电子商务是指完全通过电子商务方式完成全部交易行为和过程的商务活动，或者说是商品或服务的完整交易过程完全是在网络上实现的商务活动。完全电子商务能使双方超越地理空间的障碍进行电子交易，可以充分挖掘全球市场的潜力，如数字化商品、网上服务等。

### 2．非完全电子商务

非完全电子商务是指不能完全依靠电子商务方式实现商务过程和商务行为的商务活动。它要借助于一些外部系统的功能，如物流系统等来完成交易，它所进行的是交易非数字化商品。

## 任务四　电子商务将如何发展

### 任务目标

了解电子商务的应用情况和未来发展趋势。

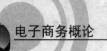

## 任务相关理论介绍

### 一、电子商务在国际的发展状态

以欧美国家为例，可以说电子商务发展得如火如荼。在法、德等欧洲国家，电子商务所产生的营业额已占商务总额的 1/4 左右，在美国则已高达 1/3 以上，而欧美国家电子商务的开展也不过才十几年的时间。在美国，美国在线（AOL）、雅虎、电子港湾等著名的电子商务公司在 1995 年前后开始盈利，到 2000 年共盈利 7.8 亿美元；IBM、亚马逊书城、戴尔、沃尔玛超市等电子商务公司在各自的领域更是取得了巨额利润。

欧美国家电子商务飞速发展的原因有以下几点：

（1）欧美国家拥有计算机的家庭、企业众多，网民人数占人口的 2/3 以上，尤其是青少年几乎都是网民，富裕的经济条件和庞大的网民群体为电子商务的发展创造了一个良好的环境。

（2）欧美国家普遍流行使用信用卡进行消费，建立了一整套完善的信用保障体系，这为电子商务解决了网上支付的问题。欧美国家的信用保证业务已经开展了 80 年。在欧美国家，人们可自由流动，为方便生活起居，每个人都有一个独一无二的、不能伪造并伴随终生的信用代码。持此信用卡进行消费，发卡银行允许持卡人大额度透支，但持卡人需要在规定时间内将所借款项归还。如果某企业或个人恶意透支后不还款，那也就意味着以后他无论走到何地，他的信用记录上都会有此污点，不论他想贷款买房、购车或开办公司，银行都不会贷款给他。因此，西方人普遍将信用看作自己的第二生命。当在网上购物时，他们会在点击物品后直接输入密码，将信用卡中的电子货币划拨到网站上，商务网站在确认钱款到账后，立即组织送货上门。

（3）欧美国家的物流配送体系比较完善、正规，尤其是近年来大型第三方物流公司的出现，使不同地区的众多网民往往能在点击购物的当天或第二天就可收到自己所需的产品，这要得益于欧美国家近百年的仓储运输体系的发展。以美国为例，第二次世界大战后，许多企业将军队后勤保障体系的运作模式有效地加以改造并运用到物资流通领域中，逐渐在全国各地设立了星罗棋布、无孔不入的物流配送网络。即使在电子商务业务还未广泛开展的 10 多年前，只要客户打电话通知订货，几乎都可以享受免费的送货家政服务。FedEx、UPS 等是大型物流公司的典范，专门负责为各个商家把产品送到顾客手中，有了这样庞大、完善的物流配送体系，当电子商务时代到来后，美国只需将各个配送点用计算机网络连接起来，就顺理成章地完成了传统配送向电子商务时代的过渡，电子商务活动中最重要、最复杂的环节——物流配送问题就这样轻而易举地被解决了。

### 二、我国电子商务发展的现状

我国的电子商务活动方兴未艾，形势喜人。我国已提出了自己的电子商务框架结构，继 1999 年实施政府上网工程后，2000 年又推出企业信息化工程。中国政府将全面推动电子商务的发展。

20 世纪 90 年代开始，我国相继实施"金桥"、"金卡"、"金关"、"金税"等一系列金字工程，为电子商务发展创造了条件。今天，我们的日常生活已经或多或少地与电子商务发生着关系。我国的证券（股票）交易网拥有 1 亿用户；我国的信用卡发卡量已达 15 亿张，各种非金融 IC 卡发卡量达 5 亿张；民航订票系统每年处理 8 500 多万张机票等。此外，中国商品交易网、中国商品订货系统等网络也相继建立。

最近几年，我国因特网的发展速度十分迅速，上网用户在数量上已经超过了日本、英国，位居世界第二。

企业作为经济体系中最重要的元素，无论过去还是未来，都将发挥重要的作用。我国的许多企业纷纷投入信息化的潮流。目前，我国已注册的企业类域名有 3.4 万个之多，占到域名总数的 80%；电子商务使企业从采购到销售的运营效率大幅提高，给大大小小的国内企业创造了跨出国门与全球企业平等竞争的机会。

IT 企业则早就把注意力转向了 Internet。无论是概念的炒作，还是产品解决方案的推出，大有星星之火燎原之势。在林林总总的网站中，面向消费类电子商务的网站也已经有千家之多。在世纪的变革中，IT 企业被推到了前沿。

在我国，电子商务在很多方面已经发挥着良好的作用和效益，并已经开始影响到我们的生活。但是，利用 Internet 进行电子商务活动在我国才刚刚起步，很多方面还不尽如人意。技术的完善和巨大的市场需求给经营者带来巨大的诱惑；残酷的竞争事实使各行业的经营者一方面希望利用信息技术降低内部成本，另一方面希望通过电子商务扩大市场及提高服务质量，努力确保自己的企业在残酷竞争中保持优势。可以这样形容现在的中国电子商务：机遇与风险同在，领先一步可能就是赢家。

为了加速电子商务在我国的普及，使之与国际接轨，达到与国外同步的发展水平，许多公司已开发或引进了电子商务技术。为了适应国际商务活动和管理经营飞速变化的形势，我国已建成了中国国际电子商务网，该网是在外经贸领域推广电子商务应用的基础设施，它为全国各级外经贸管理机关和进出口企业实现对外经济贸易全过程的电子化管理提供了一个功能完善、安全、实用、高效的国际化的电子商务环境。

发展国际电子商务是当前我国商贸工作的重点之一。最近几年，绝大多数产品从卖方市场发展为买方市场，流通的重要地位不断上升，世界经济一体化的速度不断加快。客观形势给经贸工作带来了压力和动力、机遇和挑战，这迫使我们大力发展国际电子商务，促进流通、加强贸易，以保证国民经济不断发展。可以说，我国国际电子商务的前景十分广阔。

## 三、电子商务的发展趋势

进入 21 世纪，全球电子商务迎来了新的发展高潮。新一代的电子商务将形成全新的市交易模式、企业运作模式及个人获取信息的方式。新型的市场交易模式是由电子商店、电子市场、电子社区等组成的市场环境，从而导致行业重组，产生新型企业。网络的作用会更加明显，它由最初仅仅提供一个途径的阶段发展到更加直接地渗透到管理中的阶段。网络将成为企业资源计划、客户关系管理及供应链管理的中枢神经，企业将变成"无边界"的企业。

未来电子商务的用途是多方面的，它可以通过网络从事任何其他方式无法运作的业务。例如，全生命周期商业应用，这种业务可使用户从事辨别产品、发送购货单、跟踪运送情况、接收票据和更新数据等业务。再如，电子市场把买方和卖方汇聚在一起，进行在实际环境中难以协调的交易和拍卖行为。电子商务还将实现增值业务，这是指在现有业务中生成新的业务，如为用户设计信笺、在线请柬、商业名片等业务。

新一代电子商务将从深度与广度两个方面进行发展。在普及方面，电子商务将把每个人连到网上，将日常生活中任何可能的电子设备都嵌入芯片和存储器，将人们生活中的每一个细节融入网络。每一个人都可以通过网络向特定的对象提出自己的需要，而对方将通过网络向每个人提供相应的服务。在纵深方面，电子商务将先进的数学模型结合完备的分析软件与服务器对存在于网络上的各种庞大的数据进行高度筛选、分析，最后得到类似人类思维水平的计算结果，这些结果将帮助企业提供针对个人需求的产品和服务。目前，自适应导航、智能代理是电子商务深度发展的最好例证。

无论是普及还是深入，都要求网络服务器与各种数据软件有比以前更加丰富的功能。因此，针对不同的功能细分的硬件与软件产品将会是 21 世纪发展电子商务的主要技术动力。在此阶段，单一的平台已经无法满足电子商务的需要。例如，IBM 公司对此有清醒的认识与具体的措施，他们根据功能将服务器细分为数据/交易服务器、Internet 服务器和专门功能服务器三大类。而在软件方面，不同的领域需要软件商们提供不同的技术解决方案，这也将是 21 世纪电子商务发展的趋势。

## 单 元 总 结

1. 电子商务的产生与发展的重要条件。
2. 发展电子商务的原因与意义。
3. 电子商务的分类。
4. 电子商务的发展现状与趋势。

## 课 后 习 题

### 一、单选题

1. 进入 21 世纪，我国大量需要一种既懂现代信息技术又懂商务管理的（　　）人才。
   A. 专门型　　　　　　B. 综合型　　　　　　C. 复合型　　　　　　D. 理想型
2. 真正意义上的电子商务经历的第一个发展阶段是（　　）。
   A. 基于 EDI 的电子商务　　　　　　B. 基于企业内联网的电子商务
   C. 基于国际互联网的电子商务　　　　D. 以上答案都不对
3. 电子商务催生了一个（　　）。
   A. 实体市场　　　　　　　　　　　　B. 虚拟市场

  C．商品交换市场       D．服务交换市场

4．企业间网络交易是电子商务的（  ）基本形式。

  A．G2B     B．G2C     C．B2C     D．B2B

5．从成交金额和市场规模角度来说，电子商务的主流类型是（  ）。

  A．B2B 电子商务       B．B2C 电子商务

  C．B2G 电子商务       D．C2G 电子商务

## 二、多选题

1．电子商务与传统的商务活动方式相比，具有（  ）特点。

  A．交易虚拟化  B．交易成本低  C．交易效率高  D．交易透明化

2．电子商务的优势包括（  ）。

  A．互联网和 WWW 在创造虚拟社区方面特别有效

  B．电子商务可应用所有的业务流程

  C．电子商务可以增加卖主的销售机会，也增加了买主的购买机会

  D．电子商务主要应用于企业间的销售活动

3．下面是电子商务典型交易内容的是（  ）。

  A．电子购物与贸易      B．网上信息商品服务

  C．电子银行与金融服务     D．网上医疗活动

4．电子商务的英文缩写有（  ）。

  A．EDI     B．EC     C．ERP     D．EB

5．旅游电子商务可以提供的在线服务项目包括（  ）。

  A．景点查询   B．航班查询   C．投诉处理查询  D．客房预订

## 三、简答题

1．简述电子商务产生和发展的条件。

2．简述电子商务的发展历程。

3．简述电子商务产生的影响。

4．简述电子商务按照交易对象的分类方法。

## 四、实践操作题

1．浏览"中国商品交易中心（http://www.ccec.com）"，了解交易中介市场的经营特色。

2．访问"中国出口商品网（http://www.chinaproducts.com.cn）"，了解其业务运作。

## 五、案例分析题

**案例**

  通用电气公司（GE）是一家多元化经营的全球性企业集团。GE 集技术、制造和服务业为一体，致力于在其所经营的每个行业取得全球领先地位。GE 目前下属 11 个业务

集团，包括飞机发动机集团、动力系统集团、金融服务集团、照明工程集团、医疗设备系统集团、塑料集团、工业系统集团、家用电器集团、全国广播公司、资讯服务集团和运输系统集团。若单独排名，其中至少有 9 个业务集团可名列全球 500 家最大公司之中。GE 在世界各地 100 多个国家开展业务，其中包括在 26 个国家运作的 270 家生产厂，全球拥有员工 30 万人，2003 年销售收入达到了 1342 亿美元。GE 在中国有悠久的历史，目前它的 11 个业务集团都已在中国开展业务，建立了 20 家办事处和近 30 家合资或独资企业，总投资超过 15 亿美元。

从一个传统型的产业公司转变为新的电子商务企业已经被 GE 列为公司发展的重点。1999 年，GE 在其原先的"六个西格玛质量"、"全球化"和"服务"三个战略的基础上，又将电子商务正式列为公司业务增长的又一个发展战略。电子商务实施的头一年就为公司获得了 10 亿美元的网上营业收入。这使得 GE 这家百年辉煌的公司在新世纪保持了持续高速发展的动力。这一变化在整个西方企业界都产生了巨大的影响。GE 希望通过推广电子商务，为这家一个世纪以来一直处于领导地位的公司找到并建立未来的业务发展模式。

2000 年，GE 公司的电子商务战略方向包括以下几个方面：

（1）保证每一家 GE 企业集团有一个客户网络中心，以提供最高质量的在线服务、销售和支持服务。

（2）将内部采购和供应商资源转移到网上，以充分发挥高效率和低成本的优势。

（3）不断开发新技术和服务，以增加在线销售。

GE 之所以将电子商务战略提高到决定企业发展的重要高度，其原因是 GE 的高层充分预见到互联网的发展将给所有经济实体带来的影响。互联网的发展使企业与客户、企业与员工、员工与员工之间等一切关系变得透明。

GE 推崇电子商务，正是为了及时把握和参与这些变化，通过在销售方（客户）、购买方（供应商）、投资业务以及内部程序等方面的变化，继续在"更快、更好地使客户满意"方面保持领先，从而保持企业发展的活力，巩固其领先地位，这也是 GE 视变革为机遇的企业精神的又一个切实的体现。

GE 迄今为止仍是全球最优秀的公司，它正以最大的热情推动电子商务的革命。这不仅决定了这个百年巨人未来的命运，也必将产生全球性的深远影响。

问题：作为一个传统的制造型企业，它是如何实施电子商务战略的？

# 第二单元　领会电子商务交易模式

电子商务的发展和应用改变了企业的经营方式，推动着全球战略资源的重新分配和竞争优势的重新定位。竞争从企业之间转移到供应链之间或企业联盟之间，为了获得竞争优势，企业会更加重视分工合作。在电子商务环境下，业务流程，尤其是企业间的流程成为组织生存和发展的基础。本单元主要介绍企业—消费者（B2C）、企业—企业（B2B）以及消费者—消费者（C2C）的电子商务应用和实现电子商务所涉及到的EDI技术。

## 任务一　认识 B2B 电子商务

### 任务目标

了解 B2B 电子商务的交易流程，能注册为阿里巴巴会员，并能在阿里巴巴网站上发布一则商品供应信息。

### 任务相关理论介绍

#### 一、B2B 电子商务模式

B2B 电子商务是企业与企业之间通过互联网或专用网方式进行产品、服务及信息交换的过程，是企业间的电子商务往来。有业务联系的公司之间利用网络将关键的商务处理过程连接起来，交换信息，传递各种电子单据以及进行在线电子支付，形成在网上的虚拟企业圈，它的全部过程是数字化的交易过程。

#### 知识链接

根据 Alexa 客户访问量的排名，阿里巴巴是世界上排名第一的国际贸易和中国本土贸易网络交易市场。阿里巴巴专注于为中小企业买家和卖家提供高效、可信赖的贸易平台。

## 二、B2B 电子商务的业务流程

从交易过程看，B2B 电子商务流程可以分为以下 4 个阶段。

### 1. 交易前的准备

这一阶段主要是指买卖双方和参加交易的各方在签约前的准备活动。买方根据自己需要的商品，准备购货款，制订购货计划，进行货源市场调查和市场分析，反复进行市场查询，了解各个卖方国家的贸易政策，反复修改购货计划，确定和审批购货计划。买方在按计划确定购买商品的种类、数量、规格、价格、购货地点和交易方式等内容时，尤其要利用互联网和各种电子商务网络寻找自己满意的商品和商家。卖方根据自己所销售的商品，召开商品新闻发布会，制作广告进行宣传，全面进行市场调查和市场分析，制订各种销售策略和销售方式，了解各个买方国家的贸易政策，利用因特网和各种电子商务网络发布商品广告，寻找贸易伙伴和交易机会，扩大贸易范围和商品所占市场的份额。其他参加交易的各方，如中介方、银行金融机构、信用卡公司、海关系统、商检系统、保险公司、税务系统、运输公司等，也都为进行电子商务交易做好准备。

### 2. 交易谈判和签订合同

这一阶段主要是指买卖双方对所有交易细节进行谈判，将双方磋商的结果以文件的形式确定下来，即以书面文件形式和电子文件形式签订贸易合同。电子商务的特点是可以签订电子商务贸易合同，交易双方可以利用现代电子通信设备和通信方法，经过认真谈判和磋商后，将双方在交易中的权利、所承担的义务以及对所购买商品的种类、数量、价格、交货地点、交货期、交货方式和运输方式、违约和索赔等合同条件，全部以电子交易合同形式作出全面详细的规定。合同双方可以利用 EDI 技术进行签约，也可以通过数字签名等方式签约。

### 3. 办理交易进行前的手续

这一阶段主要是指买卖双方签订合同后到合同开始履行之前办理各种手续的过程，也是双方贸易前的交易准备过程。交易中很可能要涉及到中介方、银行金融机构、信用卡公司、海关系统、商检系统、保险公司、税务系统、运输公司，买卖双方要利用 EDI 与有关各方面进行各种电子票据和电子单证的交换，直到办理完可以将所购商品从卖方按合同规定开始向买方发货的一切手续为止。

### 4. 交易合同的履行和索赔

这一阶段是从买卖双方办理完所有各种手续之后开始，卖方要备货、组货，同时进行报关、保险、取证、信用等，然后将商品汇给运输公司包装、起运、发货，买卖双方可以通过电子商务系统跟踪发出的货物，银行和金融机构也按照合同处理双方收付款，进行结算，出具相应的银行单据等，直到买方收到自己所购的商品就完成了整个交易过程。索赔是指在买卖双方交易过程中出现违约时，需要进行的违约处理工作，受损方要向违约方索赔。

## 三、B2B 电子商务流程实例

阿里巴巴是中国领先的 B2B 电子商务公司之一，为来自中国和全球的买家、卖家，搭建高效、可信赖的贸易平台。它的国际贸易网站（www.alibaba.com）主要针对全球进出口贸易，中文网站（www.alibaba.com.cn）主要针对国内贸易。截至 2007 年 6 月 30 日，中英文网站共有来自 200 多个国家和地区的超过 2 400 万的用户。成立于 1999 年的阿里巴巴 B2B 公司，是阿里巴巴集团的旗舰业务公司，也是全球领先的电子商务品牌之一。公司的运营总部位于中国东部的杭州市，在世界各地的 30 多个城市都有销售人员和分公司。截至 2007 年 6 月 30 日，公司共有超过 4 400 名的全职员工。

### 1. 注册

在 IE 浏览器中键入网址 http://www.alibaba.com.cn，进入阿里巴巴中国网站主页，阿里巴巴网站为用户注册提供了极大的方便，大多数页面上都可以找到"注册会员"按钮或文本超链接。

1）填写注册信息：信息填写完毕后，单击"同意服务条款，提交注册信息"按钮，如图 2-1 所示。

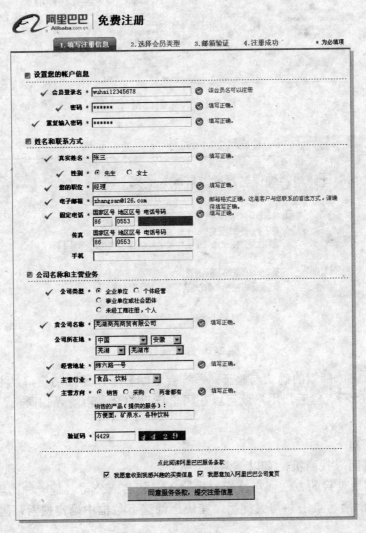

图 2-1　注册窗口

2）选择会员类型：选择注册普通会员，单击"下一步"按钮，如图2-2所示。

3）邮箱验证：为确保潜在商业伙伴与自己联系和正常使用某些阿里巴巴网站功能，请按照系统提示单击"点此立即查收验证信"链接，查收阿里巴巴网站发送的电子邮件，如图2-3所示。

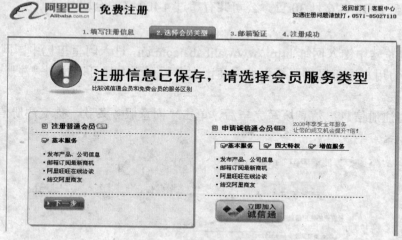

图2-2　选择会员窗口

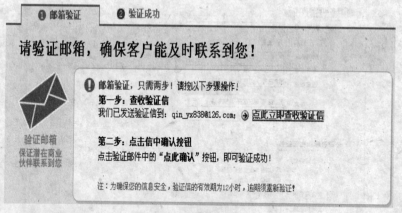

图2-3　邮箱验证窗口

4）按提示完成邮箱的确认与验证：系统会返回显示注册成功窗口，注册账号也被激活，如图2-4所示。然后，用户就可以在阿里巴巴的交易市场寻找商机、发布信息和谈生意了。

**2. 寻找商机**

1）第一时间寻找商机，有以下两种方式：

① 搜索是最直接的方法。在搜索框中输入产品名或公司名是一种比较直接的方法。打开相应的页面后，点击热门关键字，在快速筛选下拉框中确定搜索范围，如图2-5所示。

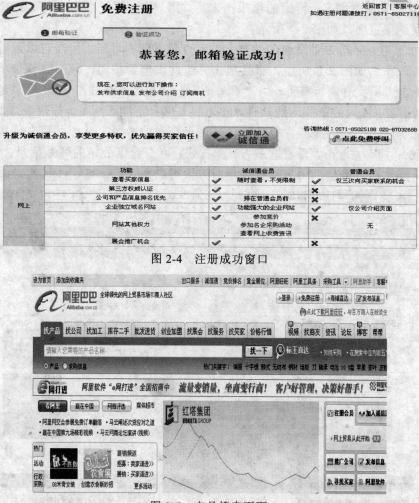

图 2-4　注册成功窗口

图 2-5　产品搜索页面

② 按行业选择。选择与自身相关的行业点入，按类目选择，快速筛选即可，如图 2-6 所示。

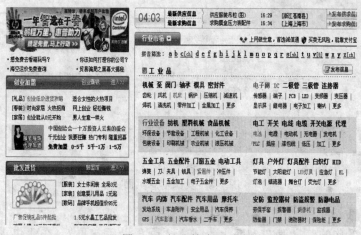

图 2-6　行业搜索页面

2）挑选最合适的卖家：搜索的结果出来后，用户可以精心挑选一下，选择最合适的卖家。搜索结果页面，如图 2-7 所示。

3）和卖家联系：选中最适合的信息，点入查看详细内容后，用户可以通过以下几种方式和对方联系，如图 2-8 所示。直接单击"点此询价"按钮，填写"询价单"发给对方；也可单击"和我洽谈"按钮，用"贸易通"直接和对方在线洽谈（"贸易通"是集成即时文字、语音、视频的商务沟通软件，它为商人度身定制了"询价提醒"、"商机订阅"、"竞价成功提示"、"商务服务"等功能，是网上交易的必备工具，并可在阿里巴巴网站上免费下载）；同时，单击"查看联系方式"按钮，可查看该公司的联系信息，包括电话、E-mail 等，通过这些信息，用户也可以与对方取得联系。

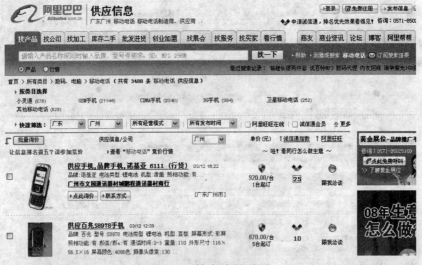

图 2-7　搜索结果页面

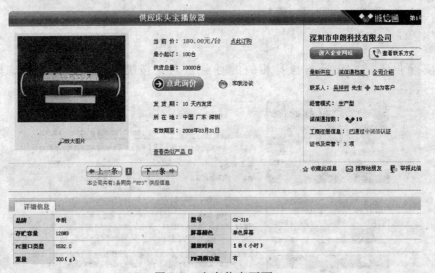

图 2-8　卖家信息页面

## 3．发布信息

1）把需要采购的信息发布到网上：进入"阿里助手首页"，在"供求信息"栏目中单击"发布供求信息"链接，如图 2-9 所示，按步骤填写必要的内容。发布采购信息要注意主题清晰、明了，关键字详细、准确，采购商品描述详细，最好有价格要求，给要采购的产品配上样品图等。

2）给公司登记：进入"阿里助手首页"，在首页中单击"公司介绍"链接，如图 2-10 所示。根据公司情况，详细填写公司内容。发布公司信息要注意公司全称应为中文，公司介绍也应为中文且应详细、具体，主营产品和服务要准确，还应该注意定期检查公司信息，更改过时信息。

3）等待卖家的反馈：适合的供应商看到用户发布的信息后会与用户直接联系，用户可以在留言反馈中查询卖家的反馈信息。

图 2-9　发布信息页面

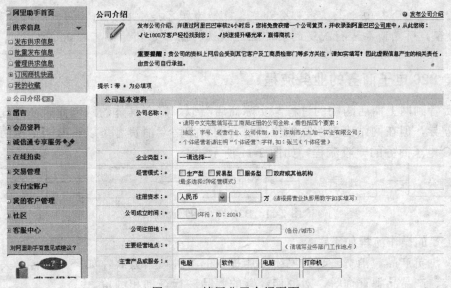

图 2-10　填写公司介绍页面

**4．在线洽谈成交**

通过"贸易通"等即时通信工具，买卖双方进行交易磋商，在双方满意的情况下成交。

# 任务二　认识 B2C 电子商务

## 任务目标

理解 B2C 电子商务模式的特点、运作流程以及作用，注册为当当网会员并以货到付款的方式成功购买一种商品。

## 任务相关理论介绍

### 一、B2C 电子商务模式

B2C 电子商务主要是企业通过互联网为消费者提供一个新型的购物环境，即网上商店，是普通消费者广泛接触的一类电子商务，消费者通过网络进行购物、支付等活动。它是电子商务应用最普遍、发展最快的领域，类似于联机服务中进行的商品买卖，它利用互联网使消费者直接参与经济活动，这种模式节省了企业和客户的时间和空间，提高了交易效率，降低了成本。例如，在当当网上购买一本书，当当网上书城作为企业，而用户作为消费者，这种电子商务应用被称为 B2C 电子商务。

> **知识链接**
>
> B2C 电子商务由 4 个基本部分组成，包括为顾客提供在线购物场所的网上商场、负责为客户所购商品进行配送的物流配送系统、结算货款的银行及认证系统。

### 二、B2C 电子商务的业务流程

消费者到网上商店购物的过程与实际商店类似，每个具体的网上商店在流程方面可能存在差异，但在网站比较明显的位置都有购物指南，消费者可以参考购物指南进行操作。B2C 电子商务的一般流程，如图 2-11 所示。

浏览产品 → 选购产品 → 用户注册 → 配送货物 → 支付货款

图 2-11　B2C 网上购物流程

其主要的操作流程如下：

（1）浏览产品　消费者通过网上商店提供的多种搜索方式，如产品组合、关键字、产品分类、产品品牌查询等，对商店经营的商品进行查询和浏览。

（2）选购产品　消费者按喜欢或习惯的搜索方式找到所需的商品后，可以浏览该商品的使用性能、市场参考价格等商品信息，以及本人在该店的购物积分等各项信息。然后，在查询到的想要购买的商品后的购物条中输入所需的数量，并单击"订购"按钮，即可将该商品放入购物车。在购物车设置中会列出所购商品的各项信息，如商品编号、商品名称、商品单价、选购数量、会员价格小计等。在购物车中，用户可以修改购买数量或取消商品的购买，如果还要继续购选商品，可通过"返回继续购物"按钮实现，最后通过"去收银台"按钮付款结账来结束选购商品。

（3）用户注册　为了便于系统对网上商店的消费者进行管理，网上商店一般采用免费的注册会员制度。如果首次来访，建议注册为会员，单击页面导航条上的"会员注册"按钮，根据提示填写完整的注册表单后，用户就成为此网上商店的会员了。另外，也可在选购好商品后去收银台时，在会员区注册。

（4）配送货物　网上购物者在确定所需购买的商品后，即可选择货物配送方式。送货方式一般分为国内、国际两种。国内送货一般有：送货上门服务、国内普邮、国内快件等；国际送货一般采用国际快递，如 UPS、DHL 等。当网上商店在确定了用户所购的商品后，可以根据客户的要求在用户希望的时间内将商品邮寄或送货上门。另外，网上商店还会根据用户选择递送位置的不同及购买商品金额的多少，加收一些费用。

（5）支付货款　由于在网上商店购物不像一般日常现实购物可以当时结算、直接拿走商品，所以购物者在选购完商品后，必须确认一种支付方式并选择一种送货方式，以便于商店查收账款、按时发货。选择一种由系统给出的支付方式及送货方式后，执行"决定购买"操作，即向商店确定了此订单。如果选择在线支付，系统在用户确认订单后会直接转入在线支付系统，让用户直接在线支付。支付货款有多种形式，消费者可以采用各商业银行的信用卡、借记卡进行支付，也可以用银联电汇，还可以通过邮政汇款的方式进行支付。除了网上支付之外，货到付款也是众多网上购物者的付款方式之一，特别是在同城 B2C 交易中，客户在收到货物及发票后将钱款直接交付给配送人员，并由配送人员带回客户的意见。

### 三、B2C 电子商务流程实例

当当网由民营的科文公司、美国老虎基金、美国 IDG 集团、卢森堡剑桥集团、亚洲创业投资基金（原名：软银中国创业基金）共同投资，1999 年 11 月开通，目前是全球最大的中文网上图书音像商城，面向全世界网上购物人群提供近百万种商品的在线销售，包括图书、音像、家居、化妆品、数码、饰品等数十种精品门类，每天为成千上万的消费者提供安全、方便、快捷的服务，给网上购物者带来极大的方便和实惠。当当网的使命是坚持"更多选择、更多低价"，让越来越多的顾客享受网上购物带来的方便和实惠。全球已有 1 560 万的顾客在当当网上选购过自己喜爱的商品。

假设消费者要在当当网上买书，那么主要流程如下：

（1）注册/登录　如果用户未在当当网上注册登记过，则在当当网首页中单击"新用户注册"链接，然后进入注册页面，填写 E-mail 地址、当当网昵称、登录密码，按提示操作即可完成注册，如图 2-12 所示；如果用户已在当当网上注册登记过，则只需在登录页面中输入邮件地址和登录密码即可。

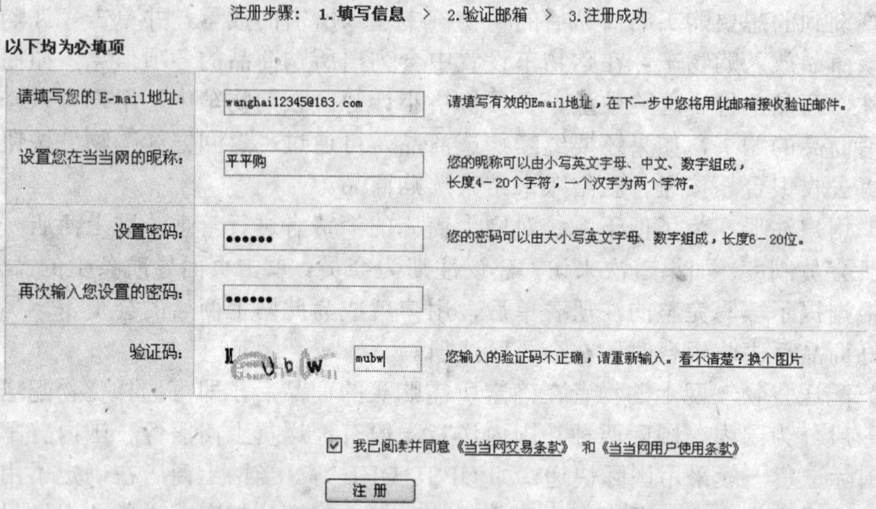

注册步骤： 1.填写信息 > 2.验证邮箱 > 3.注册成功

以下均为必填项

| | | |
|---|---|---|
| 请填写您的 E-mail地址： | wanghai12345@163.com | 请填写有效的Email地址，在下一步中您将用此邮箱接收验证邮件。 |
| 设置您在当当网的昵称： | 平平购 | 您的昵称可以由小写英文字母、中文、数字组成，长度4~20个字符，一个汉字为两个字符。 |
| 设置密码： | ●●●●●● | 您的密码可以由大小写英文字母、数字组成，长度6~20位。 |
| 再次输入您设置的密码： | ●●●●●● | |
| 验证码： | U b w  mubw | 您输入的验证码不正确，请重新输入。看不清楚?换个图片 |

☑ 我已阅读并同意《当当网交易条款》和《当当网用户使用条款》

注 册

图 2-12 当当网注册信息填写页面

（2）选购商品放入购物车 浏览/搜索自己需要的商品，单击"购买"按钮即可把商品放入购物车（购物车清单页面，如图 2-13 所示）。进入购物车后，如果还想购买其他商品，单击购物车清单页面中的"继续挑选商品"按钮即可；如果不再需要其他商品，单击购物清单中的"结算"按钮。

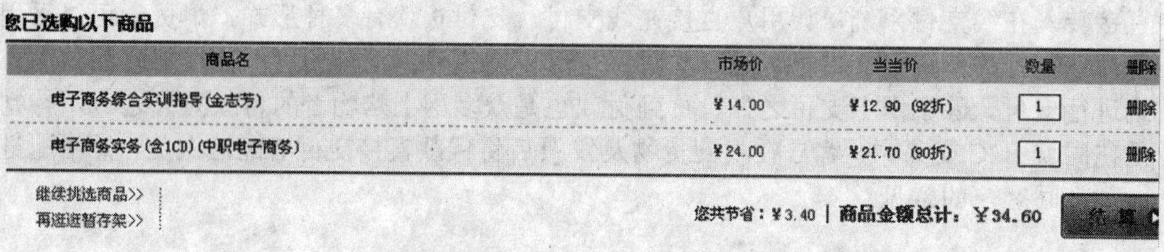

您已选购以下商品

| 商品名 | 市场价 | 当当价 | 数量 | 删除 |
|---|---|---|---|---|
| 电子商务综合实训指导(金志芳) | ￥14.00 | ￥12.90 (92折) | 1 | 删除 |
| 电子商务实务(含1CD)(中职电子商务) | ￥24.00 | ￥21.70 (90折) | 1 | 删除 |

继续挑选商品>>
再逛逛暂存架>>

您共节省：￥3.40 ┃ 商品金额总计：￥34.60    结 算

图 2-13 当当网购物车清单页面

（3）填写收货信息 用户进入收货信息页面，填写收货人的详细信息。为了保证用户选择的商品得以顺利配送，须准确填写收货人的姓名、地址、邮政编码、电话号码等信息，如图 2-14 所示。

（4）选择送货方式 填写完收货人信息后，用户可以根据其所在地区和时间要求，选择想要的送货方式。当当网提供了普通快递送货上门、普通邮递、邮政特快专递等几种送货方式，如图 2-15 所示。

（5）选择包装和付款方式 选择送货方式后，即可选择该订单的付款方式以及礼品包装、包裹、发票信息等。当当网为用户提供了多种支付方式，用户可以选择在线支付、邮局汇款、银行电汇等，如图 2-16 所示。

（6）提交订单等待收货 填写并确认以上信息，核对商品清单无误后，用户就可以放心地提交订单（见图 2-17），等待收货了。

注意：提交订单后，当当网会返回一个订单提交成功的页面信息，如图 2-18 所示。

此时，请注意记下自己的订单号，到"账户管理"中查询。

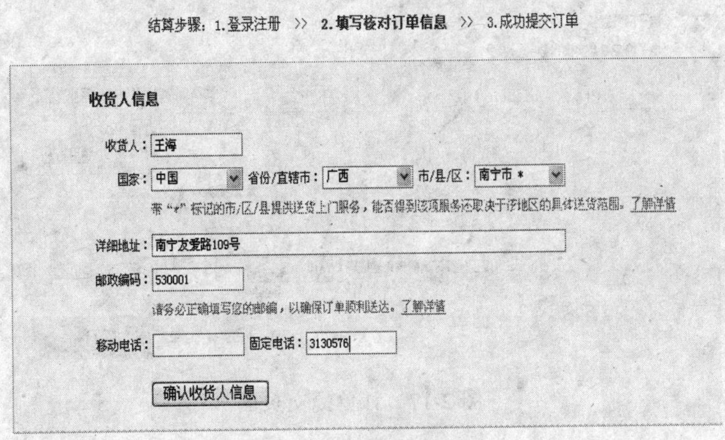

结算步骤: 1.登录注册 >> **2.填写核对订单信息** >> 3.成功提交订单

**收货人信息**

收货人: 王海

国家: 中国 省份/直辖市: 广西 市/县/区: 南宁市 *

带"*"标记的市/区/县提供送货上门服务，能否得到该项服务还取决于该地区的具体送货范围。了解详情

详细地址: 南宁友爱路109号

邮政编码: 530001

请务必正确填写您的邮编，以确保订单顺利送达。了解详情

移动电话: 固定电话: 3130576

确认收货人信息

图 2-14 填写收货信息页面

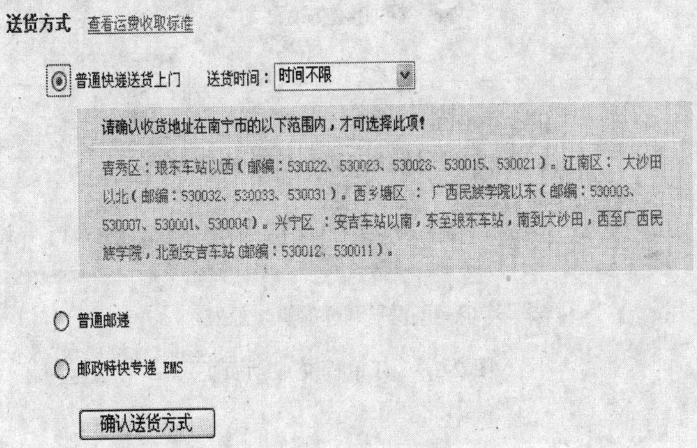

**送货方式** 查看运费收取标准

⊙ 普通快递送货上门 送货时间: 时间不限

请确认收货地址在南宁市的以下范围内，才可选择此项!

青秀区: 琅东车站以西（邮编: 530022、530023、530028、530015、530021）。江南区: 大沙田以北（邮编: 530032、530033、530031）。西乡塘区: 广西民族学院以东（邮编: 530003、530007、530001、530004）。兴宁区: 安吉车站以南，东至琅东车站，南到大沙田，西至广西民族学院，北到安吉车站（邮编: 530012、530011）。

○ 普通邮递

○ 邮政特快专递 EMS

确认送货方式

图 2-15 选择送货方式页面

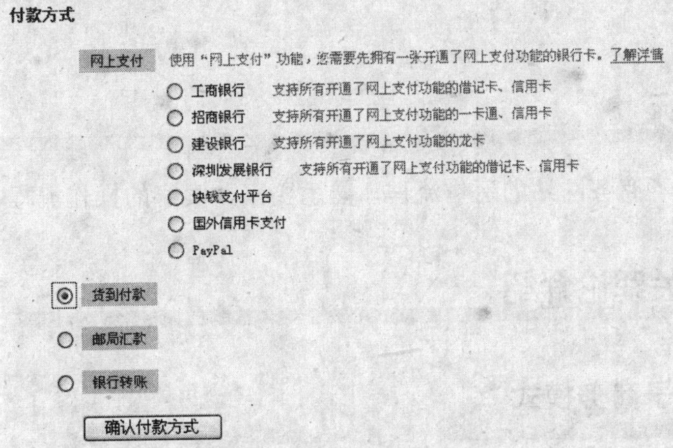

**付款方式**

网上支付 使用"网上支付"功能，您需要先拥有一张开通了网上支付功能的银行卡。了解详情

○ 工商银行 支持所有开通了网上支付功能的借记卡、信用卡
○ 招商银行 支持所有开通了网上支付功能的一卡通、信用卡
○ 建设银行 支持所有开通了网上支付功能的龙卡
○ 深圳发展银行 支持所有开通了网上支付功能的借记卡、信用卡
○ 快钱支付平台
○ 国外信用卡支付
○ PayPal

⊙ 货到付款

○ 邮局汇款

○ 银行转账

确认付款方式

图 2-16 选择付款方式页面

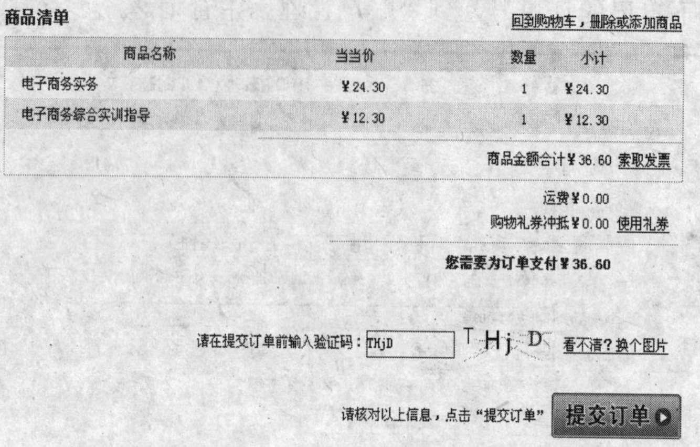

商品清单

回到购物车，删除或添加商品

| 商品名称 | 当当价 | 数量 | 小计 |
|---|---|---|---|
| 电子商务实务 | ￥24.30 | 1 | ￥24.30 |
| 电子商务综合实训指导 | ￥12.30 | 1 | ￥12.30 |

商品金额合计￥36.60 索取发票

运费￥0.00

购物礼券冲抵￥0.00 使用礼券

您需要为订单支付￥36.60

请在提交订单前输入验证码：THjD  ᵀHj D  看不清？换个图片

请核对以上信息，点击"提交订单"  提交订单 ▷

图 2-17 订单提交页面

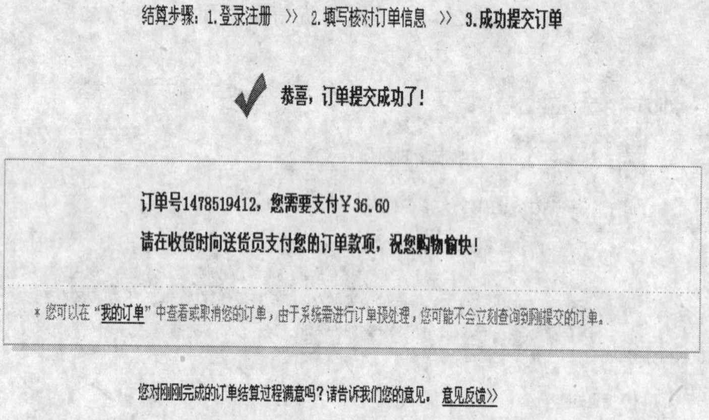

结算步骤：1.登录注册 ≫ 2.填写核对订单信息 ≫ 3.成功提交订单

✓ 恭喜，订单提交成功了！

订单号1478519412，您需要支付￥36.60

请在收货时向送货员支付您的订单款项，祝您购物愉快！

* 您可以在"我的订单"中查看取消您的订单，由于系统需进行订单预处理，您可能不会立刻查询到刚提交的订单。

您对网购完成的订单结算过程满意吗？请告诉我们您的意见。意见反馈≫

图 2-18 订单提交成功页面

# 任务三　认识 C2C 电子商务

## 任务目标

掌握 C2C 电子商务网站的运作流程，熟悉买家、卖家的操作流程。

## 任务相关理论介绍

### 一、C2C 电子商务模式

C2C 电子商务模式即消费者之间通过网络进行的个人交易，如个人拍卖等。目前，在中国每天大约有几十万，甚至上百万人在互联网上进行交易。这些不见面的卖家和买家在网上看货、砍价、成交，他们所创造的销售额并不亚于国内诸多有名的大商场。与B2B、B2C不同的是，C2C电子商务模式针对的交易对象是个人使用过的商品。它通过为买卖双方提供一个在线平台，使各地的卖方可以方便地提供商品上网拍卖，各地的买方可以自行选择商品并且可以自由竞价。2000年，国内的拍卖网站一度达到上百家，其中著名的有淘宝、易趣、酷必得、网猎等。

易趣、拍拍、淘宝等网站日前都推出了大型个人交易平台，每天都有几十甚至上百万人在互联网上进行交易，从电话卡到计算机，从运动鞋到手机，从围裙到汽车……

### 知识链接

易趣是全球最大的电子商务公司eBay和国内领先的门户网站、无线互联网公司TOM在线于2006年12月携手组建的一家合资公司。其秉承帮助任何人在任何地方实现任何交易的宗旨，不仅为卖家提供了一个网上创业、实现自我价值的舞台，也为广大买家带来了全新的购物体验。

## 二、C2C电子商务的业务流程

目前，通行的C2C电子商务网站运作模式普遍采取的流程，如图2-19所示。

## 三、C2C电子商务流程实例

了解C2C电子商务网站的运作流程后，用户结合网上商店的购买指南就可以进行实际的网上购物了。下面以从易趣网购买威德钻石为例进行演示。

### 1．用户注册

注册分为"提交信息"和"激活用户名"两个步骤。用户单击"注册"按钮，进入注册页面，并填写相关的注册信息，如图2-20所示。这些注册信息包括创建用户名和密码（带"*"为必填项）、电子邮件、性别、所在的城市，这些都是与交易活动密切相关的，为确保交易的顺利进行，必须保证这些信息的真实性。填写完这些信息后，要接受网上商店的交易条款。易趣网的交易条款主要有"用户协议"和"隐私权保护规则"。用户在成为易趣网用户前，必须阅读、同意并接受"用户协议"和"隐私权保护规则"中所含的所有条款和条件。同意上述条款后，用户就可以单击"我已阅读并接受上述条款，继续"按钮，然后页面会提示已将一封确认邮件发送到用户所填写的电子邮件信箱中。最后，用户登录注册时填写的电子邮件账户，点击信件中的"激活您的易趣用户资格"按钮或链接（见图2-21），完成易趣用户注册。如图2-22所示的页面表示用户注册成功，可以购买东西了。

图2-19　C2C拍卖流程

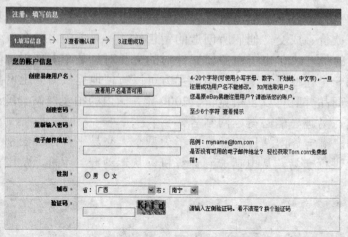

图 2-20　填写注册信息页面

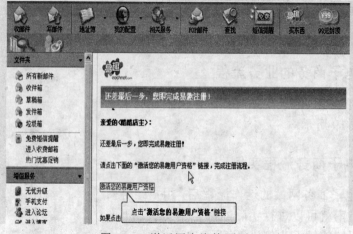

图 2-21　激活用户资格页面

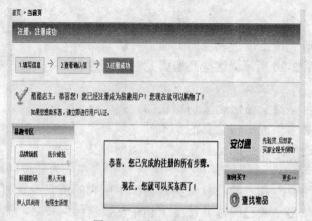

图 2-22　注册成功页面

## 2. 买家操作流程

（1）浏览页面　进入易趣网首页，浏览并选购商品，进入如图 2-23 所示的页面。

图 2-23　商品浏览页面

（2）选择购买方式　易趣提供两种购买方式，分别是一口价方式和竞价方式。其中，采用一口价方式可以立即买到该物品，而不必等到竞标结束。此外，用户还需要了解运送和付款说明。若选择一口价方式，单击"一口价"按钮，进入如图 2-24 所示的购买页面；用户可以修改购买的数量，单击"提交"按钮进入如图 2-25 所示的页面，当看到此确认付款信息页面时，表明已成功拍下了该商品。具体的付款过程可以采取网上支付，也可以网下进行；送货一般通过物流活动来实施。

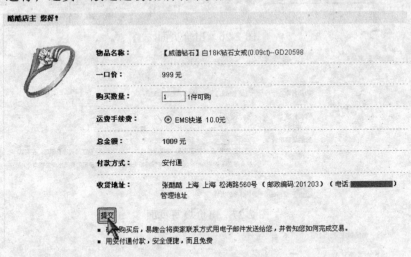

图 2-24　商品购买页面

若选择竞价购买方式，则单击"出价"按钮（见图 2-26），输入用户愿意购买这件商品所出的价格（见图 2-27）。建议用户使用系统代理出价功能，这时只需输入用户的最高出价即可。在确认用户的最高出价、数量、运费无误后，点击"确认出价"按钮（见图 2-28）即可。

（3）竞价成功　在物品下线前，如果用户是该物品的最高出价者，那么用户就赢得了该物品。表明竞价成功的页面，如图 2-29 所示。

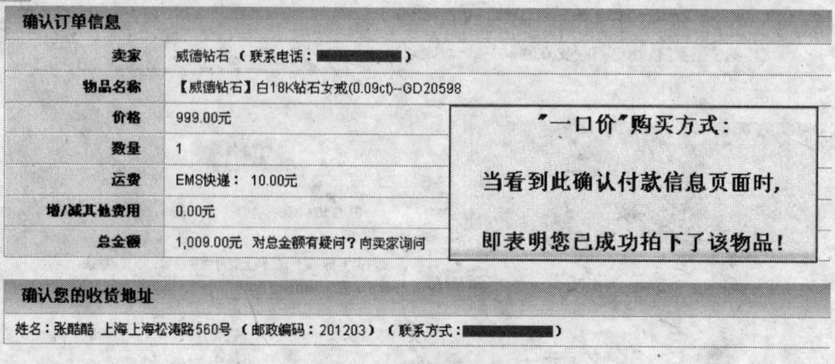

**确认订单信息**

| | |
|---|---|
| 卖家 | 威德钻石（联系电话：███████████） |
| 物品名称 | 【威德钻石】白18K钻石女戒(0.09ct)--GD20598 |
| 价格 | 999.00元 |
| 数量 | 1 |
| 运费 | EMS快递：10.00元 |
| 增/减其他费用 | 0.00元 |
| 总金额 | 1,009.00元 对总金额有疑问？向卖家询问 |

> **"一口价"购买方式：**
> 当看到此确认付款信息页面时，
> 即表明您已成功拍下了该物品！

**确认您的收货地址**

姓名：张酷酷 上海上海松涛路560号 （邮政编码：201203）（联系方式：███████████）

图 2-25 购买成功页面

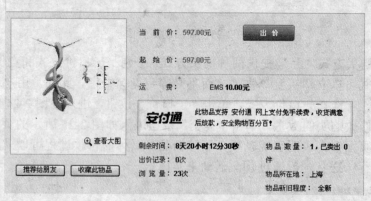

【威德钻石】白18K钻石吊坠(0.053ct)--GD31097

| | |
|---|---|
| 当 前 价： | 597.00元 |
| 起 始 价： | 597.00元 |
| 运 费： | EMS 10.00元 |

**出 价**

安付通 此物品支持 安付通 网上支付免手续费，收货满意后放款，安全购物百分百！

| | | | |
|---|---|---|---|
| 剩余时间：8天20小时12分30秒 | 物品数量：1，已卖出 0 件 |
| 出价记录：0次 | |
| 浏览量：23次 | 物品所在地：上海 |
| | 物品新旧程度：全新 |

推荐给朋友  收藏此物品

图 2-26 出价页面

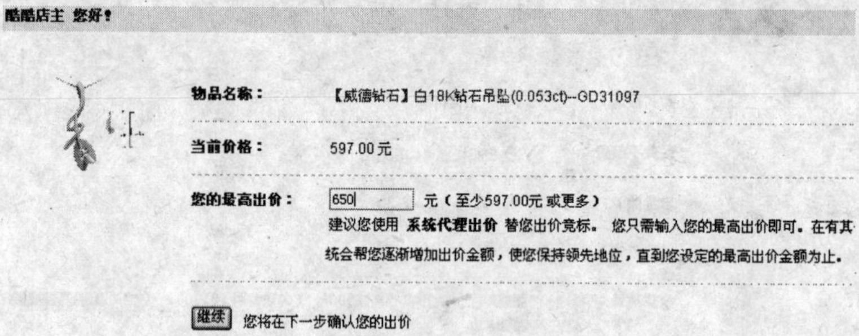

酷酷店主 您好！

| | |
|---|---|
| 物品名称： | 【威德钻石】白18K钻石吊坠(0.053ct)--GD31097 |
| 当前价格： | 597.00元 |
| 您的最高出价： | 650 元（至少597.00元 或更多） |

建议您使用 系统代理出价 替您出价竞标。您只需输入您的最高出价即可。在有其统会帮您逐渐增加出价金额，使您保持领先地位，直到您设定的最高出价金额为止。

继续 您将在下一步确认您的出价

图 2-27 出价填写页面

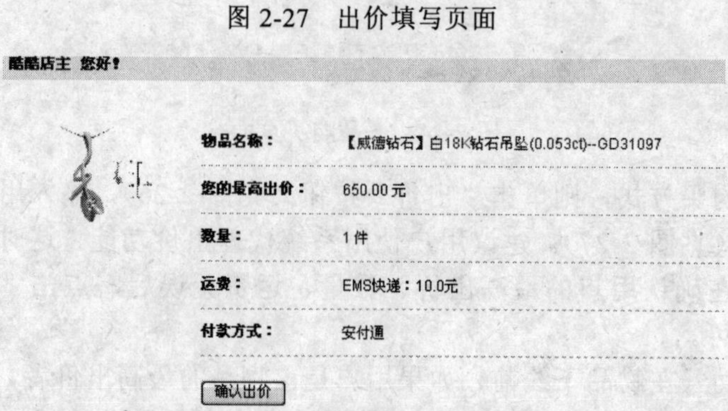

酷酷店主 您好！

| | |
|---|---|
| 物品名称： | 【威德钻石】白18K钻石吊坠(0.053ct)--GD31097 |
| 您的最高出价： | 650.00元 |
| 数量： | 1件 |
| 运费： | EMS快递：10.0元 |
| 付款方式： | 安付通 |

确认出价

图 2-28 查看并确认购买页面

图 2-29 竞价成功页面

**3．卖家操作流程**

（1）先注册后认证　要在易趣网出售物品，用户必须先进行注册并通过卖家认证（易趣网提供了手机认证或银行实名认证）。

（2）做好出售物品前的准备工作　在出售物品前，请用户先仔细了解"出售物品前的准备工作"；然后，点击位于易趣网页面上方的"卖东西"链接进入"卖东西"页面，选择物品的出售方式，如图 2-30 所示。

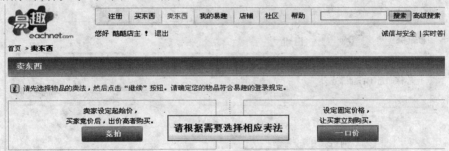

图 2-30 选择出售方式页面

（3）选择物品的分类　通过下拉菜单选择所需的商品，如图 2-31 所示。

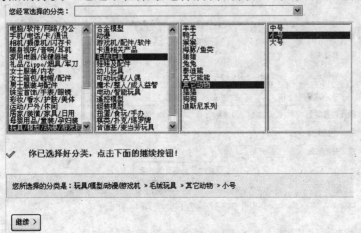

图 2-31 选择物品分类页面

（4）创建物品　填写物品描述信息，包括物品名称、图片、新旧程度、物品描述，如图 2-32 所示。设定"物品的卖法"，包括卖法类型、价格、数量、购买件数限制、在线天数、开始时间等信息，如图 2-33 所示。设定物品的交易方式，包括运送方式、物品所在地和退换服务等信息，如图 2-34 所示。

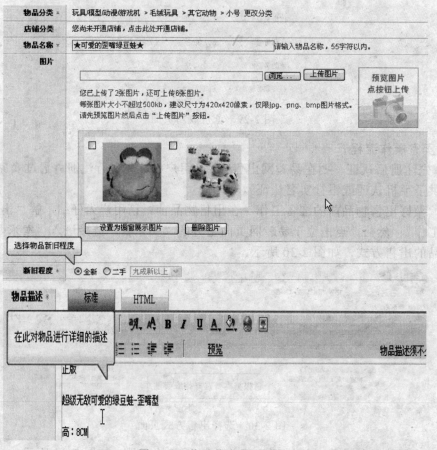

图 2-32　物品信息填写页面

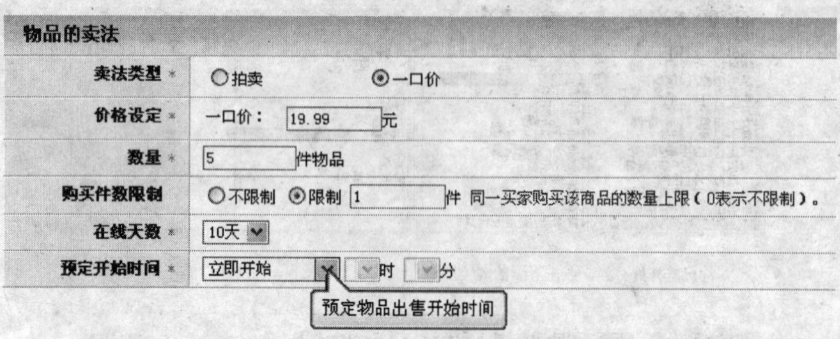

图 2-33　物品卖法填写页面

（5）提交物品　如果想让买家更容易注意到卖家的物品，可以把物品名称设为粗体表示或采用分类推荐位来推广物品，如图 2-35 所示。

（6）提交成功　确认无误后，单击"确认提交"按钮，将提示"恭喜您！您的物品成功提交。"（见图 2-36）。

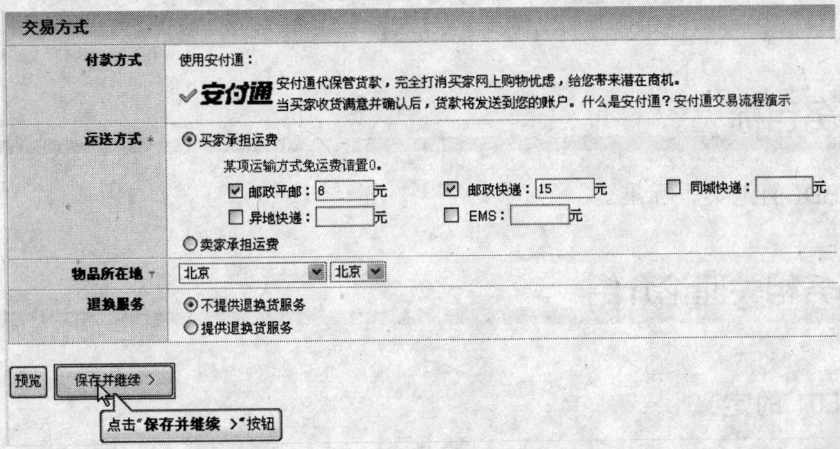

图 2-34　物品交易方式填写页面

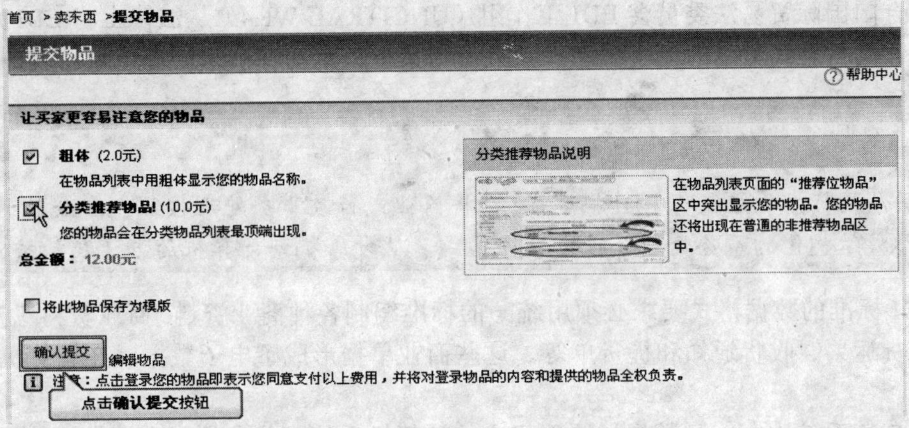

图 2-35　物品确认提交页面

图 2-36　物品成功提交页面

# 任务四　认识 EDI 贸易业务

## 任务目标

掌握 EDI 的定义、标准。

## 任务相关理论介绍

### 一、EDI 的定义

20 世纪 80 年代，出现了融现代计算机技术和远程技术为一体的高科技产物——EDI 技术。

联合国国际贸易法委员会 EDI 工作组（UNCITRAL/WP.4）从法律上将 EDI 定义为：EDI 是计算机之间信息的电子传递，而且使用某种商定的标准来处理信息结构。

> **知识链接**
>
> 联合国标准化组织将 EDI 描述成："将商业或行政事务处理按照一个公认的标准，形成结构化的事务处理或报文数据格式，从计算机到计算机的电子传输方法。"

EDI 标准的数据格式要求必须用统一的标准编制各种商业资料。商业资料包括订单、发票、货运票、收货通知和提货单等。这些商业单据形成了电子数据，在计算机系统之间传输。

在 EDI 系统中，一旦数据被输入买方的计算机系统，就会传入卖方的计算机系统。数据不仅会在贸易伙伴之间电子化流通，而且会在每一个贸易伙伴内部电子化流通，这样可以节约成本，减少差错率，提高效率。

### 二、手工方式和 EDI 方式贸易单证的传递

如图 2-37 所示为在手工条件下贸易单证的传递方式。操作人员首先使用打印机将企业数据库中存放的数据打印出来，形成贸易单证，然后通过邮件或传真的方式发给贸易伙伴。贸易伙伴收到单证后，再由录入人员手工录入到数据库中，以便各个部门共享。传统的商业贸易在单据流通过程中，买卖双方重复输入的数据较多，容易产生差错，准确率低，劳动力消耗多，延时也会增加。在 EDI 条件下，这些问题将得到良好的解决。

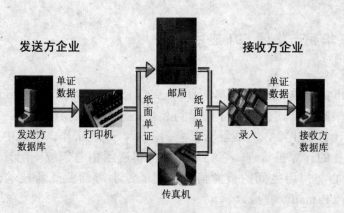

图 2-37  在手工条件下贸易单证的传递方式

如图 2-38 所示为在 EDI 条件下贸易单证的传递方式。数据库中的数据通过一个翻译器转换成字符型的标准贸易单证，然后通过网络传递给贸易伙伴的计算机。该计算机再通过翻译器将标准贸易单证转化成本企业内部的数据格式，存入数据库。但是，由于单证是通过数字方式传递的，缺乏验证的过程，因此加强安全性，保证单证的真实、可靠成为一个重要的问题。

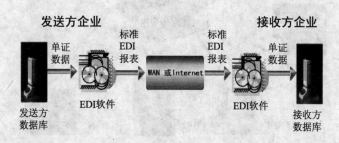

图 2-38  在 EDI 条件下贸易单证的传递方式

### 三、EDI 标准

由于 EDI 是国际范围的计算机之间的通信，所以 EDI 的核心是被处理业务数据格式的国际统一标准。以商业贸易方面的 EDI 为例，EDI 传递的都是电子单证，为了让不同商业用户的计算机能识别和处理这些电子单证，必须制定一种各贸易伙伴都能理解和使用的协议标准。EDI 的标准应该遵循以下两项基本原则：①要提供一种发送数据及接收数据的各方都可以使用的语言，这种语言所使用的语句是无二义性的。②这种标准不受计算机机型的影响，既适于计算机间的数据交流，又独立于计算机之外。

目前，国际上存在两大标准体系：一个是流行于欧洲、亚洲的，由联合国欧洲经济委员会（UM/ECE）制定的 UN/EDIFACT 标准；另一个是流行于北美的，由美国国家标准化委员会（ANSI）制定的 ANSIX.12 标准。此外，现行的行业标准还有：CIDX（适用于化工业）、VICX（适用于百货业）、TDCC（适用于运输业）等，它们是专门应用于某一部门的。

### 四、上海联华超市集团 EDI 应用系统

#### 1．基本状况

上海联华超市集团成立于 1992 年，目前已有门店 250 多家。随着经营规模的越来越大，管理工作越来越复杂，公司领导意识到必须搞好计算机网络应用。从 1997 年开始，集团成立了总部计算机中心，完成经营信息的汇总、处理工作。配送中心也完全实现了订货、配送、发货的计算机管理，各门店的计算机应用由总部统一配置、统一开发、统一管理。配送中心与门店之间的货源信息传递通过上海商业高新技术公司的商业增值网，以文件方式（E-mail）完成。

#### 2．系统结构

上海联华超市集团 EDI 系统结构，如图 2-39 所示。

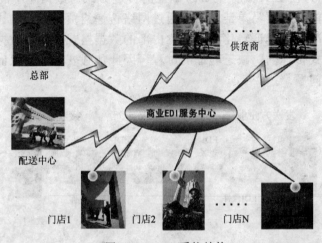

图 2-39　EDI 系统结构

# 任务五　学会淘宝网上淘宝

## 任务目标

了解淘宝网的有关业务，熟悉支付宝账号的申请，能使用支付宝购买商品，熟悉淘宝网的买家、卖家操作流程。

## 任务相关理论介绍

### 一、淘宝网介绍

淘宝网（www.taobao.com）创立于 2003 年 5 月 10 日，主要业务涉及 C2C、B2C 两

大部分。它为买卖双方提供了一个很好的交易平台，其利用"支付宝"业务解决了长期困扰电子商务发展的支付安全问题。据艾瑞市场咨询和淘宝网联合发布的《2008年度网购市场发展报告》显示，2008年中国网购市场的年交易额突破了千亿大关，达到1 200亿元，同比增长128.5%；与2007年相比，增幅上升了近40个百分点。淘宝网2008年的交易额为999.6亿元，占据了80%的网购市场。数据显示，2008年中国网购注册用户达1.2亿，同比增长185%。

## 二、淘宝网的基本业务

### 1．注册淘宝会员

用户进入到淘宝的主页后，点击页面顶部的"免费注册"链接，填写会员名和密码；输入一个常用的电子邮件地址，用于激活用户的会员名，并将校验码添入右侧的输入框中；然后，仔细阅读淘宝网的服务协议，同意条款后点击提交，淘宝网将发送一封确认信到用户所填写的电子邮箱中；用户登录该邮箱后，即可完成淘宝网的会员注册，如图2-40所示。

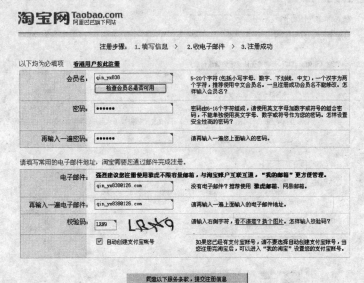

图 2-40　注册填写信息页面

### 2．支付宝账号的申请

（1）打开支付宝首页，找到"免费注册"按钮，如图2-41所示。点击"免费注册"按钮后，选择E-mail注册，进入如图2-42所示的页面，填写注册信息。

图 2-41　"免费注册"按钮

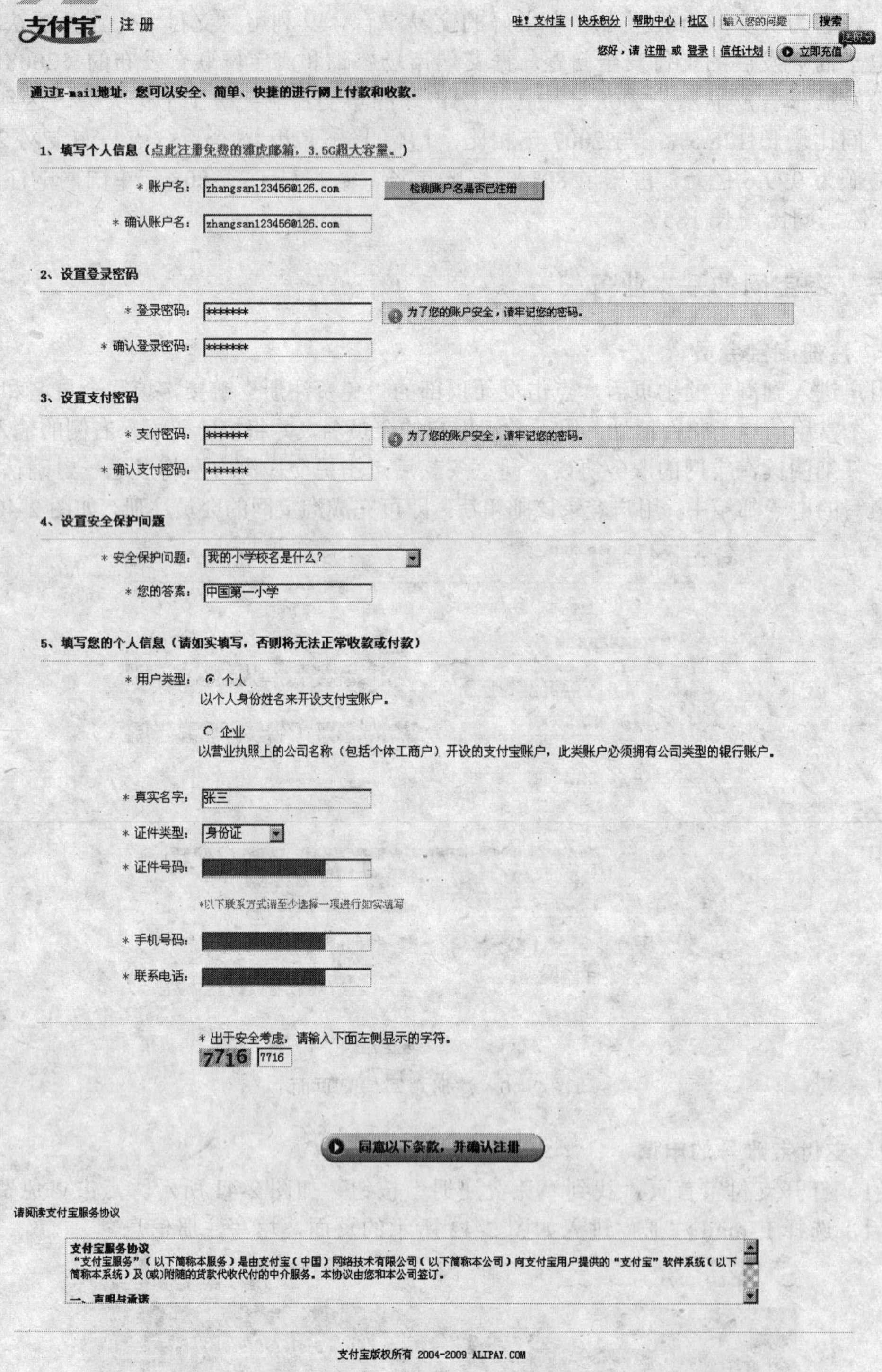

支付宝 注册

通过E-mail地址，您可以安全、简单、快捷的进行网上付款和收款。

**1、填写个人信息**（点此注册免费的雅虎邮箱，3.5G超大容量。）

* 账户名： `zhangsan123456@126.com`  [检测账户名是否已注册]

* 确认账户名： `zhangsan123456@126.com`

**2、设置登录密码**

* 登录密码： `*******`  ⓘ 为了您的账户安全，请牢记您的密码。

* 确认登录密码： `*******`

**3、设置支付密码**

* 支付密码： `*******`  ⓘ 为了您的账户安全，请牢记您的密码。

* 确认支付密码： `*******`

**4、设置安全保护问题**

* 安全保护问题： `我的小学校名是什么?` ▾

* 您的答案： `中国第一小学`

**5、填写您的个人信息**（请如实填写，否则将无法正常收款或付款）

* 用户类型： ⊙ 个人
  以个人身份姓名来开设支付宝账户。

  ○ 企业
  以营业执照上的公司名称（包括个体工商户）开设的支付宝账户，此类账户必须拥有公司类型的银行账户。

* 真实名字： `张三`

* 证件类型： `身份证` ▾

* 证件号码： ▮▮▮▮▮▮▮

*以下联系方式请至少选择一项进行如实填写

* 手机号码： ▮▮▮▮▮▮▮

* 联系电话： ▮▮▮▮▮▮▮

* 出于安全考虑，请输入下面左侧显示的字符。
**7716** `7716`

▶ 同意以下条款，并确认注册

请阅读支付宝服务协议

**支付宝服务协议**
"支付宝服务"（以下简称本服务）是由支付宝（中国）网络技术有限公司（以下简称本公司）向支付宝用户提供的"支付宝"软件系统（以下简称本系统）及（或）附随的货款代收代付的中介服务。本协议由您和本公司签订。
声明与通读

图 2-42  填写注册信息页面

（2）点击"同意以下条款，并确认注册"按钮，进入注册信息成功提交页面，如图 2-43 所示。

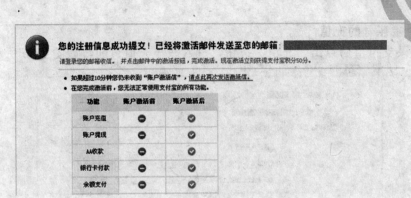

图 2-43 注册信息成功提交页面

（3）到邮箱查看支付宝发给用户的激活邮件，如图 2-44 所示。

图 2-44 激活支付宝账户邮件

（4）点击"点击这里，立即激活支付宝账户"链接，激活成功后，用户就成为了支付宝会员，如图 2-45 所示。

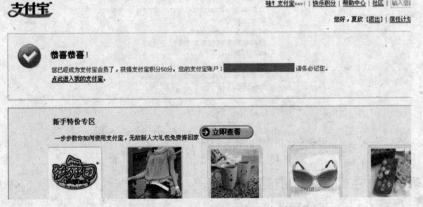

图 2-45 支付宝账号申请成功页面

至此，支付宝账号已经申请完成。

### 3．支付宝账号的充值

（1）登录支付宝后点击"充值"按钮，进入账户充值页面，如图 2-46 所示。

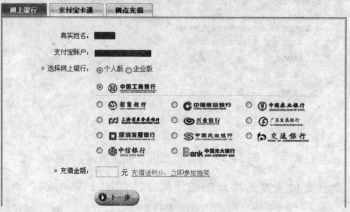

图 2-46　账户充值页面

（2）用户填写充值金额并选择网上银行后，点击"下一步"按钮，进入如图 2-47 所示的页面。

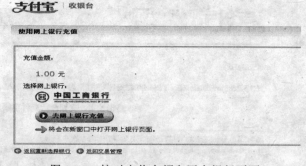

图 2-47　核对充值金额和网上银行页面

（3）点击"去网上银行充值"按钮后，输入支付卡号、验证码，点击"提交"按钮，如图 2-48 所示。

图 2-48　填写支付卡号和验证码页面

（4）确认用户在银行的预留信息无误后，点击"确定"按钮，如图 2-49 所示。

（5）用户输入口令卡密码、网银登录密码、验证码等信息，点击"提交"按钮，如图 2-50 所示。

（6）充值成功，如图 2-51 所示。

ICBC 🏦 中国工商银行　客户订单支付服务　　　　　　　　　　　　　　【帮助】

您在我行的预留信息如下：

随心 ▮▮▮▮

如上述信息与您在我行实际预留的信息一致，请点击确认继续交易，如果信息不一致，请您立即停止交易，并尽快与我行客服电话95588联系。

【确定 \*\*\*】　【取消 \*\*\*】

如果您还不是中国工商银行的网上银行注册用户，请点击这里申请注册。

图 2-49　预留信息确认页面

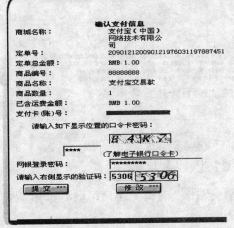

**确认支付信息**

| | |
|---|---|
| 商城名称： | 支付宝（中国）网络技术有限公司 |
| 定单号： | 2090121200901219760311978887451 |
| 定单总金额： | RMB 1.00 |
| 商品编号： | 88888888 |
| 商品名称： | 支付宝交易款 |
| 商品数量： | 1 |
| 已含运费金额： | RMB 1.00 |
| 支付卡（账）号： | |

请输入如下显示位置的口令卡密码：

B 4 K X
\*\*\*\*
（了解电子银行口令卡）

网银登录密码：　\*\*\*\*\*\*\*\*
请输入右侧显示的验证码：5306　5306

【提交 \*\*\*】　　【修改 \*\*\*】

图 2-50　口令卡密码、网银登录密码、验证码填写页面

支付成功

订单号：
2090121200901219760311978887451

交易流水号为：HFG000314412700

【关闭窗口】

图 2-51　充值成功页面

### 4．支付宝账户的提现

登录支付宝后点击进入申请提现页面，确定提现金额并正确输入支付密码，如图 2-52 所示。然后，点击"下一步"按钮，即表示提现申请成功，如图 2-53 所示。

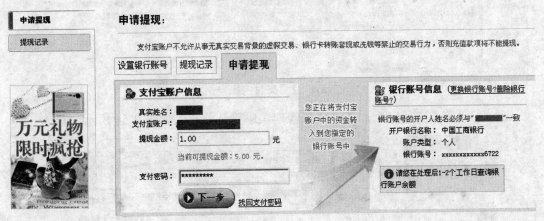

图 2-52　申请提现页面

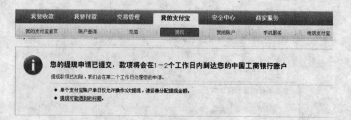

图 2-53　提现申请成功页面

### 5. 买家使用支付宝购物付款

（1）当买家选定好要购买的宝贝后，点击产品图片旁边的"立刻购买"按钮；在确认付款金额无误的前提下，可以直接点击如图 2-54 所示的"确认无误，购买"按钮。

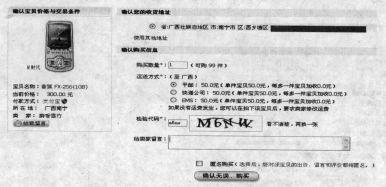

图 2-54　购买数量、交易方式填写页面

（2）买家输入支付宝账号的支付密码，点击"确认无误，付款"按钮，登录支付宝账户，如图 2-55 所示。

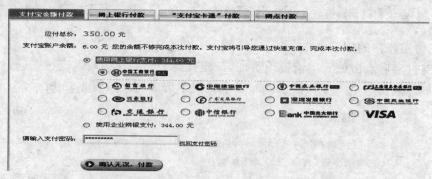

图 2-55　登录支付宝账户页面

（3）买家登录支付宝后，在"交易管理"中确认收货，如图 2-56 所示。

图 2-56　确认收货

（4）买家收到货后，同意支付宝付款，单击"同意付款"按钮，系统弹出交易成功窗口，如图 2-57 所示，至此完成了宝贝的购买。

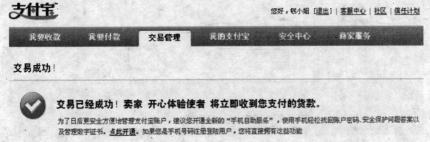

图 2-57 交易成功页面

## 6．卖家发布宝贝，开设店铺

（1）卖家登录淘宝网后，有多种途径进入商品发布窗口，最直接的方法是单击导航条上"我要卖"链接，进入商品信息发布窗口，如图 2-58 所示。

图 2-58 宝贝发布页面

（2）卖家单击"一口价"按钮，采用一口价发布方式，根据需要发布的商品，选择好商品的类目，如图 2-59 所示。

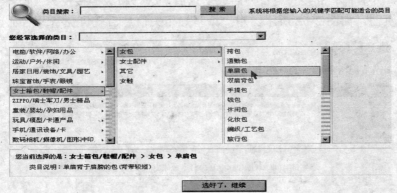

图 2-59 商品的类目选择页面

（3）卖家单击"选好了，继续"按钮，进入商品信息填写页面，如图 2-60 所示。所有信息填写完成后，单击"确认无误，提交"按钮，完成商品的发布。商品发布成功页面，如图 2-61 所示。

（4）拍卖商品信息的发布程序与一口价方式发布商品信息是相同的，只是在价格选择上有所不同，拍卖的价格既可以让系统自动加价，也可以由卖家自定义加价幅度。

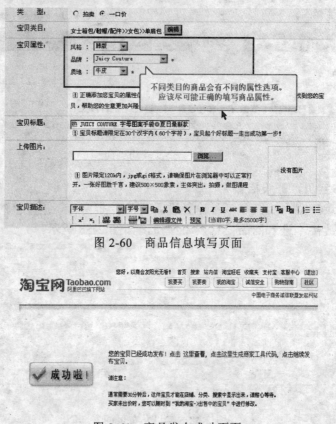

图 2-60　商品信息填写页面

图 2-61　商品发布成功页面

（5）用户发布 10 件宝贝后才可以免费开店。用户登录"我的淘宝"，在"我是卖家"专栏下单击"开店铺"链接（用户开店成功以后，这一超级链接变为"管理我的店铺"），进入开店辅页面，如图 2-62 所示。用户填写好相关信息后就可免费开店了。

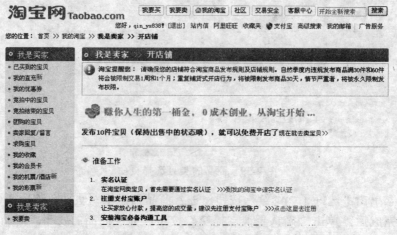

图 2-62　开店铺页面

# 单元总结

1. B2B 电子商务模式的特点、业务流程。
2. B2C 电子商务模式的特点、业务流程。
3. C2C 电子商务模式的特点、业务流程。
4. EDI 的定义。
5. 淘宝网的基本业务。

# 课后习题

## 一、单选题

1. 网络交易中，企业间签订合同是在（　　）平台上进行的。
   A. 信息发布平台　　　　　　　　　　　B. 信用调查平台
   C. 质量认证平台　　　　　　　　　　　D. 信息交流平台
2. 以下（　　）不属于消费者在网上商店进行购物的操作。
   A. 浏览产品　　　　B. 选购产品　　　　C. 订购产品　　　　D. 信息发布
3. 订单数据的完整性检查中不会检查（　　）选项。
   A. 商品名称　　　　B. 商品编码　　　　C. 商品单价　　　　D. 商品库存
4. 一般来说，网上商店习惯用（　　）方法与客户联系。
   A. 传真　　　　　　B. 电话　　　　　　C. 电子邮件　　　　D. 上门确认
5. 下面关于 EDI 的说法，（　　）最准确。
   A. EDI 就是无纸贸易
   B. EDI 和 E-mail 都是通信双方通过网络进行的信息传递方法，所以二者的本质是相同的
   C. EDI 是一种采用计算机通过数据通信网络，将标准化文件在通信双方之间进行自动交换和处理的工作方式
   D. 以上说法都不对

## 二、多选题

1. 网上订单的后台处理过程主要包括（　　）。
   A. 订单传递　　　　　　　　　　　　　B. 收发电子邮件
   C. 订单登录　　　　　　　　　　　　　D. 订单处理状态追踪
2. 电子商务的参与者包括（　　）。

A．消费者、销售商 B．供货商、企业雇员

C．银行或金融机构 D．政府

3．网上购物可以选择下列（　　）付款方式。

A．邮局汇款 B．银行电汇 C．在线支付 D．货到付款

4．"购物车"应该由以下（　　）模块组成。

A．购物车显示模块 B．用户交流模块

C．确认和支付模块 D．订单生成模块

5．下面的交易媒体中属于交互式沟通渠道的是（　　）。

A．邮寄沟通 B．电话沟通 C．互联网沟通 D．电视沟通

## 三、简答题

1．简述 B2B 电子商务业务流程的 4 个阶段。

2．总结 B2B、B2C、C2C 的商业模式及其业务流程。

## 四、实践操作题

1．浏览著名 IT 公司的电子商务网站（如 IBM、HP、Intel、Lenovo 等），观察网站的页面布局，分析其成功的原因。

2．访问当当网（http://www.dangdang.com）等网站，进行网上购物实践，将购物的全过程记录下来（要求对网页页面进行另存或抓图保存），就网上购物的流程、配送及送货等情况写出分析报告。

3．访问淘宝网（http://www.taobao.com），注册成为会员，参与网上买卖，了解网上购物和支付的流程。

## 五、案例分析题

### 案例

Cisco（思科公司）是美国最成功的公司之一，曾获得 Internet Week 授予的最佳企业对企业（B2B）商务 Web 站点奖。目前，Cisco 拥有全球较大的互联网商务网站，公司全球业务 90% 的交易是在网上完成的，每天的网上营业额为 5 500 万美元左右，其在中国市场下的订单 100% 通过在线完成。电子下载和在线配置每年为 Cisco 节约近 2 亿美元的费用，在互联网上的供应链管理使其订购周期缩短了 70%，且 Cisco 80% 的销售与技术培训是在线进行的。

从某种意义上讲，Cisco 是一个庞大的构建在互联网上的"虚拟公司"。Cisco 的第一级组装商有 40 个，其下面有 1 000 多个零配件供应商，其中真正属于 Cisco 的工厂只有 2 个。Cisco 的供应商、合作伙伴的内联网通过互联网与 Cisco 的内联网相连，无数的客户通过各种方式接入互联网，再与 Cisco 的网站相连，组成了一个实时动态的系统。客户的订单下达到 Cisco 网站，Cisco 的网络会自动把订单传送到相应的组装商手中。在订单下达的当天，设备差不多就组装完毕，贴上了 Cisco 的标签，直接由组装商或供应

商发货，Cisco 的人连箱子都不必碰一下。70%的 Cisco 产品就是这样生产出来的。基于这种生产方式，Cisco 的库存减少了 45%，产品的上市时间提前了 25%，总体利润率比其竞争对手高出 15%。Cisco 不用在生产上进行大规模投资，就能轻松应对迅速增长的市场需求，对市场的反应也更为敏捷。

问题：

（1）Cisco 使用的生产经营模式与传统企业的经营模式的区别是什么？

（2）谈谈你对虚拟化经营的理解。

# 第三单元　熟悉电子商务安全

随着电子商务的逐步发展，通过网上交易实现贸易的活动直线上升，网络系统、网上交易等安全问题逐渐被人们所重视。电子商务的安全问题得不到解决，网上交易的安全性就无法得到消费者、商家的信任，这最终将影响到电子商务的继续发展。电子商务的快速发展需要商业界，特别是信息安全业快速地作出反应，否则安全方面的问题将会制约它的发展。本单元着重介绍了电子商务安全方面的具体情况。

## 任务一　了解电子商务中的安全要求

### 任务目标

了解电子商务安全的重要性，理解电子商务安全的控制要求，掌握电子商务安全的内容以及分类，重点掌握威胁电子商务安全的主要隐患。

### 任务相关理论介绍

#### 一、电子商务安全的重要性

（1）电子商务的安全问题是商务信息的特定需要　无论是传统的商务活动，还是现代的电子商务活动，发展的一个基本要求是活动的各参与方的利益能得到正常的保护，商务活动过程的安全要求如果达不到，最终市场将会消失，没有人愿意继续参与交易。现实中，出现的 Q 币被盗及信用卡被盗刷的现象就在一定程度上引起了安全人士和消费者对电子商务的安全性的怀疑，使他们继续开展电子商务活动的信心遭受打击，影响电子商务健康的发展。

（2）电子商务的安全问题是开放型网络的客观条件决定的　因特网是一个高度开放的网络，电子商务是在因特网上进行的，对网络的依赖性很高，网络的安全性是电子商务安全的非常重要的一环。网络及应用系统能够为电子商务的安全性、可靠性和可用性提供足够的保证，是进行电子商务的前提。而计算机网络在建设之初，由于技术的、设计的等多方面的原因，对于安全方面的考虑过少，安全方面比较薄弱。目前，计算机网络技术是电子商务发展所依赖的重要技术组成，因而计算机网络的安全性直接影响到电子商务的安全实现。

## 二、电子商务安全的控制要求

由于电子商务交易的非面对面、非现金以及 Internet 的开放性的原因，产生了一些特殊的安全方面的需求。电子商务面临的安全方面的需求主要有以下几个方面：

（1）交易身份的可靠性　在电子商务交易过程中，对于交易双方身份的确认，一般有源点鉴别和实体鉴别两个方面，即对交易信息的来源合法性和交易双方对等实体的身份合法性的确认。

（2）电子交易的有效性　传统商务通过有形的纸质合同、签名、盖章等实体介质证明交易的有效性，且这些实体介质都是受到法律保护的。电子商务中，电子形式的交易凭证在法律上是否被支持，是否被法律保护，以及在出现纠纷时能否作为证据使用是电子商务能否正常发展的关键。2004 年 8 月 28 日通过，2005 年 4 月 1 日起施行的《中华人民共和国电子签名法》明确了电子签名在法律上的有效性，电子商务的发展在法律上前进了一大步。

（3）信息内容的完整性　电子商务简化了贸易过程，减少了人为的干预，同时也带来维护贸易各方商业信息的完整、统一的问题。由于数据输入时的意外差错或欺诈行为，可能导致贸易各方信息的差异。而贸易各方信息的完整性将影响到贸易各方的交易和经营策略，保证贸易各方信息的完整性是电子商务应用的基础。

（4）传输过程的保密性　电子商务中的电子数据，如订单信息、结算信息等，在网络上传输过程的安全性也是电子商务安全的重要一环，它影响到整个电子商务过程能否安全地实现。

（5）交易行为的合法性　电子合同的法律地位问题，数字签名的法律效力问题，电子证据的认定问题，知识产权的保护问题以及税收、工商、监管等相关法律对电子商务的合法性也很重要。

### 知识链接

电子商务交易中，只有确保了信息的有效性、保密性和完整性，交易双方身份的认证性及不可抵赖性，才能保证交易的安全进行，而这些安全要素都需要通过一定的技术手段来实现。

## 三、电子商务安全的内容

电子商务的安全是一个系统的概念，它不仅与计算机系统的结构相关，还与电子商务应用的环境、人员素质、管理和社会因素有关。它包括电子商务系统硬件的安全、软

件的安全、运行的安全和对电子商务安全的立法保护。

（1）电子商务系统硬件的安全　硬件安全是指保护计算机系统硬件（包括外部设备，如打印机、扫描仪、摄像头等）的安全。系统硬件安全的目标是保证其自身的可靠性和为系统提供基本安全机制。

（2）电子商务系统软件的安全　软件安全是指保护软件和数据不被篡改、破坏和非法复制。系统软件安全的目标是使计算机系统逻辑上安全，主要是使系统中信息的存取、处理和传输满足系统安全策略的要求。

（3）电子商务系统运行的安全　运行安全是指保护系统能连续和正常地运行，使电子商务系统单位时间内故障率尽可能的低和故障修复率尽可能的高。网上出现的信用卡账号和密码泄漏，实际上很多属于软件系统出现的漏洞或者受到攻击导致的，当然也有一部分是由于人员管理方面的失误导致的。

（4）对电子商务安全的立法保护　对电子商务安全的立法保护是对电子商务犯罪的约束，它通过法律的途径保证电子商务交易的安全，保障各参与方的利益。

总之，电子商务安全是一个复杂的系统问题，对安全的立法保护与应用环境、人员素质及社会环境有关，基本不属于技术上的系统设计问题；硬件安全是目前计算机硬件水平可以解决的问题。因此，电子商务系统安全的关键是软件系统的安全。

## 四、电子商务安全的分类

（1）物理安全问题　物理安全主要包括主机硬件安全和物理线路安全。

（2）网络安全问题　网络安全包括：大部分 Internet 协议没有进行安全设计，信息传输采用明文传输；外部用户非授权访问尝试；假冒主机或用户；对信息完整性的攻击；对信息流次序、内容进行修改；服务干扰等。

（3）对操作系统攻击问题　对操作系统攻击主要包括未授权存取、越权使用、信息泄露、用户过多占用系统资源和保证操作系统的可靠性（如备份、审核用户行为等）。

（4）应用系统安全问题　应用系统安全是指主机系统上的应用软件层面的安全，如Web 服务器、Proxy 服务器、数据库的安全问题。攻击者可以利用应用系统的漏洞、安全隐患实施攻击，从而影响系统正常运行。

（5）黑客、病毒攻击问题　目前，威胁互联网安全运行的两大主要因素分别是黑客和病毒。计算机病毒自从 1987 年出现后，以每天 40%的速度增长，病毒的技术、破坏的强度与日俱增。

（6）人员管理安全问题　人员管理安全问题就是如何防止内部人员的攻击问题，包括雇员素质、岗位的身份识别、安全检查等。

## 五、电子商务安全的主要隐患

### 1. 电子商务系统的攻击者

1）内部攻击者：据统计，70%以上的信息安全案件是由于内部管理疏忽导致的。最坚固的堡垒，最容易从内部攻破。例如，1996 年 2 月，EPSON 公司离职人员侵入公司系统事件就是一个典型。

2）黑客（Hacker）：资料显示，互联网上 1/3 的防火墙被黑客攻破过。据《金融时报》报道，全球每 20 秒就发生一次 Internet 侵入事件。而作为计算机网络的起源地的美国，每年因此损失 100 亿美元。

### 2．电子商务系统的安全隐患

1）网络硬件组成中的安全隐患：网络硬件安全隐患主要包括物理硬件损害和故障，如自然灾害、事故等；电磁辐射与干扰，如干扰泄露等；误操作与机房安全管理。

2）网络软件中的安全隐患：网络软件安全隐患包括网络操作系统的安全漏洞与网络传输协议的安全隐患。例如，"Morris Worm"利用 Unix 系统漏洞进行破坏。

3）网络服务软件的安全隐患：如 www 服务软件、Ftp 服务软件、DNS 软件等。

### 3．电子商务系统遭受攻击的主要表现形式

1）网络监听：由于互联网设计的原因，在网络中占领一台主机及局域网的最佳方式就是网络监听，通过网络监听可以获得很多关于网络和主机以及主机间在网络上传递的信息。

2）拒绝服务攻击：拒绝服务攻击是指一个或若干用户占有大量的系统资源，使系统没有剩余资源给其他用户再提供服务的严重攻击形式。比较著名的分布式拒绝服务攻击（DDoS）就是一个典型，英文全称 Distributed Denial of Service。

3）缓冲区攻击：缓冲区溢出是指计算机程序向缓冲区内填充的数据位数超过了缓冲区本身的容量。缓冲区溢出是病毒编写者和特洛伊木马编写者偏爱使用的一种攻击方法。2001 年 8 月，"红色代码"就利用微软 IIS 漏洞使缓冲区数据溢出，成为攻击企业网络的罪魁祸首。

4）电子邮件攻击：互联网上，电子邮件服务器提供邮件服务的默认端口号是 25，攻击者利用该端口实现对邮件系统的攻击，如窃取篡改数据、伪造邮件、发送垃圾邮件等。

5）黑客攻击：黑客为实现攻击目的常采用手段有埋植木马、Web 欺骗、病毒、恶意代码、垃圾邮件。

## 知识链接

电子商务安全不仅仅是技术层面的问题，认为在技术上解决了网络交易的安全隐患，就能保障电子商务的安全进行是错误的，它还是管理的问题，社会的问题。电子商务安全需要社会公共约束与维护，只有这样才能保证网络交易的安全性。

## 示例

小徐在上网查资料时无意间登录了一家购物网站，上边有很多商品，并且价格非常的便宜。小徐当时就注册了一个 ID，然后观察了好几天，看了他们的法律声明和售后服务条款，感觉很不错。通过浏览，小徐看中一款手机，标价为 2 300 多元，比市面上便宜了一半。在浏览了这款手机的简要介绍后，小徐决定购买，他按照网上的联系电话与对方取得联系，对方说他们的商品是从海关没收的货中通过特殊关系搞来的，所以价格

便宜。小徐信以为真，于是把钱打进对方账户。可是等了几天也没等到手机，再打对方留下的电话却怎么也打不通，小徐这才发觉被骗了。

### 分析提示

　　网上购物双方不能面对面，买卖能否成功全凭信用，选择网络购物，应了解其商业信誉、经营规模，最好选择那些建立比较久，已经拥有良好信誉的网站，对比较生疏的网站要有充分的防范意识，尤其对商品价格比市面价格低得离谱的网站更要提高警惕。有条件的消费者可以查询该网站的经营资质，交易时如对方不能提供安全的支付方式，则尽量采取货到付款的方式。当自己的权益受到侵害后，要及时投诉，如果对方涉嫌诈骗，要及时向公安机关报案。

# 任务二　学会数据加密方法

### 任务目标

　　掌握信息加密的基本概念、原理，熟悉加密技术分类。

### 任务相关理论介绍

#### 一、信息加密的概念

　　密码是实现秘密通信的主要手段，是隐蔽语言、文字、图像的特种符号。用特种符号按照通信双方约定的方法把电文的原形隐蔽起来，不为第三者所识别的通信方式被称为密码通信。一般来说，加密是指采用数学方法对原始信息（明文）进行再组织，使其加密后在网络上进行公开传输时，对于非法接受者成为无意义的文字（密文），而合法接受者则可以利用掌握的密钥，解密得到原始信息（明文）。对简单的加密过程，分析如下：

　　（1）简单替换加密　如图3-1所示，假设将原始信息 data message of Ecommerce 采用简单替换加密进行传递。首先，采用对每个原始信息中的字母按照英文字母顺序后一个字母进行代替，即 a 用 b 代替、b 用 c 代替……z 用 a 代替；最后，得到密文信息为 ebubnfttbhfpgFdpnnfsdf。解密的过程正好与加密过程相反。

　　（2）简单转换加密　如图3-2所示，假设需要将原始信息 data message of Ecommerce 采用简单转换加密的方式传送出去。首先，设定一个密钥（本例中实际上是用其对原始信息内容进行打乱）；然后由图看出，按照密钥的次序，从左向右依次把原始信息内容排列成如图的形式，排列的过程中忽略空格，同时尾部不足一行的，使用字母 a 填充；最后，我们按照密钥的顺序，按列重新排列原始信息内容，即得到密文 memaeomaasEragoedsfetacc。

同样，要想从该密文获取原始信息内容，首先要获得密钥，根据密钥长度计算密文截取长度，然后按照密钥的顺序，填满 1 号列、2 号列……最终获得初始的信息内容。

原始信息：data message of Ecommerce

| 原始信息 | d | a | t | a | m | e | s | s | a | g | e | o | f | E | c | o | m | m | e | r | c | e |
|---|---|---|---|---|---|---|---|---|---|---|---|---|---|---|---|---|---|---|---|---|---|---|
| 加密信息 | e | b | u | b | n | f | t | t | b | h | f | p | g | F | d | p | n | n | f | s | d | f |

密文信息：ebubnfttbhfpgFdpnnfsdf

图 3-1　简单替换加密过程

原始信息：data message of Ecommerce

| 密钥 | 5 | 3 | 6 | 4 | 1 | 2 |
|---|---|---|---|---|---|---|
| 明文 | d | a | t | a | m | e |
| | s | s | a | g | e | o |
| | f | E | c | o | m | m |
| | e | r | c | e | a | a |

密文：memaeomaasEragoedsfetacc

图 3-2　简单转换加密过程

## 二、信息加密原理

数据加密的基本过程就是对原来为明文的文件或数据按某种算法进行处理（见图 3-3），使其成为不可读的一段代码，通常称为密文，使其只能在输入相应的密钥之后，才能显示出本来内容，通过这样的途径来达到保护数据不被非法窃取、阅读的目的。该过程的逆过程为解密，即将该编码信息转化为其原来数据的过程。

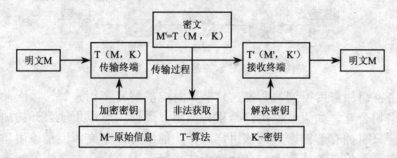

图 3-3　加密原理

## 三、加密技术分类

目前，加密技术可以分为以下两类：对称加密（Symmetric Cryptography）与非对称加密（Asymmetric Cryptography）。在传统的密码系统中，加密用的密钥与解密用的密钥是相同的，密钥在保密通信中需要严密保护。在非对称加密系统中，加密用的密钥与解密用的密钥是不同的，加密用的密钥可以向大家公开，而解密用的密钥是需要保密的。

（1）对称加密技术　对称加密技术也叫秘密密钥加密技术，发送方用密钥加密明文，传送给接收方，接收方用同一密钥解密。其特点是加密和解密使用的是同一个密钥。其工作原理如图 3-4 所示。

在对称加密标准中，典型的代表是美国国家安全局的数据加密标准（DES）。它是 IBM 于 1971 年开始研制，1977 年美国标准局正式颁布的加密标准。这种方法使用简单，加密解密速度快，适合于大量信息的加密，但存在几个问题：第一，不能保证，也无法知道密钥在传输中的安全，若密钥泄漏，黑客可用它解密信息，也可假冒一方做坏事；第二，假设每对交易方用不同的密钥，N 对交易方需要 N*（N-1）/2 个密钥，密钥之多难于管理；第三，不能鉴别数据的完整性。

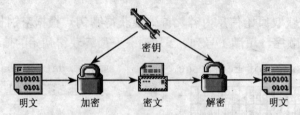

图 3-4　对称加密技术的工作原理

（2）非对称加密技术　非对称加密技术又被称为公钥密码技术，对信息的加密与解密都使用不同的密钥，用来加密的密钥是可以公开的（称为公钥），用来解密的密钥是需要保密的（称为私钥）。非对称加密技术的工作原理，如图 3-5 所示。用来加密的公钥（Public Key）与用来解密的私钥（Private Key）是与数学相关的，并且加密密钥与解密密钥是成对出现的，但是不能通过加密密钥来计算出解密密钥的。公钥密码技术对电子商务的发展起到了很大的促进作用。

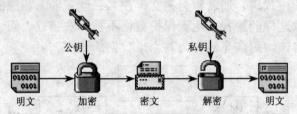

图 3-5　非对称加密技术的工作原理

使用加密密钥加密后得到的数据，只能用对应的解密密钥来解密，因此用户可以将自己的加密密钥公开。如果其他用户希望与该用户通信，可以用他公开的加密密钥对信息加密，这样只有拥有解密密钥的该用户自己才能解开此密文，但是该用户的解密密钥不能透露给自己不信任的任何人。公钥密码技术可以大大简化对密钥的管理工作，网络中 N 个用户之间进行通信加密，仅仅需要使用 N 对密钥就可以了。

最著名的公开密钥加密算法是 RSA（Rivest，Shamir，Adleman）算法，它要求加密的信息长度必须小于密钥的长度。因此，RSA 算法的速度是比较慢的，它不适合于对文件进行加密，而只适合于对少量数据进行加密。

公钥密码技术与对称加密技术相比，其优势在于不需要共享通用的密钥；用于解密的私钥不需要发往任何地方；公钥在传递和发布过程中即使被截获，由于没有与公钥相匹配的私钥，截获的公钥对入侵者也没有太大意义；公钥可以通过 Internet 进行传递与分发。公钥密码技术的主要缺点是加密算法复杂，加密与解密的速度比较慢。目前，主要的公开密钥加密算法包括 RSA 算法、DSA 算法、PKCS 算法与 PGP 算法等。

**知识链接**

当我们给需要保密的文件或者各种其他资料用密钥加密后，并不等于它们就安全了。密钥只是给你的大门加了一把锁，仍然有很多解密软件或工具可以破门而入。

# 任务三　掌握保证电子商务安全的手段

## 任务目标

掌握数字证书的概念、内容以及类型，熟悉数字证书的申请流程，理解数字证书的有效性，重点掌握认证中心的概念、整体框架、功能以及体系结构。

## 任务相关理论介绍

### 一、数字证书

#### 1．数字证书的概念

数字证书（Digital ID）又称为数字凭证、数字标识，是一个经证书认证机构（认证中心）数字签名的包含用户身份信息以及公开密钥信息的电子文件。数字证书可以证实一个用户的身份，以确定其在网络中各种行为的权限。在网上进行信息交流及商务活动时，各方需要通过数字证书来证明各实体（如消费方、商户/企业、银行等）的电子身份证。在网上的电子交易中，若双方出示了各自的数字证书，并用它来进行交易操作，那么双方都可不必为对方的身份真伪担心。数字证书还可用于安全电子邮件、网上缴费、网上炒股、网上招标、网上购物、网上企业购销、网上办公、软件产品、电子资金移动等安全电子商务活动。

数字证书采用公开密码密钥体系，即发送方利用一个公共密钥（公钥）对数据进行加密，接收方用自己的私有密钥（私钥）对数据进行解密。这个公钥和私钥是匹配的，公钥是公开的，而私钥是保密的，只有接收方自己知道。只要知道公钥就可以向对方发送数据，而只有知道私钥的人才可以解密数据。

#### 2．数字证书的内容

目前，数字证书格式一般采用 X.509 国际标准。一个标准的 X.509 数字证书包含以下一些内容：

（1）证书的版本信息。

（2）证书的序列号。

（3）证书所使用的签名算法。

（4）证书的发行机构。

（5）证书的有效期。

（6）证书所有人的名称。

（7）证书所有人的公开密钥。

（8）证书发行者对证书的签名。

典型的证书实例，如图 3-6 所示。

图 3-6　数字证书实例

### 3．数字证书的类型

数字证书有以下三种类型：

（1）个人凭证（Personal Digital ID）　个人凭证属于个人所有，帮助个人用户在网上进行安全交易和安全的网络行为。个人的数字证书安装在客户端的浏览器中，通过安全电子邮件进行操作。

（2）企业（服务器）凭证（Server ID）　企业如果拥有 Web 服务器，即可申请一个企业凭证，用具有凭证的服务器进行电子交易，而且有凭证的 Web 服务器会自动加密和客户端通信的所有信息。

（3）软件（开发者）凭证（Developer ID）　软件凭证是为网络上下载的软件提供的凭证，用来和软件的开放方进行信息交流，使用户在下载软件时可以获得所需的信息。

### 4．数字证书的申请流程

数字证书的申请是在网上进行的。网上交易的各方，包括持卡人、商户、网关，都必须在自己的计算机里安装一套网上交易专用软件，这套软件具有申请证书的功能。

用户将交易软件安装完毕后，首要任务是上网向认证中心，申请数字证书，其申请过程如下：

（1）持卡人首先生成一对密钥，将私人密钥保存在安全的地方，将公开密钥连同自己的基本情况表格一起发送到认证中心。

（2）认证中心根据持卡人所填表格，与发卡银行联系，对持卡人进行认证。

（3）认证中心生成持卡人的数字证书，并将持卡人送来的公开密钥放入数字证书中。

（4）认证中心对证书进行 Hash 运算，生成消息摘要。

（5）认证中心用其私人密钥对消息摘要加密，对证书进行数字签名。

（6）认证中心将带有认证中心数字签名的证书发给持卡人。

以上就是持卡人数字证书申请的基本过程，商户、网关及各级认证中心的申请过程与此类似。在实际操作过程中，只有当各级认证中心自己有了证书，才能为下一级认证中心或用户颁发证书。

### 5．数字证书的有效性

只有下列条件都为真时，证书才有效。

（1）证书没有过期。所有的证书都有一个有效期，只有在有效期限内，证书才有效。

（2）密钥没有修改。如果密钥被修改，就不应该再使用，密钥对应的证书就应当收回。

（3）用户仍然有权使用密钥。例如，某雇员离开了某家公司，雇员就不能再使用该密钥，密钥对应的证书就需要收回。

（4）认证中心负责回收证书，发行无效证书清单。证书必须不在认证中心发行的无效证书清单中。

我们可以使用数字证书，通过运用对称和非对称密码体系等密码技术建立起一套严密的认证系统，从而保证：① 信息除了接收方之外不被其他人窃取。② 信息在传输过程中不被篡改。③ 发送方能够通过数字证书来确认接收方的身份。④ 发送方对自己发送出的信息不能抵赖。因此，在网上的电子交易中，如果双方出示了各自的数字凭证，并用它来进行交易操作，就可以不必担心受骗上当了。

## 二、认证中心

电子商务认证授权机构也称电子商务认证中心（Certificate Authority，简称 CA）。在电子商务交易中，无论是数字时间戳服务，还是数字证书的发放，都不是靠交易双方自己就能完成的，而是需要一个具有权威性和公正性的第三方来完成。CA 就是承担网上安全电子交易认证服务的服务机构，它能签发数字证书，并能确认用户身份。CA 通常是一个服务性机构，主要任务是受理数字证书的申请，签发及管理数字证书。在实际运作中，认证中心可由大家都信任的一方担当。例如，在客户、商家和银行三角关系中，客户使用的是由某个银行发的卡，而商家又与此银行有业务关系。在这种情况下，客户和商家都信任该银行，可由该银行担当认证中心的角色，负责接收、处理客户证书和商家证书的验证请求。证书包含了客户的名称和公钥，以此作为在网上证明身份的依据。

认证中心在整个电子商务环境中处于至关重要的位置，它是整个信任链的起点。认证中心是开展电子商务的基础，如果认证中心不安全或发放的证书不具有权威性，那么网上电子交易就根本无从谈起。

### 1．CA 整体框架

一个典型的 CA 系统包括安全服务器、注册机构 RA、CA 服务器、LDAP 服务器和数据库服务器等，如图 3-7 所示。

（1）安全服务器　安全服务器面向普通用户，用于提供证书申请、浏览证书撤销列表以及证书下载等安全服务。安全服务器与用户的通信采取安全通信方式。用户首先得到安全服务器的证书 （该证书由 CA 颁发），然后用户与服务器之间的所有通信，包括用户填写的申请信息以及浏览器生成的公钥，均用安全服务器的密钥进行加密传输，只有安全服务器利用自己的私钥解密才能得到明文，从而保证了证书申请和传输过程中的信息安全性。

（2）CA 服务器　CA 服务器是整个证书机构的核心，负责证书的签发。CA 首先产生自己的私钥和公钥，然后生成数字证书，并且将数字证书传输给安全服务器。CA 还负责为操作员、安全服务器以及注册机构服务器生成数字证书。安全服务器的数字证书和私钥也需要传输给安全服务器。CA 服务器是整个结构中最为重要的部分，存有 CA 的私钥以及没发行证书的脚本文件。出于安全考虑，应将 CA 服务器与其他服务器隔离，其任何通信都采用人工干预的方式，确保 CA 的安全。

（3）注册机构 RA　注册机构 RA 面向登记中心操作员，在 CA 体系结构中起着承上启下的作用，一方面向 CA 转发安全服务器传输过来的证书申请请求，另一方面向 LDAP 服务器和安全服务器转发 CA 颁发的数字证书和证书撤销列表。

（4）LDAP 服务器　其提供目录浏览服务，负责将注册机构 RA 传输过来的用户信息以及数字证书加入到服务器上。这样，用户通过访问 LDAP 服务器就能够得到其他用户的数字证书。

（5）数据库服务器　数据库服务器是认证机构中的核心部分，用于认证机构数据（密钥和用户信息等）、日志和统计信息的存储和管理。实际的数据库系统应采用多种措施，如磁盘阵列、双机备份和多处理器等，以维护数据库系统的安全性、稳定性、可伸缩性和高性能。

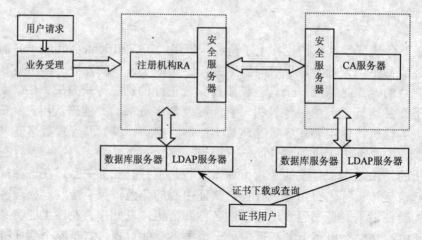

图 3-7　CA 整体框架

**2．CA 的功能**

CA 就是一个负责发放和管理数字证书的权威机构。对于一个大型的应用环境，CA 往往采用一种多层次的分级机构，各级的 CA 类似于各级行政机关，上级 CA 负责签发和管理下级 CA 的证书，最下一级的 CA 直接面向最终用户。CA 的主要功能有：

（1）证书的颁发　CA 接收、验证用户的数字证书申请，将申请的内容进行备案，并根据申请的内容确定是否受理该数字证书申请。如果 CA 接受该数字证书申请，则进一步确定给用户颁发何种类型的证书。新证书用 CA 的私钥签名以后，发送到目录服务器供用户下载和查询。为了保证信息的完整性，返回给用户的所有应答信息都要使用 CA 的签名。

（2）证书的更新　CA 可以定期更新所有用户的证书，或者根据用户的请求来更新用户的证书。

（3）证书的查询　证书的查询可以分为两类：其一，是证书申请的查询，CA 根据用户的查询请求返回当前用户证书申请的处理过程；其二，是用户证书的查询，这类查询由目录服务器来完成，目录服务器根据用户的请求返回适当的证书。

（4）证书的作废　当用户的私钥由于泄密等原因造成用户证书要申请作废时，用户要向 CA 提出证书作废的请求，CA 根据用户的请求确定是否将该证书作废。另外一种证书作废的情况是，证书已经过了有效期，CA 自动将该证书作废。CA 通过维护证书作废列表来完成上述功能。

（5）证书的归档　证书具有一定的有效期，证书过了有效期后就将作废，但是我们不能将作废的证书简单地丢弃，因为有时我们可能需要验证以前的某个交易过程中产生的数字签名，这时需要查询作废的证书。基于此种考虑，CA 还具备管理作废证书和作废私钥的功能。

CA 发放的证书分为两类，即 SSL（安全套接层）证书和 SET（安全电子交易）证书。一般来说，SSL 证书是服务于银行对企业或企业对企业的电子商务活动的；而 SET 证书是服务于持卡消费、网上购物的。虽然它们都是识别身份和数字签名的证书，但它们的信任体系完全不同，而且所符合的标准也不一样。简单地说，SSL 证书的作用是通过公开密钥证明持证人的身份；而 SET 证书的作用则是通过公开密钥证明持证人在指定银行确实拥有该信用卡账号，同时也证明了持证人的身份。

### 3．CA 体系结构

CA 有着严格的层次结构。按照 SET 协议要求，CA 的体系结构，如图 3-8 所示。其中，根 CA 是离线并被严格保护的，仅在发布新的品牌 CA 的证书时才被访问；品牌 CA 发布地域 CA、持卡人 CA、商户 CA 和支付网关 CA 的证书，并负责维护及分发其签字的证书和电子商务文字建议书；地域 CA 是考虑到地域的因素而设置的，因而是可选的；持卡人 CA 负责生成并向持卡人分发证书；商户 CA 负责发放商户证书；支付网关 CA 为支付网关（银行）发放证书。

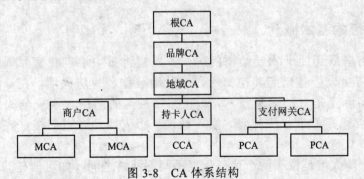

图 3-8　CA 体系结构

**示例**

中国金融认证中心（CFCA）的曹小青副总经理在南京举办的"网银无忧天下行"主题论坛上表示："规范、正确地使用网银，就可以保证其安全性。迄今为止，尚未发现一例数字证书机制被攻破的事例。"

**分析提示**

数字证书可以证实交易双方的真实性，同时对双方传输的信息进行加密，从而保证双方在从事网上交易时身份的真实性、传输信息的保密性、数据的完整性以及抗抵赖性。数字证书在目前来说是电子商务交易安全的一个保证。

# 任务四　学会防火墙的使用

## 任务目标

掌握防火墙的基本概念，理解防火墙的功能及其局限，能熟练选择和使用防火墙，同时能理解并掌握防火墙的安全体系及防火墙技术的分类。

## 任务相关理论介绍

### 一、防火墙的基本概念

古时候，当房屋还处于木制结构的时候，人们将石块堆砌在房屋周围，一旦火灾发生，它能够防止火势蔓延到其他寓所，这种墙被称之为防火墙。在计算机领域，所谓的防火墙，实际上是一种隔离技术，即在某个机构的网络和不安全的网络之间设置障碍，阻止对信息资源的非法访问。换句话说，防火墙是一道门槛，控制进、出两个方向的通信。

简单地说，防火墙是位于两个信任程度不同的网络之间（如可信任的企业内部网络和不可信的 Internet 之间）的软件或硬件设备的组合，它对两个网络之间的通信进行控制，通过强制实施统一的安全策略，防止对重要信息资源的非法存取和访问，以达到保护系统安全的目的。

### 二、防火墙的功能

防火墙位于网络的边界，是网络安全的第一道防线，是关卡点，可强迫所有进出信息都通过这个唯一的检查点，便于集中实施强制的网络安全策略，对网络存取和访问进行监控审计。其作用如图 3-9 所示。

　　防火墙的主要作用包括过滤信息、管理进程、封堵服务、审计监测等。具体表现在以下几个方面：

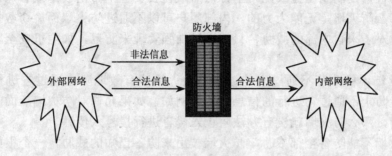

图 3-9　防火墙作用

　　（1）保护网络上脆弱的服务　　通过过滤掉一些先天就不安全的服务，防火墙能极大地增强网络的安全性，降低内部网络中主机被攻击的危险性。例如，防火墙能防止诸如 NFS 服务的请求出入内部网络，这就避免了外部网络攻击者探测这些服务，进而实施攻击的可能性，同时又允许这种服务在较小范围内（如内部网络）使用，既减小了危险性，又减少了安全管理的负担。

　　（2）控制对网络中系统的访问　　防火墙具有控制访问网络中系统的能力。例如，某些来自外部网络的请求可以到达内部网络的某些主机，而其他不受欢迎的用户请求则被拒绝。

　　（3）集中和简化安全管理　　网络的安全性在防火墙上得到了加固，而不是分散在内部网络的各个主机上。使用防火墙可以节省一个机构在网络安全管理方面的开支，因为所有或大多数修正的软件和附加的安全软件都可以安装在防火墙上，而不需要分布在内部网络的各个主机上。

　　（4）方便监视网络的安全性　　对一个内部网络来说，重要的问题并不是网络是否受到攻击，而是何时会受到攻击。防火墙可以在网络受到攻击时报警，提醒网络管理员及时响应并审查常规记录。

　　（5）增强网络的保密性　　所谓保密性，是指保证信息不会被非法泄露与扩散。保密性在网络中是首先要考虑的问题，因为通常被认为是无害的信息实际上包含着对攻击者有用的线索。一些网络使用防火墙来阻止诸如 Finger 程序和 DNS 的攻击。

　　（6）对网络存取和访问进行监控、审计　　如果通过防火墙访问内部网络或外部网络，防火墙就会记录访问情况，并提供关于网络使用的价值的统计信息。当可疑活动发生时，防火墙会以适当的方式报警，同时也能提供关于网络和防火墙本身受到的探测和攻击的信息。

　　（7）强化网络安全策略　　防火墙提供了实现和加强网络安全策略的手段。实际上，防火墙向用户提供了对服务的访问控制方式，起到了强化网络对用户访问控制策略的作用。

## 三、防火墙的局限

前面叙述了防火墙的优点，但是它也存在着下面一些缺陷和不足：

（1）防火墙不能防范恶意的知情者　防火墙可以禁止用户通过网络传输机密信息，但如果用户将数据复制到磁盘或磁带上，然后放在公文包中带出去，或者入侵者是在防火墙内部，那么防火墙是无能为力的。内部用户可以不通过防火墙而偷窃数据、破坏硬件和软件等。对于来自内部的威胁，只能通过加强管理来防范，如主机安全防范和用户教育等。

（2）防火墙不能防范不通过它的连接　防火墙能有效地防止通过它进行的信息传输，但它不能防止不通过它进行的信息传输。例如，如果允许对防火墙后面的内部系统进行拨号访问，那么防火墙就没有办法阻止入侵者进行拨号入侵。

（3）防火墙不能防备全部威胁　防火墙被用来防备已知的威胁，一个很好的防火墙设计方案可以防备新的威胁，但没有一个防火墙能自动地防御所有新的威胁。

## 四、防火墙的选择和使用

防火墙作为网络安全的一种防护手段得到了广泛的应用，有多种实现方式，但正确选用、合理配置防火墙并不容易，必须遵循一定的原则并按照合理的步骤来进行。

1）防火墙的设计应满足以下基本原则：

① 由内到外或由外到内的业务流均经过防火墙。

② 只允许本地安全政策认可的业务流通过防火墙。

③ 尽可能控制外部用户访问专用网，并应当严格限制外部人员进入专用网。

④ 具有足够的透明性，保证正常业务流通。

⑤ 具有抗穿透攻击能力，强化记录、审计和报警功能。

2）建立合理的防护系统，配置有效的防火墙应遵循如下几个步骤：

① 风险分析。

② 需求分析。

③ 确立安全政策。

④ 选择准确的防护手段，并使之与安全政策保持一致。

目前的防火墙产品分为个人、政府部门和企业使用的产品，常见的有 Checkpoint、NetScreen、NAI Gauntlet 防火墙。

## 五、防火墙技术的分类

（1）包过滤（Packct Filtering）技术　它一般用在网络层，主要根据防火墙系统所收到的数据包的源 IP 地址、目的 IP 地址、TCP/UDP 源端口号、TCP/UDP 目的端口号及数据包中的各种标志位来进行判定，根据系统设定的安全策略来决定是否让数据包通过。其核心就是安全策略，即过滤算法的设计。

（2）代理（Proxy）服务技术　它是用来提供应用层服务的控制，起到外部网络向内部网络申请服务时的中间转接作用。内部网络只接受代理提出的服务请求，拒绝外部网络其他节点的直接请求。运行代理服务的主机被称为应用网关。

（3）状态监控（Static Inspection）技术 它是一种新的防火墙技术，在网络层完成所有必要的防火墙功能——包过滤与网络服务代理。

## 六、防火墙的安全体系

### 1．双重宿主主机体系结构

双重宿主主机体系结构围绕双重宿主主机构筑。双重宿主主机至少有两个网络接口，这样的主机可以充当与这些接口相连的网络之间的路由器。外部网络能与双重宿主主机通信，内部网络也能与双重宿主主机通信，但是外部网络与内部网络不能直接通信，它们之间的通信必须经过双重宿主主机的过滤和控制。

双重宿主主机的防火墙体系结构是相当简单的，双重宿主主机位于外部网络和内部网络之间，如图 3-10 所示。

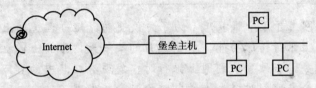

图 3-10 双重宿主主机体系结构

### 2．屏蔽主机体系结构

屏蔽主机体系结构允许数据包从 Internet 向内部网络的移动，所以它的设计比没有外部数据包能到达内部网络的双重宿主主机体系结构似乎是更冒风险。但在多数情况下，屏蔽的主机体系结构提供比双重宿主主机体系结构具有更好的安全性和可用性，如图 3-11 所示。

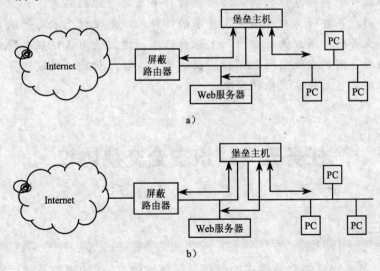

图 3-11 屏蔽主机体系结构
a）单地址堡垒主机 b）双地址堡垒主机

### 3. 屏蔽子网体系结构

屏蔽子网体系结构通过添加额外的安全层到屏蔽主机体系结构中，即通过添加周边网络更进一步地把内部网络与 Internet 隔离开。在这种结构下，即使攻破了堡垒主机，也不能直接侵入内部网络（仍然必须通过内部路由器），如图 3-12 所示。

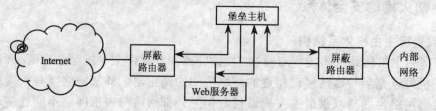

图 3-12　屏蔽子网体系结构

### 示例

张女士在淘宝网上开了个服装店，为了方便交易，她办理了网上银行业务，开通了对外支付功能和网上银行转账功能。今年 6 月的某一天，张女士像往常一样打开电脑，准备处理其网上业务，当她登录到网上银行时，发现存在其中的 6 万元钱不翼而飞了，张女士当即报案，公安部门对张女士的电脑检测分析发现，这台电脑已被人种了木马。经公安人员在调查分析后认为，张女士网上银行的账号、密码等信息很有可能就是被木马利用网上银行的漏洞盗取的。

### 分析提示

现在网上类似"网银大盗"的木马非常多，用户一定要加强防范意识。首先，用户一定要安装一款有隐私信息保护功能的杀毒软件并及时升级病毒库，开启病毒实时监控功能；同时，用户不要轻易打开陌生人发来的邮件，以免被种上木马等病毒；再次，在办理网上银行业务时，用户最好申请网上银行证书，通过使用认证证书登录网银，以增加安全性；最后，用户在使用网上银行提供的查询、转账付款、代理业务等自助金融服务时，应随时注意有无异常现象的发生。

# 任务五　认识安全交易协议

### 任务目标

理解基于 SSL 协议的交易模式的过程，了解 SSL 协议的缺陷及其运行基础，掌握 SET 协议主要使用的技术以及它的实现，同时掌握 SET 协议的特点。

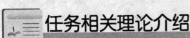

## 任务相关理论介绍

### 一、SSL 协议

安全套接层（Secure Socket Layer，简称 SSL）协议是由 Netscape 公司研究制定的安全协议，主要用于提高应用程序之间数据的安全性。该协议向基于 TCP/IP 的客户/服务器应用程序提供了客户端和服务器的鉴别、数据完整性及信息机密性等安全措施。该协议通过在应用程序进行数据交换前交换 SSL 初始握手信息来实现有关安全特性的审查，在 SSL 握手信息中采用了 DES、MD5 等加密技术来实现机密性和数据完整性，并采用 X.509 国际标准的数字证书实现鉴别。该协议已成为事实上的工业标准，并被广泛应用于 Internet 和 Intranet 的服务器产品和客户端产品中，如 Netscape 公司、微软公司、IBM 公司等领导 Internet/Intranet 网络产品的公司已在使用该协议。此外，微软公司和 Visa 机构也共同研究制定了一种类似于 SSL 的协议，这就是 PCT（专用通信技术）协议，该协议只是对 SSL 进行了少量的改进。

#### 1. SSL 协议下的交易模式

SSL 协议的主要目的是提供 Internet 上的安全通信服务，是基于强公钥加密技术以及 RSA 算法的专用密钥序列密码，能够对信用卡和个人信息、电子商务提供较强的加密保护。SSL 协议在建立连接过程中采用公开密钥，在会话过程中使用私有密钥。采用 SSL 协议，可确保信息在传输过程中不被修改，实现数据的保密与完整性，在 Internet 上广泛用于处理财务上敏感的信息。如图 3-13 所示是一个基于 SSL 协议的交易模式。

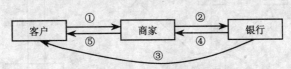

图 3-13　基于 SSL 协议的交易模式

基于 SSL 协议的交易步骤包括：①客户将购买信息发往商家。②商家将信息转发给银行。③银行验证客户信息的合法性。④银行通知商家付款成功。⑤商家通知客户购买成功。

#### 2．基于 SSL 协议的交易模式的问题

（1）由于 SSL 协议本身缺陷带来的问题　SSL 协议的缺陷是只能保证传输过程的安全，而无法知道在传输过程中是否受到窃听，黑客可借此破译经 SSL 协议加密的数据，破坏和盗窃 Web 信息。

（2）商家信用带来的问题　SSL 协议运行的基础是商家对客户信息保密的承诺。客户的信息首先传到商家，商家审阅后再传到银行。这样，客户资料的安全性便受到威胁。另外，整个过程只有商家对客户的认证，缺少了客户对商家的认证。

在电子商务的初始阶段，由于参与电子商务的公司大都是信誉较好的公司，SSL 协议缺陷的问题没有引起人们的重视。随着越来越多的公司参与到电子商务之中，对商家认证的问题也就越来越突出，这使得 SSL 协议的缺点完全暴露出来，SSL 协议也逐渐被

新的 SET 协议所取代。

## 二、SET 协议

安全电子交易协议，最初是由世界上最大的两家信用卡组织 VISA 和 Master Card 合作发起的，它得到了包括 IBM、Microsoft、Netscape 等著名公司的参与和支持。目前，SET 协议是专为网上支付卡业务安全所制定的唯一具有现实意义的国际标准。

电子商务的交易安全是电子商务成功实施的基础，是企业制定电子商务战略时必须首先考虑的问题。SET 协议确保了网上交易所要求的保密性、数据的完整性、交易的不可否认性和交易的身份认证。当中最具有魅力及最有特色的就是证书认证机制，正是其与众不同的机制最大限度地保证了网上交易的安全性。

SET 协议主要使用的技术包括对称密钥加密、公钥加密、Hash 算法、数字签名、数字信封以及数字证书等技术。SET 协议通过使用公钥和对称密钥方式加密，以保证数据的保密性；通过使用数字签名（结合 Hash 算法）和数字证书实现交易各方的身份认证、数据的完整性和交易的不可否认性。

由于它实现起来比较复杂，每次交易都需要经过多次加密、Hash 算法及数字签名，并且需在客户端上安装专门的交易软件。因此现在使用该协议的电子支付系统尚未普及。如图 3-14 所示是一个基于 SET 协议的网上交易流程说明。

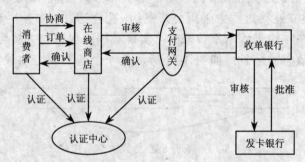

图 3-14  基于 SET 协议的网上交易流程

SET 协议有以下特点：

1）客户资料虽然要通过商家到达银行，但商家不能阅读这些资料，所以 SET 协议解决了客户资料的安全性问题。

2）SET 协议解决了网上交易存在的客户与银行之间、客户与商家之间、商家与银行之间的多方认证问题。

3）由于整个交易过程是建立在 Intranet、Extranet 和 Internet 的网络基础上，因此 SET 协议保证了网上交易的实时性。

## 三、SET 协议和 SSL 协议的比较

在认证要求方面，SSL 协议不能实现多方认证，而 SET 协议则解决了网上交易存在的多方认证问题；在安全性方面，SET 协议解决了客户资料的安全性问题，其安全性比 SSL 协议高；在网络协议位置方面，SSL 协议是基于传输层的通用安全协议，而 SET 协

议位于应用层，对网络上其他各层也有涉及；在应用领域方面，SSL 协议主要和 Web 应用一起工作，而 SET 协议更为通用。

## 示例

2004 年 12 月 7 日，中央电视台《经济信息联播》报道，有人在网上发现了一个假的中国银行网站，行标、栏目、新闻、地址样样齐全。经调查，这个网站有窃取储户卡号与密码等相关资料的嫌疑。12 月 8 日，内蒙古呼和浩特市一市民，致电央视称他因为登录了这个假网站，卡里的 2.5 万元莫名其妙地不见了。假中国银行网站新闻播出后，一时间网上银行安全话题成为评论的焦点。

## 分析提示

国内网上银行在安全支付方面采用了 CA 认证、USBkey，加入了当前国际最先进的 128 位 SSL 安全加密技术，从技术上说是安全的。造成网上银行失窃的原因多是由于用户的误操作或中了诸如虚假网站这样的陷阱所致，而非银行系统本身造成的。

# 单 元 总 结

1. 电子商务中的安全要求。
2. 数据加密的基本概念、原理及加密技术的分类。
3. 数字证书的内容、类型以及认证中心的整体框架、功能、体系结构。
4. 防火墙的功能、局限、安全体系及防火墙技术的分类。
5. 认识安全交易协议。

# 课 后 习 题

## 一、单选题

1. 以下对防火墙的说法错误的是（　　）。
   A. 只能对两个网络之间的互相访问实行强制性管理的安全系统
   B. 通过屏蔽未授权的网络访问等手段把内部网络隔离为可信任网络
   C. 用来把内部可信任网络对外部网络或其他非可信任网络的访问限制在规定范围之内
   D. 防火墙的安全性能是根据系统安全的要求而设置的，因系统的安全级别不同而有所不同
2. 以下用来保证硬件和软件本身的安全的是（　　）。
   A. 实体安全　　　　B. 运行安全　　　　C. 信息安全　　　　D. 管理安全

3. 保护数据在传输过程中的安全的唯一实用的方法是（　　　）。

    A．保护口令　　　　　B．数据加密　　　　　C．专线传输　　　　　D．数字签名

4. 数字证书采用公钥密码体系，即利用一对互相匹配的密钥进行（　　　）。

    A．加密　　　　　　　B．加密、解密　　　　C．解密　　　　　　　D．安全认证

5. 以下不属于防火墙组成部分的是（　　　）。

    A．服务访问政策　　　B．数据加密　　　　　C．包过滤　　　　　　D．应用网关

6. 公钥密码体系中，加密和解密使用（　　　）的密钥。

    A．不同　　　　　　　B．相同　　　　　　　C．公开　　　　　　　D．私人

7. CA 不能提供以下哪种证书？（　　　）

    A．个人数字证书　　　　　　　　　　　B．SSL 服务器证书

    C．安全电子邮件证书　　　　　　　　　D．SET 服务器证书

8. SSL 协议层包括两个协议子层：记录协议和（　　　）。

    A．握手协议　　　　　B．牵手协议　　　　　C．拍手协议　　　　　D．拉手协议

## 二、多选题

1. 电子商务系统可能遭受的攻击有（　　　）。

    A．系统穿透　　　　　B．植入　　　　　　　C．违反授权原则　　　D．通信监视

2. 以下选项中属于防火墙的组成部分的是（　　　）。

    A．服务访问政策　　　　　　　　　　　B．验证工具

    C．服务器　　　　　　　　　　　　　　D．包过滤和应用网关

3. SET 协议运行的目标主要有（　　　）。

    A．保证信息在互联网上安全传输

    B．保证电子商务参与者信息的相互隔离

    C．提供商品或服务

    D．通过支付网关，处理消费者和在线商店之间的交易付款问题

4. 性能良好的防病毒软件应具备的特点有（　　　）。

    A．能够追随病毒的最新发展不断升级

    B．能够同时防杀单机和网络病毒

    C．能够识别病毒的种类和性质

    D．能够判断病毒的位置

5. 计算机存取控制的层次可以分为（　　　）。

    A．身份认证　　　　　　　　　　　　　B．存取权限控制

    C．数据库保护　　　　　　　　　　　　D．密码应用

6. 网络安全主要涉及的领域有（　　　）。

    A．社会经济领域　　　　　　　　　　　B．技术领域

    C．电子商务领域　　　　　　　　　　　D．电子政务领域

7. 以下是计算机病毒主要特点的有（　　　）。

    A．破坏性　　　　　　B．隐蔽性　　　　　　C．传染性　　　　　　D．时效性

8. 数字签名可以解决的鉴别问题有（ ）。
    A．发送者伪造             B．发送者否认
    C．接收方篡改             D．第三方冒充

## 三、简答题

1．电子商务系统主要受到的安全威胁有哪些？
2．简述电子商务的安全要素。
3．简述 SSL 协议的特点及实现过程。
4．简述 SET 协议的特点及实现过程。
5．对称加密技术与非对称加密技术有何区别？它们各有什么优点？
6．什么是数字证书？它的类型有哪些？
7．简述 CA 的功能。
8．在电子商务中采用防火墙有哪些优点？

# 第四单元　运用电子支付

　　资金流是电子商务得以实现的重要组成之一。银行卡、电子现金、电子支票等电子支付方式层出不穷，人们不断探索适合于电子商务模式下的支付工具。网络银行是实现电子支付的重要环节，它为电子商务的发展起到了重要的作用。同时，移动支付作为一种新兴的电子支付手段，它的快速发展与应用必将给电子支付，乃至电子商务带来新的革命。本单元着重介绍常见的电子支付工具的支付流程。

## 任务一　认识电子支付工具（一）

### 任务目标

掌握银行卡的常用类型，重点掌握以银行卡为支付工具的电子商务支付模式。

### 任务相关理论介绍

#### 一、银行卡概述

**1. 银行卡的产生**

　　银行卡起源于美国，一些商业企业为招揽生意，在一定范围内发给顾客信用筹码，这些筹码此时只属于商业信用的范畴，但也具备了授信、代替现金流通等特点。经过多年的发展，银行卡不论在形式上、功能上还是在技术上，都有了很大的发展，在发达国家及地区使用得非常广泛，已成为一种普遍使用的支付工具和信贷工具。它使人们在结算方式、消费模式和消费观念上都发生了根本性的变化。

　　银行卡的发展如此迅猛是与其在支付结算中的优点分不开的。发卡机构（多为银行，具有较高的可信度和权威）参与了支付结算的过程，协助了买卖双方完成交易。一方面，银行卡的支付方式不涉及实体现金的授受，避免了大量现金的保管与携带工作；另一方面，银行的信用权威能促使素不相识或没有信赖关系的买卖双方完成交易，就如同现金交易一样。这两个优点使得银行卡有了广阔的需求市场，而随着电子商务的发展，具有这两大优点的银行卡对于虚拟空间里的支付结算也是最合适不过的。

**2．银行卡的分类**

银行卡有多种分类方法，可按银行卡的性质、使用介质、发行对象、使用币种等多种方法，对银行卡进行分类。其中，最重要的是按性质、信息载体进行的分类。

（1）银行卡按性质分类　从性质上分，银行卡可分为信用卡（Credit Card）、借记卡（Debit Card）、复合卡（Combination Card）和现金卡（Cash Card）4 种。

1）信用卡：早期发行的银行卡是信用卡，信用卡也称贷记卡，是银行向金融上可信赖的客户提供无抵押的短期周转信贷的一种手段。发卡银行根据客户的资信等级，给信用卡的持卡人规定一个信用额度，持卡人就可在任何特约商店先消费后付款，也可在 ATM 上预支现金。依照信用等级的不同，又可将信用卡分为普通信用卡、金卡、贵宾卡等多种品种。

2）借记卡：在信用卡的基础上，银行又推出了借记卡。借记卡的持卡人必须在发卡行有存款。持卡人在特约商店消费后，通过电子银行系统，直接将顾客在银行中的存款划拨到商店的账户上。除持卡消费外，借记卡还可在 ATM 系统中用于取现。

3）复合卡：为方便客户，银行还发行了一种兼具信用卡和借记卡两种性质的银行卡，即复合卡，又称准贷记卡。复合卡的持卡人必须事先在发卡行交存一定金额的备用金，持卡消费或提取现金后，银行立即做扣账操作；同时，发卡行也可对这种持卡人提供适当的无抵押的周转信贷。持卡人用复合卡消费过程中，当备用金账户余额不足时，允许在发卡行规定的信用额度内适当透支。

4）现金卡：在信用卡、借记卡和复合卡三种银行卡内，实际并没有现金，这些卡的持卡人所拥有的真正的钱是存在银行的数据库里，持卡人之所以能持卡消费，是因为银行保证交易成功后，商户可从银行得到与消费金额等量的现金。与上述三种银行卡不同，在现金卡内记录有持卡人在卡内持有的现金数。持卡消费后，商户直接从现金卡内扣除消费金额，从而相应减少了现金卡中的现金数。

（2）银行卡按信息载体分类　银行卡的介质经历了塑料卡、磁卡、集成电路卡（IC卡）和激光卡 4 个发展阶段。

1）塑料卡：20 世纪 50 年代末和 60 年代初，发达国家的信用卡公司用塑料制成信用卡。顾客消费时，出示此卡以表明身份，商户验明无误后，顾客即可享受信用消费。

2）磁卡：磁卡诞生于 1970 年，它是在塑料卡上粘贴一张磁条而成的，磁条里有 3 条磁道，可记录相关信息，但记忆容量较小。磁卡中所记录的信息可直接输入终端机进行处理，是一种最简单、有效的计算机输入介质，但缺点是磁条中的数据容易被复制、安全性低。在银行卡领域，IC 卡终将取代磁卡；另外，在一些功能简单的应用领域，如预付小额购物卡、车票卡、门锁卡等，仍将大量采用磁卡。

3）集成电路卡：集成电路卡是在塑料卡上封装一个微型集成电路芯片，用以存储记录数据。集成电路卡的优点是：① 有较大的存储容量。② 安全性高，很难仿制。③ 具有运算与处理能力，可作为多功能卡。集成电路卡的缺点是制造比磁卡复杂，成本也较高，随着电子技术的发展，这一缺点正在被克服。现在，包括我国在内的世界各国银行都在推广应用集成电路卡。

4）激光卡：激光卡是在塑料卡中嵌入激光存储器而成的，也称光存储卡，目前其尚在试验阶段。它可提供多重功能，安全性高，存储量极大，可比 IC 卡的存储量大百倍以上。

（3）银行卡按其他分类法分类　银行卡除了按性质、信息载体分类外，还可以有许多其他分类法。

① 银行卡按使用货币种类分类，可分为本币卡和外币卡。

② 银行卡按等级分类，可分为普通卡、金卡、白金卡。

③ 银行卡按发行对象分类，可分为个人卡、商务卡、采购卡、政府卡等。

④ 银行卡按持有者的身份分类，可分为主卡和附属卡。

### 知识链接

据中国人民银行统计，截至 2006 年底，我国银行卡发卡机构达 190 多家，发卡总量约 10.6 亿张，但不容忽视的是发行的 10 亿多张银行卡中有相当部分是睡眠卡，并且存在着严重的一人多卡现象。

## 二、以银行卡为支付工具的电子商务支付模式

传统的银行卡支付是在商家、持卡人以及各自的开户银行之间进行的，整个支付是在银行内部网络中完成的。利用银行卡在 Internet 上购物有许多方式，按银行卡信息在 Internet 上传递所采取的措施分类，可为无安全措施的银行卡支付模式、通过第三方代理人的支付模式、基于 SSL 协议的简单加密支付模式、基于安全电子交易协议的支付模式。

### 1. 无安全措施的银行卡支付模式

买方通过网上从卖方订货，而银行卡信息通过电话、传真等非网上传送，或者银行卡信息在互联网上传送，但无任何安全措施，卖方与银行之间使用各自现有的银行—商家专用网络授权来检查信用卡的真伪，如图 4-1 所示。这种支付方式的特点主要有：① 由于卖方没有得到买方的签字，如果买方拒付或否认购买行为，卖方将承担一定的风险。② 信用卡信息可以在线传送，但无安全措施，买方（持卡人）将承担信用卡信息在传输过程中被盗取及卖方获得信用卡信息等风险。

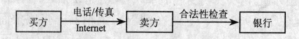

图 4-1　无安全措施的银行卡支付模式

### 2. 通过第三方代理人的支付模式

改善银行卡事务处理安全性的一个途径就是在买方和卖方之间起用第三方代理，目的是使卖方看不到买方的银行卡信息，避免银行卡信息在网上多次公开传输而导致的银行卡信息被窃取。

1）第三方代理人支付方式流程图，如图 4-2 所示。

① 买方在第三方代理人处开设账号，第三方代理人持有买方银行卡的卡号和账号。

② 买方用账号从卖方处在线订货，即将账号传送给卖方。

③ 卖方将买方账号提供给第三方代理人，第三方代理人验证账号信息，将验证信息

返回给卖方。

④ 卖方确定接受订货。

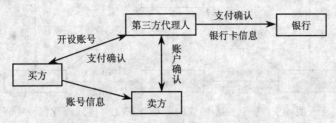

图 4-2　第三方代理人支付方式流程图

2）第三方代理人服务的特点：

① 支付是通过双方都信任的第三方完成的。

② 银行卡信息不在开放的网络上多次传送，买方有可能离线在第三方处开设账号，这样买方没有银行卡信息被盗窃的风险。

③ 卖方信任第三方，因此卖方也没有风险。

④ 买卖双方预先获得第三方的某种协议，即买方在第三方处开设账号，卖方成为第三方的特约商户。

### 3. 基于 SSL 协议的简单加密支付模式

这是目前较常用的一种支付模式，客户只需在银行开立一个普通银行卡账户。使用这种模式支付时，客户提供的银行卡号码信息，在传输时使用 SSL 技术进行加密。这种加密的信息只有业务提供商或第三方的付费处理系统能够识别。由于客户进行在线购物时只需一个银行卡号，所以这种付费方式给客户带来了方便。这种方式需要一系列的加密、授权、认证及相关信息的传送，交易成本比较高，所以小额交易是不适用的。

安全套接层协议最初是由 Netscape 公司设计开发的，它对信用卡和个人信息提供较强的保护。SSL 协议主要提供三方面的服务：① 客户机和服务器的认证，使得它们能够确信数据将被发送到正确的客户机和服务器上。② 加密数据，以隐藏被传送的数据。③ 维护数据的完整性，确保数据在传输过程中不被改变。SSL 协议也是国际上最早应用于电子商务的一种网络安全协议，至今仍然有许多网上商店在使用。

1）支付流程：用户在银行开立一个银行卡账户，并获得银行卡账号。用户在商家订货后，把银行卡信息加密后传给商家服务器。商家服务器验证接收到的信息的有效性和完整性后，将用户加密的银行卡信息传给业务服务器，商家服务器无法看到用户的银行卡信息，业务服务器验证商家身份后，将用户加密的银行卡信息转移到安全的地方解密，然后将用户银行卡信息通过安全专用网传送到商家银行。商家银行通过普通电子通道与用户银行卡发卡行联系，确认银行卡信息的有效性，得到证实后，将结果传送给业务服务器。业务服务器通知商家服务器交易完成或拒绝，商家再通知用户。整个过程只要经历很短的时间就能完成。交易过程的每一步都需要交易方以数字签名来确认身份，用户和商家都必须使用支持此种业务的软件，数字签名是用户、商家在线注册系统时产生的，不能修改。其流程如图 4-3 所示。

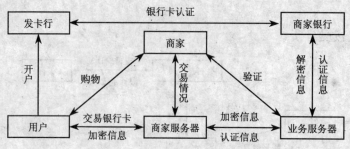

图 4-3　基于 SSL 协议的简单加密支付模式流程图

2）基于 SSL 协议的简单加密支付模式的特点：

① 使用加密技术对银行卡等关键信息进行加密。

② 需要身份认证系统。

③ 采用防伪造的数字签名。

④ 需要业务服务器和服务软件的支持。

这种模式的关键在于业务服务器。保证业务服务器和专用网络的安全就可以使整个系统处于比较安全的状态。SSL 协议主要用于提高应用程序之间数据的安全系数，运行的基点是商家对客户信息保密的承诺。

### 4．基于 SET 协议的支付模式

安全电子交易协议的出现就是为了保障 Internet 上银行卡交易的安全性。利用 SET 协议给出的整套安全电子交易的过程规范，可以实现电子商务交易中的机密性、认证性、数据完整性等安全功能。由于基于 SET 协议的支付模式提供商家和收单银行的认证，确保了交易数据的安全、完整可靠和交易的不可抵赖性，特别是具有保护消费者银行卡号不暴露给商家等优点，因此它成为目前公认的银行卡的网上交易的国际标准。基于 SET 协议的支付过程，如图 4-4 所示。

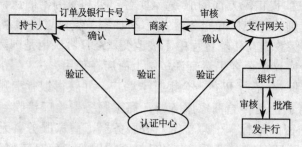

图 4-4　基于 SET 协议的支付流程图

其步骤为：

（1）持卡人发送给商家一个完整的订单及要求付款的指令，订单和付款指令由持卡人进行数字签名，同时利用双重签名技术保证商家看不到持卡人的账号信息。

（2）商家接受订单后，向持卡人的金融机构请求支付认可，通过支付网关到银行，再到发卡机构确认，批准交易，然后发卡行返回确认信息给银行，银行再返回确认信息给商家。

（3）商家发送订单确认信息给顾客，顾客端软件可记录交易日志，以备将来查询。

（4）商家给顾客装运货物，完成订购的服务，到此为止，一个购买过程结束。商家可以立即请求银行将钱从购物者的账号转移到商家账号，也可以等到某一时间，请求成批划账处理。

### 知识链接

从 2004 年起，四大国有银行陆续发布公告，将对借记卡收取年费。银行机构负责对借记卡数据进行日常维护，应该说这需要成本，从市场经济机制来看，收费从根本上讲算不上什么霸王条款。此次事件说明了金融服务收费权利从政府向市场的回归，也说明了我国银行业已经逐渐打破垄断。在一个走向竞争的金融市场上，消费者没有必要担心银行狮子大开口，因为没有哪一家银行敢冒天下之大不韪，为了眼前利益而干丢失市场份额的傻事。招商银行、商业银行等纷纷表示，不会对借记卡收年费，这就是一个明证。这对于收费银行来说就是一种潜在的威胁，而银行相争，最终得利的将是消费者。

### 示例

Mondex 卡是能存储电子现金的智能卡，它是万事达国际公司的产品。Mondex 卡是 1990 年推出的，于 1996 年在香港试验，到 2007 年春，香港的持卡人已有 105 000 人，有约 2 000 家商户支持这个系统。但是大多数 Mondex 卡持卡人的购物额都在 100 美元以下（超过 65%），购物超过 1 000 美元用 Mondex 卡付款的人很少。

### 分析提示

智能卡就是嵌入了一个微处理芯片的塑料卡，在芯片里存储了大量关于使用者的信息。用 Mondex 卡进行支付消费需要一个特殊设备，接受 Mondex 卡的商家必须在结账台上安装这个专用的刷卡器。互联网用户可用 Mondex 卡在网上转账，但必须在 PC 机上连一个刷卡器。而且，由于 Mondex 卡以电子形式储备真正的现金，用户因担心卡失窃而不会在卡上存放大笔资金。同时，Mondex 卡也没有信用卡延期结算的优点，Mondex 卡要求立即支付现金，这些要求都导致了 Mondex 卡没有取得成功。

# 任务二　认识电子支付工具（二）

### 任务目标

掌握电子货币，尤其是电子现金、电子支票的工作流程，掌握它们在支付过程中的优缺点。灵活掌握电子货币涉及的法律问题，运用所学知识分析现实中存在的各种法律问题。

## 任务相关理论介绍

货币是一种固定充当一般等价物的特殊商品。所谓一般等价物，是指任何其他商品的价值都可以用它来衡量。货币的这个属性决定了它在人类社会经贸发展中所起到的重要作用。尤其是在当今社会，随着劳动分工的逐步细化，生产越来越趋于专业化，货币作为贸易的媒介物，是整个社会经济运行的命脉。电子货币是计算机介入货币流通领域后产生的，是当代最新的货币形式，已经成为电子商务实施的核心，是电子支付活动的主要媒介。

电子货币是指以电子数据形式存储在银行的计算机系统中，并通过计算机网络系统以电子信息形式实现流通和支付功能的货币。世界各国推行和研制的电子货币千差万别，但其基本形态大致上是类似的，即电子货币的使用者以一定的现金或存款从发行者处兑换并获得代表相同金额的数据，并以可读写的电子信息方式储存起来，当使用者需要清偿债务时，可以通过某些电子化媒介或方法将该电子数据直接转移给支付对象。

### 一、电子货币的特征

电子货币作为现代金融业务与现代科学技术相结合的产物，和传统货币相比，具有如下特征：

（1）存在的形态不同　电子货币不再以实物、金属、纸币等可触的传统货币形式出现，而是以电子数据形式储存。传统货币以实物的形式存在，大量的货币必然要占据较大的空间，且形式比较单一，而电子货币是一种电子符号，所占空间很小，体积几乎可以忽略不计。一张智能卡或一台计算机可以存储无限数额的电子货币，其存在形式随处理的媒体不同而不断变化。例如，电子货币在网络中传播时是电磁波或光波，在磁盘上存储时是磁介质，在 CPU 中是电脉冲。

（2）电子货币具有依附性　电子货币对科技进步和经济发展的依附关系，从技术上看，电子货币的发行、流通、回收等都采用现代的电子化手段，依附于相关的设备的正常运行。另外，新技术和新设备可产生电子货币新的业务形式。

（3）电子货币的安全性　利用现代信息技术，如采用用户密码、信息加解密系统、防火墙等安全防范措施。

（4）传递渠道不同　传统货币传递花费的时间长，较大数额的传统货币的传递甚至需要组织人员押运。而电子货币是用电子脉冲代替纸张传输和显示资金的，通过计算机处理和存储，可以在很短时间内进行远距离传递，借助 Internet 在瞬间内转到世界各地，且风险较小。

（5）计算的方式不同　传统货币的清点、计算通常需要通过人工利用各种计算工具进行，需要花费较多的时间和人力，这直接影响着交易的速度。而电子货币的计算在较短时间内就可利用计算机完成，大大提高了交易速度。

（6）匿名程度不同　传统货币的匿名性相对来说比较强，这也是传统货币可以无限制流通的原因。但传统货币都有印钞号码，同时传统货币总离不开面对面的交易，这在一定程度上限制了传统货币的匿名性。而电子货币的匿名性比传统货币更强，主要原因是加密技术的采用以及电子货币便利的远距离传输。

### 二、电子货币的表现形式

电子货币的表现形式多种多样，主要有电子现金、电子支票等。

#### 1. 电子现金

电子现金（E-cash）是一种以电子形式存在的现金货币，又称为数字现金。它把现金数值转换成为一系列的加密序列数，通过这些序列数来表示现实中各种金额的币值。电子现金使用时与纸质现金完全类似，多用于小额支付，是一种储值型的支付工具。

（1）电子现金的支付流程　如图 4-5 所示，客户用现金或存款申请兑换 E-cash。银行对其要使用的电子现金进行电子签名处理来实现电子现金的完全匿名。客户用授权的 E-cash 进行支付，电子现金便通过网络转移到商家。商家联机向 E-cash 银行验证真伪，以及验证是否被复制过；商家将收到的 E-cash 向银行申请兑付，E-cash 银行收回 E-cash，保留其序列号备查，再将等值的货币存入商家的银行账户。

图 4-5　电子现金的支付流程

（2）电子现金支付特点

① 商家和银行之间应该有协议和授权关系。

② 电子现金对软件具有依赖性。客户、商家和电子现金的发行银行都需要电子现金软件。

③ 用于小额交易，因此适用于 B2C 模式的电子商务。

④ 身份验证是由电子现金本身完成的。电子现金的发行银行在发放电子现金时使用电子签名；商家在每次交易中，将电子现金传送给银行，由银行验证电子现金的有效性（是否伪造或被使用过等）。

⑤ 电子现金的发行银行负责用户和商家之间实际资金的转移。

（3）电子现金的优点　客户在开展电子现金业务的电子银行设立账户并在账户内存钱后，就可以用其进行购物。电子现金作为以电子形式存在的现金货币，同样具有传统货币的价值度量、流通手段、储蓄手段和支付手段 4 种基本功能。电子现金与传统的现金相比，具有以下的优点。

1）匿名性：客户用电子现金向商家付款，除了商家以外，没有人知道客户的身份或交易细节。如果客户使用了一个很复杂的假名系统，甚至连商家也不知道客户的身份。

2）不可跟踪性：电子现金是以打包和加密的方法为基础，它的主要目标是保证交易的保密性与安全性，以维护交易双方的隐私权。

3）节省交易费用和传输费用：电子现金是利用已有的 Internet 和用户的计算机，所以消耗比较小，尤其是小额交易更加合算。电子现金的流动是没有国界的，在同一个国家内流通现金的费用跟国际间流通的费用是一样的，这样就可以使国际间货币流通的费用比国内流通费用高出许多的状况大大改观。

4）持有风险小、安全和防伪造：普通现金有被抢劫的危险，必须存放在指定的安全地点，如保险箱、金库，保管普通现金越多，所承担的风险越大，在安全保卫方面的投资也就越大。而电子现金不存在这样的风险，同时电子现金由于采用安全的加密技术，不容易被复制和篡改。

（4）电子现金存在的主要问题　电子现金的发行和使用给人们带来了巨大的好处，同时也带来了一些新问题，主要表现为以下 5 个方面。

1）税收和洗钱：由于电子现金可以实现跨国交易，税收和洗钱就成为了潜在的问题。通过 Internet 进行的跨国交易存在是否要征税、如何征收、使用哪个国家的税率、由哪个国家征收和对谁征收等问题。为了解决这些问题，国际税收规则必须进行调整。更麻烦的是，电子现金同实际现金一样很难进行跟踪，税务部门很难追查，所以电子现金的这种不可跟踪性将很可能被不法分子用以逃税。利用电子现金可以将钱送到世界上任何地方而不留下一点痕迹，洗钱也变得容易，如果调查机关想要获得证据，则要检查网上所有的数据包并且破译所有的密码，这几乎是不可能的。

2）外汇汇率的不稳定性：电子现金会增加外汇汇率的不稳定性。电子现金也是总货币供应量的一个组成部分，可以随时兑换成普通现金，电子现金也有外汇兑换的问题，其涉及的外汇兑换也要有汇率，这就需要在 Internet 上设立一个外汇交易市场，电子现金的汇率与真实世界里的汇率应该是一样的，即使不一致，套汇交易也会使二者一致。在真实世界里，只有一小部分主体（如交易代理商、银行和外贸公司等）能参与外汇市场，而在网络空间里，任何人都可以参与外汇市场，这是因为手续费低，而且人们不受国界的限制。这种大规模参与外汇市场的现象将会导致外汇汇率的不稳定。用电子现金购物不再受到国界的限制，因为 Internet 是没有国界的，因此人们很容易就可以进行货币兑换，如果一种货币的电子现金贬值了，人们就会把它兑换成另一种货币的电子现金，由于电子现金的外汇汇率是与真实世界的汇率紧密联系的，这种不稳定反过来就会影响真实世界。

3）货币供应的干扰：因为电子现金可以随时与普通货币兑换，所以电子现金量的变化也会影响真实世界的货币供应量。如果银行发放电子现金贷款，电子现金量就可能增多，产生新货币。这样当电子现金兑换成普通货币时，就会影响到现实世界的货币供应。电子现金与普通货币一样有通货膨胀等经济问题，而且因其特殊性，这些问题可能还会更加严重。在现实世界里，国家边界和浮动汇率的风险在一定程度上抑制了资金的流动量，而电子现金却没有这样的障碍。而且电子现金没有国界，没有中央银行机构，可以由任何银行发放，所以即使政府想控制电子现金的数量也难以做到，这个因素将使中央银行对货币量的控制更加困难。在没有一个中央银行对电子货币量进行有效控制的情况下，虚拟空间引发金融危机的可能性比现实世界更大。

4）恶意破坏与盗用：电子现金存储在计算机里，其最大的特点之一就是易复制。因此，在流通过程中一定要注意防止非法复制，同时也注意防止恶意程序的破坏。另外，电子现金如果不妥善地加以保护，也有被盗的危险性。所以，一定要采取某些安全措施，如加密等，保护电子现金的存储和使用安全，否则电子现金就很难被用户接受。

5）成本、安全与风险：电子现金对于硬件和软件技术的要求都较高，需要一个庞大的中心数据库，用来记录使用过的电子现金序列号，以解决其发行、管理和重复消费及安全验证等重要问题。当电子现金大量使用和普及时，中心数据库的规模将变得十分庞大，因此尚需开发出硬软件成本低廉的电子现金。此外，消费者硬盘一旦损坏，就意味着电子现金的丢失，钱就无法恢复了，这个风险许多消费者都不愿承担。电子伪钞一旦获得成功，那么发行银行及一些客户所要付出的代价可能是毁灭性的。

（5）较有影响力的电子现金支付系统

1）Digicash（http://www.digicash.com）：无条件匿名电子现金支付系统，其主要特点是通过数字记录现金，集中控制和管理现金，是一种足够安全的电子交易系统。

2）Netcash（http://www.netcash.edu）：可记录的匿名电子现金支付系统，其主要特点是设置分级货币服务器来验证和管理电子现金，其中电子交易的安全性得到了保证。

3）Mondex（http://www.mondex.com）：欧洲使用的，以智能卡为电子钱包的电子现金系统，其可以适用于多种用途，具有信息存储、电子钱包、安全密码锁等功能，可保证电子现金的安全可靠。

**2．电子支票**

电子支票（Electronic Check，简称 E-check）是以一种纸质支票的电子替代品而存在的，电子支票仿真纸面支票，以电子方式启动，使用电子签名做背书，而且使用数字证书来验证付款者、付款银行和银行账号。电子支票的安全/认证工作是由采用公开密钥算法的电子签名来完成的。

（1）电子支票的支付流程（见图 4-6）

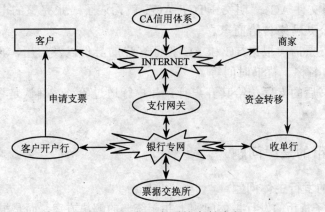

图 4-6　电子支票的支付流程

① 客户到银行开设支票存款账户，存入存款，申请电子支票的使用权。

② 客户开户行审核申请人的资信情况，决定是否给予使用电子支票的权利。

③ 客户网上购物，填写订单完毕后，使用电子支票生成器和开户行发放的授权证明文件生成此笔支付的电子支票，一同发往商家。

④ 商家将电子支票信息通过支付网关发往收单行请求验证，收单行将把通过银行专用网络验证后的信息传回商家。

⑤ 如果支票有效，商家则确认客户的购物行为，并组织发货。

⑥ 在支票到期前，商家将支票向收单行背书提示，请求兑付。

（2）电子支票的特点　与传统的纸质支票相比，电子支票主要有以下特点：

① 电子支票与传统支票的工作方式相同，客户易于理解和接受该方式而不需要再重新学习。另外，电子支票的遗失可办理挂失止付。

② 加密的电子支票比数字现金更易于流通，买卖双方的银行只要用公开密钥认证和确认支票即可，数字签名也可以被自动验证。

③ 电子支票适于各种市场。电子支票可进入企业与企业间的电子商务市场。在线的电子支票可在收到支票时验证出票者的签名、资金状况，避免收到传统支票时发生的无效或空头支票的现象。此外，由于支票内容可以附在贸易双方的汇票资料上，所以电子支票容易和 EDI 应用的应收账款结合，推动 EDI 基础上的电子订货和支付。

④ 电子支票技术将公共网络连入金融支付和银行票据交换网络，以达到通过公众网络连接现有付款体系，最大限度地利用当前银行系统自动化的潜力。例如，通过银行 ATM 网络系统进行一定范围内的普通费用的支付；通过跨省市的电子汇兑、清算，实现全国范围内的资金传输以及大额资金（从几千到几百万元）在世界各地银行之间的资金传输。

（3）电子支票实例　NetCheque 是由南加州大学的信息科学研究院开发的面向支票结算的支付系统，它使传统的支票处理方法在因特网上得以实现。NetCheque 系统中除客户、商家与银行外，还引入了一个第三方——Kerberos 服务器来提供客户签发支票的信用担保服务，并与银行合作完成整个支付过程。NetCheque 业务流程如下：

① 客户签发支票。客户首先生成支票的明文部分，然后从 Kerberos 服务器上获得一个标签 TC，用以证明服务器对这张支票的信用授权。客户再用 TC 向开户行证明身份，并获得加密的证明文件 AC。"明文＋TC＋AC"就构成了一张完整的电子支票。

② 支票通过公共网络传给商家。

③ 商家收到支票后，根据 TC 和 AC 验证客户的身份以及信用，再对明文部分进行背书，加上商家的名称、背书时间等。

④ 商家把背书后的支票传给其开户行，开户行通过验证，确认是否接收支票并通知商家。

## 三、电子货币的法律问题

### 1. 电子货币的发行主体问题

当今各国在电子货币的发行主体问题上并无统一的解决方案，而是根据具体国情而定。以美国为例，美国联邦储备委员会认为由非银行机构来发行电子货币应是允许的，因为一方面非银行机构会由于开发及营销电子货币的高成本而使它们必须开发具有安全性的产品，而另一方面银行有良好的声誉，所以消费者较倾向于信赖由主要的当地银行所发行的电子货币而不会信赖一家新成立的非银行机构所发行的电子货币。

就目前我国现状以及我国国情而言，发行电子货币的主体为中国人民银行或中国人民银行委托的金融机构是比较可行的办法。理由有：第一，有助于政府对电子货币进行监控，根据电子货币研究和实践的发展及时调整其货币政策，并同时保证了支付系统的可靠性；第二，由于由中央银行发行的电子货币在信誉和可最终兑付性上比较可靠，对消费者而言就更容易接受并积极参与，从而推动电子货币的普及与发展。

### 2．电子货币的安全性问题

我们可以在纸币上加上防伪设计，电子货币也应该要有一套可以防止被复制的系统，可问题是电子货币所使用的安全性技术是否应受到国家的管制。因为只有在高科技基础建设存在的情况下，电子货币才能以有效率和有效的方式在电子商务中被使用。有人认为如果欲使电子货币成为未来"可流通"的货币，并且能够使人信赖其安全性，此安全性技术就应受到政府管制，否则若无一定的监管标准，电子货币的信用如何保证？又如何流通？但是，这里的问题是政府监管的尺度应如何把握。就如同在电子签名技术上有技术中立和技术特定化之争一样，政府的过分管制就会对技术的发展造成妨碍，这对于快速发展的电子商务是致命的，但是如果不加以管制，电子货币的信用就难以树立。因此，把握政府管制的尺度是非常重要的。

### 3．电子货币的流通性问题

电子货币是否应像纸币一样不记名，以利于像纸币一样可以流通。如果对电子货币加密，其实就等于记名一样，如果欲不记名，则连密码都不能加。如果使用不记名的电子货币，则一些犯罪活动（如洗钱、贩毒、恐怖活动、买卖军火等）将大肆猖獗，而执法机构无法在网络中查出这些电子货币的来源或去处，在此情况下，将形成无法保护电子货币合法使用者权益的局面。毫无疑问，电子货币无国界并可在瞬间转移的特性将造成治安上的死角。法律应当权衡两者，在两者之间作出一个平衡的规定。

### 4．消费者的权益保护问题

在电子货币的交易中，有关结算信息会被大量积累储存到结算服务提供者处。不同的电子货币种类和结算类型所涉及的个人信息有所差异，所涉个人信息的隐私程度和范围也有所不同。客户对结算服务提供者处的大量积累个人信息未必能理解，由此而产生不安全感，所以结算提供者应对其存储和积累的个人信息的范围和隐私程度公开向客户作必要的说明，并保证该信息的积累和使用仅为保证交易安全的目的。

**知识链接**

虚拟货币是相对于现实流通的货币而言的，是在特定的虚拟环境中完成支付偿还功能的货币。可以简单地把虚拟货币分为游戏型虚拟货币和账户型虚拟货币。传奇币、天堂币等，其本质特点是由虚拟经济活动产生的，属于游戏型虚拟货币；而Q币，玩家不能由虚拟经济活动产生的，要用人民币为Q币账户充值的，其数量主要由用户购买量决定的，属于账户型虚拟货币。Q币本身没有价值，按腾讯官方的说法: "Q币可以用于购买腾讯公司的各种增值服务。"因此,Q币不是商品,而是享受服务的凭证,相当于一个账户。当用户消费某项服务时,运营商就从账户里划去相应数额的Q币。

### 📝 示例

CyberCash公司可提供多种互联网结算方式。CyberCash公司通过它自己的CyberCoin来提供小额支付服务,消费者可把自己的CyberCoin放在CyberCash钱包里;商家可用CyberCoin来处理25美分到10美元之间的小额支付;有偿提供信息的商家可用这种小额支付方式来收取低额付款;软件分销商可通过收取大量的CyberCoin来销售软件。

### 📋 分析提示

电子结算就是买主和卖主之间的在线资金交换。交换的内容通常是由银行或中介机构发行的并由法定货币支撑的数字金融工具。

# 任务三 了解第三方支付

### 📑 任务目标

掌握第三方支付的基本原理和运作机理,理解第三方支付产生的原因,会利用第三方支付完成网上支付。

### 📑 任务相关理论介绍

#### 一、第三方支付的产生与现状

长期以来,我国电子商务受困于"一手交钱、一手交货"的传统交易方式的限制,便捷的网上支付始终推展不开。虽然有很多企业提供多种约束机制,期望达到用户心理的最低防线,但仍有很多人基于安全及信用等问题对网上支付缺乏信心。信用的缺失和人与人之间的不信任,使得具备信用担保作用的第三方网上支付成为解开"支付死扣"的一种有益尝试。

据统计,目前我国有第三方网上支付服务企业50多家。其中规模较大的有YeePay、云网、快钱网、支付宝网站、贝宝、首信支付平台、银联电子支付、西部支付等近10家,它们的年处理交易量在亿元左右或几亿元。据有关公司的调查,2004年中国第三方网上支付平台市场规模为23亿元,占网上个人支付总规模的30.8%。

## 二、第三方支付的含义

所谓第三方支付，就是一些和各大银行签约、具备一定实力和信誉保障的第三方独立机构提供的交易平台。买方选购商品后，使用该平台提供的账户进行货款支付，并由第三方通知卖家货款到达，进行发货；买方检验物品后，就可以通知付款给卖家，第三方再将款项转至卖家账户。由此可见，第三方支付是信用缺位条件下的补位产物。作为目前主要的网络交易手段和信用中介，第三方支付的确起到了在网上商家和银行之间建立起连接，实现第三方中介和技术保障的作用。因此，采用第三方支付，可以安全实现从消费者、金融机构到商家的在线货币支付、现金流转、资金清算、查询统计等业务，为商家开展 B2B、B2C 交易等电子商务服务和其他增值服务提供完善的支持，尤其是对中小企业缺乏雄厚的资金来增强消费者信心的情况下。

## 三、第三方支付运作机理

第三方支付运作过程，如图 4-7 所示。

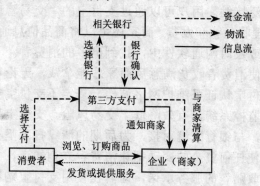

图 4-7　第三方支付流程图

（1）网上消费者浏览检索商户网页，并在企业（商家）网站下订单。

（2）网上消费者选择第三方支付平台，直接链接到其安全支付服务器上，在支付页面上选择自己适用的支付方式，点击后进入银行支付页面进行支付操作。

（3）第三方支付平台将网上消费者的支付信息，按照各银行支付网关的技术要求，传递到各相关银行。

（4）由相关银行（银联）检查网上消费者的支付能力，实行冻结、扣账或划账，并将结果信息传至第三方支付平台和网上消费者本身。

（5）第三方支付平台将支付结果通知商户。

（6）支付成功的，由商户向网上消费者发货或提供服务。

（7）各个银行通过第三方支付平台向商户实施清算。

## 四、第三方支付的案例

支付宝，是支付宝公司针对网上交易而特别推出的安全付款服务，其运作的实质是以支付宝为信用中介，在消费者确认收到商品前，由支付宝替买卖双方暂时保管货款的一种增值服务。支付宝服务自 2003 年 10 月 18 日在淘宝网推出以来，在短短的一年时间内迅速成为会员网上交易不可缺少的支付方式，深受淘宝会员喜爱，引起业界的高度关注。支付宝服务是互联网企业的一个创举，是电子商务发展的一个里程碑，从实质上突破了长期困扰中国电子商务发展的诚信、支付、物流三大瓶颈。经过不断的改进，支付宝服务日趋完善。为了更好地运营支付宝，为用户提供更优质的服务，淘宝网于 2004 年 12 月 30 日推出支付宝账户系统，支付宝开始为整个电子商务提供支付支持。

支付宝的操作流程，如图 4-8 所示。

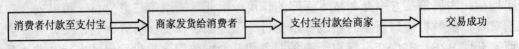

图 4-8　支付宝的操作流程

消费者可以用以自己的 E-mail 地址为账户名的电子钱包——支付宝账户，在包括淘宝网在内的数万家支付宝合作商家网站上，方便地使用支付宝购物。支付宝支持国内外主要的银行卡，商家可以通过支付宝收款，让消费者更方便、更放心地付款，也可以通过这个平台与消费者广泛接触。用户可以通过支付宝的"交易管理"实时跟踪资金和物流进展，方便快捷地处理收付款和发货。商家还可以将商品信息通过支付宝的商家工具，发布到各个网站、论坛或及时沟通软件中，找到更多的消费者。

支付宝交易付款，使消费者收货满意后商家才能拿钱，无论对于商家，还是消费者来说，都十分安全。支付宝认证可维护网络诚信，奠定了支付宝安全交易的基石。支付宝先进的反欺诈和风险监控系统，有效降低了交易风险。支付宝积极与国内各大银行建立的战略合作伙伴关系，与银行无缝对接，为后期的清算打下坚实的基础。同时，支付宝通过免费短信提醒，使任何资金的变动都让消费者立刻知道，并采取相应行动。支付宝提出了"你敢付，我敢赔"的服务承诺，即若在使用支付宝购物时受到损失，可获得全额赔付，让购物没有后顾之忧。

# 任务四　使用网络银行

## 任务目标

掌握网络银行的主要业务范围，了解网络银行的优势，能在国内各商业银行网站办理各项业务。

## 任务相关理论介绍

### 一、网络银行概述

#### 1. 网络银行的概念

有人认为一家拥有互联网网址和网页的银行就可以算作是网络银行，其实不然。

全美国最大的 100 家银行均拥有自己的网址和网页，但是其中只有 24 家被《在线银行报告》列为真正的网络银行，因为只有在这 24 家银行的网站上，客户才可以查询账户余额、支付账单和划拨款项；更多的网站只是提供银行的历史资料、业务情况等信息，而没有提供网络银行业务。而美国最著名的网络银行评价网站 Comez 则要求网络银行至少提供以下 5 种业务中的一种才可以被称为网络银行：网上支票账户、网上支票异地结算、网上货币数据传输、网上互动服务、网上个人信贷。

具体来说，所谓网络银行，英文为 Internet Bank 或 Network Bank，有的还称为 Web Bank，中文又称为网上银行或在线银行，是指银行利用 Internet 技术，通过 Internet 向客户提供开户、销户、查询、对账、行内转账、跨行转账、信贷、网上证券、投资理财等服务项目，使客户可以足不出户就能够安全便捷地管理活期和定期存款、支票、信用卡及个人投资等。也可以说，网络银行是一种基于 Internet 平台，向用户提供各种金融服务的新型银行结构与服务形式。

**2．网络银行的发展模式**

目前，在国际电子商务下，网络银行的发展模式主要有两种：

（1）纯网络银行　纯网络银行是指没有实体分支银行和自动柜员机（ATM），提供 5 种服务（网上支票账户、网上支票异地结算、网上货币数据传输、网上互动服务和网上个人信贷）中至少一种的，仅利用网络进行金融服务的金融机构。

这类银行是一种完全建立在 Internet 上的全新电子银行，在现实世界中没有实体营业网点，银行完全通过 Internet 与客户建立服务联系，能够实现 24 小时全天候服务，使服务迅速、方便、可靠。例如，美国的"安全第一网络银行"就是纯网络银行，它完全通过 Internet 提供全球范围内的金融服务。这家没有地址只有网址的银行每天 24 小时营业，置身这个银行虚拟的营业大厅里，你不会感到任何不方便，因为你可以看到"开户"、"个人财务"、"咨询台"、"行长"等"柜台"，甚至还有一名"保安"，你只要点击手中的鼠标就可以完成交易。

（2）网络分支行　网络分支行是指现实世界中有实体机构的传统银行，以 Internet 作为新的服务手段为用户提供各类金融服务的分支机构。它是传统银行业务的网上延伸。

传统银行利用 Internet 作为新的服务手段，建立银行站点，提供在线服务，其网上站点相当于它的一个分支银行或营业部，既为其他非网上分支机构提供辅助服务（如账务查询、划转等），也单独开展业务，但其业务方式和侧重点不同，一些必须依赖于手工操作的业务还需要依托于传统的分支机构。这种形式的网络银行占了网络银行总数的 90% 以上。例如，美国的国民银行（Nations Bank）、富国银行（Wells Fargo）就是采用的网络分支行的模式。

目前，我国尚没有纯网络银行，我国的商业银行，如招商银行、建设银行、中国银行等，都采用网络分支行的模式。

## 二、网络银行的优势

**1．降低银行成本，形成高价格优势**

（1）低成本优势　一方面网络银行的组建成本低。据有关资料显示，建立一家网络银行所需费用仅相当于传统"砖瓦型"银行开立一家分行所需费用的 5%左右。同时，网络银行运用网络技术经营银行业务，无需开设分支机构就可以占有更广阔的市场，节省了人力资源和网点营运资金。一个网络银行的网站，可以做到每天应对数以万计的用户查询和交易业务而不降低服务质量。网络银行的交易成本远低于其他各类银行。据专家估计，银行处理每一笔交易的费用，虚拟形态的网络银行成本不足传统营业网点成本的百分之一。

（2）高价格优势　网络银行把成本上节省下来的巨额资金，通过提高利息的形式返还给客户，在价格上具有传统银行无可匹敌的优势，从而吸引了大批客户，所以网络银行从一诞生就显示出了强大的生命力。

### 2．提供更高质量的金融服务

网络银行与传统的营业网点相比，网络银行提供的服务是更加标准化和程序化的服务，避免了由于个人情绪及业务水平不同带来的服务质量的差别。与新型的电话银行、ATM 和早期的企业终端服务相比，网络银行服务更生动、更灵活、更多样化，可以在更高层次上满足客户的需要。

### 3．增强对客户的吸附力

网络银行对客户吸附力的增强主要体现在：① 网络银行能给客户提供简便、快捷的银行服务。② 网络银行能给客户提供不受时空限制的全天候服务。③ 网络银行能给客户提供一个与银行进行全方位沟通交流的绿色通道。④ 网络银行能节约客户的等待时间，降低客户的交易成本。

### 4．营销方式和战略更加有效

网络银行改变了传统银行的营销方式和经营战略。网络银行可以充分利用网络与客户进行沟通，从而使得传统银行的营销以产品为导向转变为以客户为导向，能根据每个客户不同的金融和财物需求，量身订做个人的金融产品并提供银行业务服务，最大限度地满足客户日益多样化的金融需要。

### 5．有助于树立银行的良好形象

开办网络银行是一家银行实力的标志，社会公众能从中享受高质量的金融服务，增强了客户与银行的业务联系，提高了客户对银行的认知率，因而在无形中树立了银行的良好形象和良好信誉。

## 三、网络银行的业务

### 1．网络银行的业务范围

随着信息技术的发展，网络银行的业务以及服务功能也越来越完善。在西方发达国家，网络银行的业务一般包括：

（1）网上基本理财服务　其中包括开户、存款、支付账单、转账、付账等。网上银行可以让客户随时随地按日期和业务品种查询交易记录、支票支付、信用卡转账、ATM提款等信息，还可以为用户提供免费的个人理财分析服务；同时，网上银行为公司客户提供网上贷款、网上贸易融资和网上商贸解决方案等服务。

（2）网上资讯服务 网上银行与金融资讯供应商合作，为客户提供全球主要金融市场的信息，实现客户足不出户，查看全球金融的最新资讯。

（3）网上投资 网上银行可以处理客户投资组合服务、网上股票买卖、网上保险和网上基金销售等服务。

（4）网上购物 主要是银行所属的信用卡部开发网上购物系统，邀请零售及联营公司加入。

（5）其他网上银行服务 为降低业务运作成本，大部分网上银行与多家网上金融服务商合作，将业务外包出去，通过发挥桥梁的作用而收取佣金。具体来讲，网上银行把客户的需求通过网络传送给其他网上金融服务商，如专门处理网上按揭的 E-loan、处理网上信用卡的 First-USA、处理网上支票的 Cheek-Free 以及从事网上股票买卖的 E-trade 等。

此外，网络银行还针对大型跨国企业提供新型的金融服务产品，如实现母子公司间账户余额与交易信息的查询和公司内部的资金即时划转和调拨，提供网上国际收支申报、发放电子信用证和开展国际经贸信息的数据统计工作等。

### 2．我国网络银行的业务涵盖范围

目前，我国网络银行提供的服务主要包括以下几个方面：

（1）信息服务 其中包括新闻资讯、银行内部信息及业务介绍、银行分支机构导航、外汇牌价、存贷款利率等。个别银行（如工行）还提供特别信息服务，如股票指数、基金净值等。

（2）个人银行服务 其中包括账户查询、交易查询、账户管理、转账汇款、存折和银行卡挂失、代理缴费等。

（3）企业银行服务 其中包括账户查询、企业内部资金转账、企业内部资金对账、代理缴费等。

（4）银证转账服务 提供银行存款与证券公司保证金之间的实时资金转移。例如，招商银行推出网上证券交易委托平台，可以方便其客户直接在网站上从事股票买卖、查询和投资管理。

（5）网上支付 其中包括 B2B 和 B2C 两类。大部分网络银行只提供 B2C 服务。这种服务一般与网上商城相结合，银行设定了一些网上商城的链接，如招商银行的网上商城。在线支付方式一般有三种：银行卡直接支付、专用支付卡支付、电子钱包支付。

### 3．网络银行业务的创新趋势

网络银行作为电子商务发展的必然产物，是电子商务活动中必不可少的服务机构，同时网络银行也是银行业电子商务化的结果。银行作为一个企业，要想在金融业日益激烈的竞争中不被淘汰，必须以客户为中心进行业务创新、产品创新，为用户提供更为优质的金融服务。我国网络银行起步较晚，无论在业务广度还是业务深度上，都还有待提高。参考国外网络银行的发展经验，未来我国网络银行业务的创新将出现如下三个趋势：

（1）网络银行业务个性化 网络银行可以在低成本条件下，实现对客户的一对一服务，以达到提高服务收益附加值和更好地与客户建立联系并留住客户的目的。

（2）网上金融业务综合化 网络银行可以突破地域和时间限制，与证券公司、保险公司、财务公司、产品销售公司等建立稳固联系，共同开展业务，使客户有走一家如进万家的感觉。而且随着银行在将来由分业经营向合业经营的转变，也必将促使银行业务向综合化方向发展。

（3）金融信息服务优势日益增强 信息技术的发展使得信息价值的广泛挖掘和利用成为可能，银行业所特有的金融背景决定了其在金融信息服务领域的优势。国际上，大型商业银行都设立了首席信息执行官（CIO）来负责信息技术的开发和信息的收集、利用工作。

# 任务五　了解移动支付

## 任务目标

了解移动支付的含义及分类，掌握其业务流程，理解移动支付的运营策略。

## 任务相关理论介绍

手机和银行卡的结合是当今通信技术和金融服务结合的创新点，是移动通信运营商新的业务增长点。目前，我国手机用户数量已超过固定电话用户数量，达到 3 亿户以上，手机和银行卡与现代人们的生活越来越密切，手机将不再是简单的通信工具，手机用户可在任何时间、任何地点用手机办理消费、缴费和转账等业务。移动支付正在悄然兴起，逐步发展。

### 一、移动支付概述

#### 1．移动支付的含义

移动支付是指通过移动电话、掌上电脑、笔记本电脑等移动通信终端和设备进行商品的买、卖或处理相关金融业务的交易方式，其交易主体由消费者、商业机构、支付平台运营商、银行、信用卡组织、移动运营商、移动设备制造商等组成。

#### 2．移动支付的分类

根据操作的金额分类，可将移动支付分为微支付和宏支付。

（1）微支付 微支付是指交易额少于 10 美元，通常是指购买移动内容业务，如缴纳停车费、中国移动、联通的彩铃包月，还有一些游戏、视频下载等业务。

（2）宏支付 宏支付是指交易金额较大的支付行为，如在线购物、支付账单等。

两者之间最大的区别就在于安全要求级别不同。例如，对于宏支付方式来说，通过可靠的金融机构进行交易鉴权是非常必要的；而对于微支付来说，使用移动网络本身的

SIM 卡鉴权机制就足够了。

另外，根据传输方式的不同，还可以将移动支付分为空中交易和 WAN（广域网）交易两种。空中交易是指支付需要通过终端浏览器或者基于 SMS（Short Message Service，短消息服务）/MMS（Multimedia Message Service，多媒体消息系统）等移动网络系统；WAN 交易主要是指移动终端在近距离内交换信息，而不通过移动网络，如使用手机上的红外线装置在自动贩售机上购买可乐。

按照支付号码分类，可将移动支付分为三种：基于电话号码的移动支付、基于电子钱包的移动支付、基于智能记忆芯片（卡）的移动支付。基于电话号码的移动支付是用移动手机号码进行支付。基于电子钱包的移动支付是根据移动电话建立一个虚拟的钱包进行支付。这两种形式，特别是前者，广泛用于小额支付，如图片、铃声下载，是移动支付先期发展的主要形式。但是真正的移动支付应始于智能记忆芯片（卡）在移动支付中的应用，这种方式主要用包含金融信息的智能记忆芯片（卡）或存放有个人账户信息的移动 SIM 卡来进行支付认证。

## 二、我国现阶段移动支付业务的主要应用形式

（1）小商品交易业务　小商品交易业务给用户的最直接体会是通过手机购买饮料等实质性产品。该类业务的发展需要依赖摆放在公众场所的饮料机的设置密度，以及公众对类似小商品购买的方便度等因素。

（2）小额服务付费　小额服务付费是指用户通过手机来支付服务业务费用，包括支付停车费、洗车费，购买地铁票、公园门票，用餐结账等。

（3）缴费业务　目前，以缴费业务为代表的移动银行服务是我国银行系统参与的移动支付业务的主要类型。用户可以通过手机来操作自己的银行账号，从而完成移动银行的功能。

（4）电子内容（产品）支付　电子内容支付目前已经成为移动支付的一个主要业务。例如，各门户网站为用户提供铃声下载等内容的同时，通过移动通信公司代为收费，这就是一种移动支付业务。这类业务和付费方式用户接受起来比较自然。

（5）端到端业务　端到端业务是指支付行为发生在两个移动用户之间，资金从一个用户的账户转到另一个用户的账户业务。

## 三、移动支付的业务流程

移动支付的业务流程，如图 4-9 所示。

（1）购买请求　消费者可以对准备购买的商品进行查询，在确定了购买商品之后，通过移动通信设备发送购买请求给商业机构。

（2）收费请求　商业机构在接收到消费者的购买请求之后，发送收费请求给支付平台。支付平台利用消费者账号和这次交易的序列号生成一个的具有唯一性的序列号，代表这次交易过程。

（3）认证请求　支付平台必须对消费者和商业机构账号的合法性及正确性进行确

认。支付平台把消费者账号和商业机构账号信息发送给第三方信用机构，第三方信用机构再对账号信息进行认证。

（4）认证　第三方信用机构把认证结果发送支付平台。

（5）授权请求　支付平台在收到第三方信用机构的认证信息之后，如果账号通过认证，支付平台把交易的详细信息（包括商品或服务的种类、价格等）发送给消费者，请求消费者对支付行为进行授权；如果账号未能能过认证，支付平台把认证结果发送给消费者和商业机构，并取消本次交易。

（6）授权　消费者在核对交易的细节之后，发送授权信息给支付平台。

（7）收费完成　支付平台得到了消费者的支付授权之后，开始消费者账户和商业机构账户之间的转账，并且把转账细节记录下来。转账完成之后，支付平台传送收费完成信息给商业机构，通知它交付消费者商品。

（8）支付完成　支付平台传送支付完成信息给消费者，作为支付凭证。

（9）交付商品　商业机构在得到了收费成功的信息之后，把商品交给消费者。

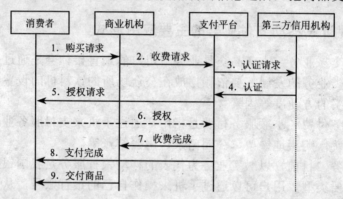

图 4-9　移动支付的业务流程图

## 四、移动支付的优势及面临的问题

### 1. 移动支付的优势

移动支付作为货币电子化和移动通信相结合的产物，具有很多的优点，而这些优点决定了移动支付将来的发展前景。

（1）方便易行　与其他支付方式相比，移动支付方便易行，只需要拨打相应的电话号码或者发送短消息即可。

（2）兼容性好　以银行卡为例，目前中国的银行卡种类很多，要让 POS 机能够兼容所有的银行卡显然难度很大，而目前移动运营商只有两个（包括中国移动和中国联通），就算将来增加移动运营商，估计最多也就 4 家移动运营商，因此很容易解决兼容性的问题，不管哪个移动运营商的用户都可以很方便地使用移动支付业务。

（3）支付成本低　利用手机支付，移动运营商可以只收很低的电话费或短消息费用，甚至可以不收，移动运营商主要通过与商家利润分成或者广告来实现业务收入。

（4）安全性好　移动支付一般是小额支付，这样的支付对安全性要求低，而且相对于信用卡等其他电子货币来说，手机是一个常用的通信工具，一旦丢失，用户可以很快发现并报失，这样就不会遭受损失了。大额支付目前只能通过 STK 卡加密的方式实现，将来在 WAP（无线应用协议）安全问题解决后，可用 WAP 方式进行支付。

> ### 知识链接
>
> 　　STK 是 SIM Card Tool Kit（卡开发工具包）的缩写，即对这种卡可以进行软件开发，从而使它具备特殊的功能。STK 卡具有较大的存储容量，在 STK 卡里可设计特殊的程序，它可以利用卡里的处理器对有关的交易信息进行加密运算，从而保证交易的安全。STK 卡其安全性已经得到了中国银行、招商银行、工商银行等大银行的认可。

### 2．移动支付存在的问题

如果以下这些问题解决不好的话，将会对移动支付的迅速推广起到一定的阻碍作用。

（1）移动支付的安全性。安全性在个人移动支付中起着极其重要的作用。从目前来说，移动支付业务一方面需要电信运营商加强信号传播中的安全问题，如防止信号被截获等；另一方面，需要银行在用户的 ID 及口令方面做加密处理，尤其是对于一些重要数据。

（2）用户的消费习惯还需要改变。目前，中国大多数人还习惯用现金进行支付，要他们接受手机支付还需要一定的宣传和推动。

（3）移动支付的操作便捷性和操作速度还需要提高。

（4）移动支付的覆盖范围还很小。目前，能够提供移动支付的无线 POS 机和售货柜还很少，这在很大程度上影响了手机用户使用移动支付业务。

（5）由于现在手机用户还没有实现完全的实名制，有的用户有可能会恶意透支。为了避免用户的恶意透支，现在移动支付还只能适用于小金额的支付，还不能应用于大金额的支付。

## 五、移动支付的运营策略

### 1．解决安全问题

安全无疑是移动支付的最大障碍。安全问题如果可以很好的得到解决，不仅消费者和合作者会增强信心，而且也会大大减少业务运营中出现的欺诈问题，降低系统运营成本。现在的安全措施都比较简易，主要通过用户的 PIN（个人识别号）进行识别，但是更高级别的安全问题需要从以下 4 个方面考虑：

（1）确定身份　由支付提供方（即发行方）对用户进行鉴定，确认其是否为已授权用户。

（2）保密性　保证未被授权者不能获取敏感的支付数据，因为这些数据会给某些欺诈行为提供方便。

（3）数据完整性　数据完整性可以保证支付数据在用户同意交易处理之后不会被更改。

（4）不可否认性　不可否认性可以避免交易完成后，交易者不承担交易后果。

### 2．可用性和互操作问题

可用性不仅涉及到友好的用户界面，还与用户可以通过移动支付购买的货品和业务是否充足、业务可达的地理范围有关。互操作问题也不仅仅局限于用户终端，还包括用户在支付时直接打交道的收款机、POS 机、自动贩售机等，这些都需要制定一些行业标准，并与相关行业企业达成共识。

### 3．市场认知度与理解程度

移动支付能否成功，关键还在于用户能否接受和习惯这种支付方式。一般来说，人们都已经非常习惯于通过钱包、信用卡等方式支付，对于移动支付这种新的概念仍然需要一定的时间去认识、接受和习惯。要解决这个问题，就必须要提高移动支付的市场认知度和理解程度。另外，对于与移动支付相关的其他行业的企业，如银行、零售商等，也需要充分认识移动支付可能给他们带来的好处和商机，这些都与移动支付的发展密不可分。

### 4．选择合适的合作者

移动支付还是个新兴的业务，能否成熟壮大要看今后几年的发展情况。但是有一点是非常明确的，那就是移动支付市场绝对不是哪一家运营商能够独吞的市场，而是需要具有自己的产业链和经营模式，需要多方共同合作经营的市场。而移动运营商也必须和以前没有合作经验的企业（如信用卡机构、零售机构、设备厂家等）进行合作，因此必须调配好各方的利益关系，建立收入分成模式，选择有实力的合作者。

移动支付是移动通信向人们的日常生活进一步渗透的过程，因此这个过程必然会有从不成熟到成熟、从不被认可到认可的过程，因此无论是运营商还是参与其中的金融机构、零售业等行业，都应该详细分析这个新兴业务的各个环节，为可能遇到的障碍做好充分的准备。

## 六、移动支付的主要解决方案提供商

### 1．Paybox（http://www.paybox.at）

Paybox 是瑞典一家独立的第三方移动支付应用平台提供商，其推出的移动支付解决方案在德国、瑞典、奥地利、西班牙和英国等几个国家成功实施。Paybox 无线支付以手机为工具，取代了传统的信用卡。使用该服务的用户只要到服务商那里进行注册取得账号，就可以在购买商品或需要支付某项服务费时，直接向商家提供用户的手机号码即可。

Paybox 推出的移动支付解决方案是基于 SMS/MMS 和电话语音技术的，使用移动网络通道进行支付的认证、数据的传输以及支付的确认。

Paybox 支付平台主要用在移动商务中，为消费者、商户以及合作客户提供移动支付服务。例如，在奥地利，面向 B2C 和 B2B 方式的移动商务推出了多种移动电子商务的应用：

（1）移动票务服务　用户可以使用手机购买音乐会门票、滑雪入场券、电影票等。

（2）移动购物服务　用户可以通过手机购买或预订鲜花、CD、电子产品等。

（3）移动交通服务　用户使用手机可以购买车票、交停车费、打计程车和购买地铁票等。

（4）公司间的账务往来服务 公司客户通过移动支付完成公司之间的账务结算。

## 2．捷银（http://www.smartpay.com.cn）

捷银是国内的一家移动支付解决方案供应商，其主要业务为：移动支付相关技术的咨询、各种支付应用的开发、市场营销的策划以及客户关系管理等方面的服务。在上海，捷银曾与银行、公众收费企业合作推出了代交费业务；在 2003 年，捷银曾为广州移动提供过移动支付技术平台和解决方案；2003 年 11 月，捷银获得与江苏联通合作运营移动支付业务的机会，为江苏联通提供移动支付业务的技术平台，后参与支付平台的运营。

捷银的移动支付平台主要基于移动短信服务通道，利于短信的上、下行完成移动小额支付。这种形式在国内移动支付应用中较为常见，如浙江移动的手机信用卡、广东推出的移动小额支付都是此种方式。

## 3．联动优势（http://www.umpay.com）

北京联动优势科技有限公司是中国移动、中国银联的合资公司，成立于 2003 年 8 月，主要为中国移动用户提供手机钱包服务，为广大商户提供方便、快捷的支付渠道，扩大中国商业银行的银行卡使用环境。目前，其主要的服务有手机理财、在线票务、软件服务、彩票投注、保险服务、远程教育、报刊订阅等。

### 知识链接

目前，国内主要的移动支付是通过短信形式实现的，主要产生以下问题：

（1）实时性令人担忧 短信有时无法保证交易的实时性，如果用户发送短信后，半个小时仍没有回复信息，或者回复发送产品的指令有误会让用户很苦恼。

（2）移动支付的欺诈形为 手机支付的缺点在于存在大量短信陷阱或垃圾短信，引诱用户在不知情的情况下订购收费服务，而运营商会根据用户不知情的订购直接从用户账户中扣划余额。

（3）操作失误，后续麻烦 如果用户操作失误，使支付资金转入错误的账户或转移金额有错，虽然手机系统有记录可查，但用户追讨过程繁琐，还有可能面临商家、银行、运营商三不管的局面。

### 示例

2006 年初，诺基亚、厦门移动、厦门易通卡公司和飞利浦 4 家公司在厦门启动中国首个近距离通信（NFC）手机支付现场试验。由厂商招募的百名志愿者拿着 NFC 手机，在不使用现金和信用卡的情况下，在电影院、公交车、面包店进行了消费。

### 分析提示

手机支付方式满足了现代商业社会对快捷性的要求，近年来得到了蓬勃的发展。NFC作为一种短距离的无线连接技术标准，可以实现电子终端之间简单而且安全的通信。不管是在电影院、公交车，还是面包店，用户只需拿手机在刷卡机前轻轻一晃，谈笑间完成交易。

目前，具有NFC功能的手机已经被应用于德国和美国的公交系统；在法国，居民可使用手机作为支付工具在特约零售店与停车场进行支付，并下载旅游与公交服务信息。要普及NFC手机，有一个重要的问题就是放在NFC手机里的钱的安全问题，目前这项工作正在进行中。

# 单元总结

1. 银行卡的分类及以银行卡为支付工具的电子商务支付模式。
2. 电子货币特征及其表现形式。
3. 第三方支付的运作机理。
4. 网络银行的概念及业务范围。
5. 移动支付的含义及我国现阶段移动支付的主要应用形式。

# 课后习题

## 一、单选题

1. 安全套接层协议最初是由（　　）公司设计开发的。
   A. Microsoft　　　　B. Netscape　　　　C. DELL　　　　D. IBM
2. （　　）是一种以电子形式存在的现金货币。
   A. 电子货币　　　　B. 电子支票　　　　C. 电子现金　　　　D. 电子汇票
3. 属于可记录的匿名电子现金支付系统的是（　　）。
   A. Digicash　　　　B. E-check　　　　C. Mondex　　　　D. Netcash
4. 就目前我国现状而言，发行电子货币的主体以（　　）为宜。
   A. 国有银行　　　　B. 商业银行　　　　C. 各种金融机构
   D. 中国人民银行或中国人民银行委托的金融机构
5. 利用移动支付，发生在两个移动用户之间，资金从一个用户的账户转到另一个用户的账户的业务是（　　）。
   A. 端到端业务　　　　　　　　B. 缴费业务
   C. 小商品交易业务　　　　　　D. 电子内容支付

## 二、多选题

1. 从性质上分，银行卡可分为（　　）。
   A. 金卡　　　　B. 借记卡　　　　C. 信用卡　　　　D. 白金卡

2. SSL 协议主要提供的服务有（　　）。
   A. 客户的认证              B. 服务器的认证
   C. 维护数据的完整性       D. 数据的冗余性
3. 以下关于电子现金说法正确的是（　　）。
   A. 电子现金具有可跟踪性    B. 电子现金具有匿名性
   C. 电子现金可节省交易费用和传输费用   D. 电子现金风险小
4. 我国网络银行的业务涵盖范围有（　　）。
   A. 信息服务              B. 个人银行服务
   C. 企业银行服务        D. 银证转账服务
5. 移动支付按操作的金额，可分为（　　）。
   A. 微支付       B. 宏支付       C. 大额支付       D. 小额支付

## 三、简答题

1. 简述基于 SET 协议的支付流程。
2. 电子现金在实施过程中会碰到哪些问题？如何推广它在实际中的使用？
3. 简述第三方支付的运作机理。其有何缺陷？可采取何种方式避免？
4. 请你预测我国移动支付发展的趋势。

## 四、实践操作题

1. 到某商业银行申请一张电子借记卡，并利用该卡在某网上书店购书一本。
2. 在淘宝网上注册一个支付宝账户，完成一次购买活动。
3. 在电子商务软件中，下载、安装电子钱包，并利用电子钱包完成一次支付活动。

## 五、案例分析题

### 案例一

据麦肯锡研究预测，如果全面开放信用卡业务，到 2010 年中国信用卡市场收入有望超过 50 亿美元，2013 年中国信用卡市场利润可望接近 140 亿美元。美国媒体最喜欢引用的一份报告中说，中国目前的中产阶层超过 1 亿人，他们对于银行卡的需求将大幅上升。这份报告认为，两个层面的消费群体对金融服务需求的影响巨大：一是特殊富裕阶层，这部分人虽然只是占 2% 的少数消费群体，却决定着银行零售服务一半以上的经济效益；二是大众富裕阶层，这部分占 18% 的群体决定了银行零售服务余下效益的一半。

今天，中国银行卡市场正在向世界展示着潜力巨大的诱人前景。按照西方市场学产品生命周期图表的表示，中国银行卡市场目前的发展曲线恰逢产品从早期入市到最大幅度快速提升区域。国外的研究机构认定，20 年之后中国将成为世界上最大的银行卡消费市场。2008 年北京奥运会和 2010 年上海世博会等多重因素，也将进一步刺激中国银行卡市场的发展。

资料来源：http://www.amoney.com.cn/lcqb/?prog=show&tid=150956&csort=1

问题：

（1）发行银行卡对发展我国电子商务有何意义？

（2）在我国银行卡的发行中存在哪些问题？

**案例二**

Digicash、Beenz、Flooz 这些互联网泡沫中出现的微支付系统公司确实生不逢时。目前，电影公司与唱片公司这些掌握着知识产权的实体正在建立自己的新型销售系统，随着 iTunes 的成功以及互联网视频点播市场的看好，微支付似乎正在迈向成熟期。Jupiter 研究公司预测，2009 年微支付市场规模将达到 31 亿美元，最早出现而又能分享这一市场的公司仅剩下 PayPal 等少数几家。

起初在对微支付前景的设想中，报纸、网站内容的分离式付费阅读目前看来还很遥远，这并非由于技术上的原因，而在于读者还没有习惯这种消费方式。起初的设计者还希望微支付应用于 BBS，读者需要付费来分享思想家、学者的知识财富。而目前，微支付的兴盛并没有依照设想中的方式发展，而又重新回到传统的付费内容模式中来，音乐占据了其中大部分市场。分析家认为，这种趋势在未来几年中仍将持续。

资料来源：中国电子支付资讯网

问题：

（1）何为微支付？它有何特征？

（2）试用你所学的内容架设一个微支付体系。

# 第五单元　认识电子商务物流

物流是电子商务系统的重要组成部分，电子商务的快速发展同样依赖于物流体系的高效运行。在电子商务下，商品生产和交换的全过程都需要物流活动的支持，没有现代化的物流运作模式支持，没有一个高效的、合理的、畅通的物流系统，电子商务所具有的优势就难以发挥，因此现代物流是实现电子商务的基本保证。

# 任务一　认识物流

## 任务目标

了解"物流"一词的来源及物流的基本概念，掌握其内涵，掌握物流在电子商务中的重要作用，熟悉电子商务物流的特点。

## 任务相关理论介绍

### 一、物流的内涵

"物流"一词最早出现在美国。1921 年，阿奇·萧在《市场流通中的若干问题》中提到"物流"一词，认为"物流是与创造需求不同的一个问题"，"物资经过时间或空间的转移，会产生附加价值"。此时的物流指的是销售过程中的物流。

日本在 1964 年开始使用"物流"这一概念。1981 年，在日本综合研究所编著的《物流手册》中，对物流的表述是："物质资料从供给者向需要者的物理性移动，是创造时间性、场所性价值的经济活动。从物流的范畴来看，物流包括：包装、装卸、保管、库存管理、流通加工、运输、配送等诸种活动。"

在 20 世纪 50 年代到 70 年代期间，人们研究的对象主要是狭义的物流，是与商品销售有关的物流活动，即流通过程中的商品实体运动。因此通常采用"Physical Distribution"一词来表示物流。

"Logistics"与"Physical Distribution"不同，它已突破了商品流通的范围，把物流活动扩大到生产领域。物流已不仅仅从产品出厂开始，而是包括从原材料采购、加工生产到产品销售、售后服务，直到废旧物品回收等整个物理性的流通过程。

我国的国家标准《物流术语》（GB/T 18354-2001）中，将物流定义为："物品从供应地向接收地的实体流通过程。根据实际需要，将运输、储存、装卸、搬运、包装、流通加工、配送、信息处理等基本功能实施有机结合。"

## 知识链接

在 2008 年 7 月 25 日举行的"第 16 次中国物流专家论坛"上，中国物流与采购联合会会长陆江介绍说，今年上半年我国物流业保持了良好的发展势头，社会物流总额达到 43.29 万亿元，同比增长 28.1%。我国物流业已经进入了一个稳定、快速、持续发展的新阶段。

### 二、物流在电子商务中的作用

电子商务的核心是以网络信息流的畅通，带动物流和资金流的高度统一。物流环节是电子商务中实现商务目的的最终保障，缺少了能与电子商务模式下相适应的现代物流技术和体系，电子商务所带来的一切变革都等于零。

物流在电子商务的运作过程中，可起到如下作用：

#### 1. 实现基于电子商务的供应链集成

电子商务的销售范围是全球性的，销售时段也没有限制，如何保证电子商务的供应链能够满足客户的需要呢？物流便是解决这个问题最有效的手段。现代物流综合集成了运输、储存、包装、装卸搬运、流通加工和信息管理等，成功的物流体系可以保证电子商务过程廉价、快捷和高效地完成。

#### 2. 提高了电子商务的效益和效率

电子商务为客户带来的是便捷的购买方式，减少了众多中间环节，提供了价廉物美的商品和舒适安全的付款手段。电子商务涉及的交易成本中，信息流和资金流在技术成熟后可以通过网络本身完全解决，而物流无法通过网络手段进行处理，只有完善而高效的现代物流体系，才能使电子商务的效益和效率得到完美实现。

#### 3. 扩大了电子商务的市场范围

电子商务的销售对象是全球性的，但是商务活动的最终成功与否，涉及到商品的最终交付和贸易额的交割。如果电子商务的物流体系无法满足商务本身所涉及的地理位置，则其市场范围也还是有限的。

#### 4. 集成电子商务中的信息流和资金流

电子商务的任何一笔交易都包含着几种最基本的"流"，即信息流、资金流和物流。其中，信息流既包括商品信息的提供、网络营销、技术支持、售后服务等内容，也包括寻价单、报价单、付款通知单、转账通知单等商业活动凭证，还包括交易方的支付能力、商业信誉等。资金流主要是指资金的转移过程，包括付款、转账等过程。在电子商务系统里，上述二流的处理都可以通过计算机和网络本身实现，但是物流作为三流中最为特殊的一流，是指商品本身的流动过程，电子商务成立的基础——计算机网络并无法完全

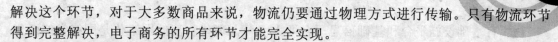

解决这个环节，对于大多数商品来说，物流仍要通过物理方式进行传输。只有物流环节得到完整解决，电子商务的所有环节才能完全实现。

### 5．支持电子商务的快速发展

通过现代物流的快速发展和物流网络的建立，使电子商务在未来的发展中能够深入到世界的各个角落，从而使电子商务逐步代替传统商务成为可能。

> **知识链接**
>
> 中共中央在《关于国民经济和社会发展第十一个五年规划纲要》中，明确提出要大力发展现代物流业，推广现代物流管理技术，促进企业内部物流社会化，实现企业物资采购、生产组织、产品销售和再生资源回收的系列化运作。培育专业化物流企业，积极发展第三方物流。建立物流标准化体系，加强物流新技术的开发利用，推进物流信息化。加强物流基础设施整合，建设大型物流枢纽，发展区域性物流中心。

## 三、电子商务物流的特点

在电子商务时代下，物流将面临新的发展契机，电子商务给物流带来以下几个特点：

### 1．信息化

电子商务时代，物流信息化是电子商务的必然要求。物流信息化表现为物流信息的商品化、物流信息收集的数据库化和代码化、物流信息处理的电子化和计算机化、物流信息传递的标准化和实时化、物流信息存储的数字化等。因此，条码（Bar Code）技术、数据库技术（Database）、电子订货系统（Electronic Ordering System，简称 EOS）、电子数据交换、快速反应（Quick Response，简称 QR）、企业资源计划（Enterprise Resource Planning，简称 ERP）等技术与观念在我国的物流业中将会得到普遍的应用。物流信息化是物流现代化管理的基础，没有物流的信息化，任何先进的技术设备都不可能应用于物流领域。信息技术及计算机技术在物流中的应用将会彻底改变世界物流的面貌。

### 2．自动化

自动化的基础是信息化，自动化的核心是机电一体化，自动化的外在表现是无人化，自动化的效果是省力化。另外，物流自动化还可以扩大物流作业能力、提高劳动生产率、减少物流作业的差错等。物流自动化的设施非常多，如条码、语音、射频自动识别系统，自动分拣系统，自动存取系统，自动导向车，货物自动跟踪系统等。这些设施在发达国家已普遍用于物流作业流程中，而在我国由于物流业起步晚，发展水平低，自动化技术的普及还需要相当长的时间。

### 3．智能化

这是物流自动化、信息化的一种高层次应用，物流作业大量的运筹和决策，如库存水平的确定、运输（搬运）路径的选择、自动导向车的运行轨迹和作业控制、自动分拣机的运行以及物流配送中心经营管理的决策支持等，都需要借助于大量的知识才能解决。在物流自动化的过程中，物流智能化已成为电子商务物流发展的一个新趋势，这就需要通过专家系统、机器人等相关技术支持。

### 4．网络化

物流有基础设施平台和基础信息平台两大平台，现代物流的网络化是围绕它们而形成的。一方面，信息平台构建了物流的信息网络；另一方面，庞大的物流基础设施平台中的物流中心、配送中心、物流结点以及物流的交通耕锄网络又构成了一个连通各个地区和各企业、各个部门的实体网络。在物流信息网络的支持下，随着交通运输网络的建立和完善，各种限制和贸易壁垒的取消，以及区域市场、国内市场和国际市场的形成，使得区域物流、国内物流乃至国际物流的联系越来越紧密。

### 5．虚拟化

随着全球卫星定位系统（GPS）的应用，社会大物流系统的动态调度、动态储存和动态运输将逐渐代替企业的静态固定仓库。这种动态仓储运输体系借助于全球卫星定位系统，充分体现了未来宏观物流系统的发展趋势。随着虚拟企业、虚拟制造技术不断深入，虚拟物流系统已经成为企业内部虚拟制造系统一个重要的组成部分。

### 6．柔性化

柔性化是为实现"以顾客为中心"的理念而在生产领域提出的，但要真正做到柔性化，即能真正根据消费者需求的变化来灵活调节生产工艺，没有配套的柔性化物流系统是不可能实现的。弹性制造系统（FMS）、计算机集成制造系统（CIMS）、制造资源系统（MRP）、企业资源计划（ERP）以及供应链管理（SCM）的概念和技术的提出，将生产和流通集成起来，根据需求组织生产，并安排物流活动。柔性化的物流正是适应生产、流通与消费者的需求而发展起来的一种新型物流模式，要求物流配送中心根据消费者需求"多品种、小批量、多批次、短周期"的特色，灵活组织和实施物流运作。

# 任务二　掌握电子商务物流基本操作

## 任务目标

了解电子商务物流活动的要素，掌握运输、储存、包装、搬运、流通加工及信息在物流中的作用及基本业务操作。

## 任务相关理论介绍

物流活动的要素指的是物流系统所具有的基本要素，一般包括运输、储存、包装、搬运、流通加工、信息等。这些基本要素有效地组合、联结在一起相互平衡，形成密切相关的一个系统，能合理、有效地实现物流系统的总目的。

## 一、运输

运输一般分为输送和配送。一般认为，所有物品的移动都是运输，输送是指利用交通工具一次向单一目的地长距离地运送大量货物的移动，而配送是指利用交通工具一次向多个目的地短距离地运送少量货物的移动。

基本的运输方式有 5 种，通常在企业运输中涉及到其中的 4 种，它们分别是铁路运输、公路运输、水运运输和航空运输。选择何种运输方式，对提高物流效率具有十分重要的意义。在选择运输方式时，企业必须综合考虑，要权衡运输系统所要求的运输服务和运输成本，既可以使用单一的运输方式，也可以将几种不同的运输方式进行组合，即采用联合运输的方式。

### 知识链接

为解决运力紧张，国外很多国家允许一车多挂方式运输。在北美、西欧等公路网络比较发达的国家，以牵引车、拖挂半挂车组成的汽车、列车运输方式占了总运输量的 70%～80%。为增加一次运载量，提高运输效率，国外一些国家采取一车多挂方式运输。发达国家的运输企业广泛使用半挂车和汽车、列车，以提高装卸效率和缩短货物的送达时间。

目前，美国国内用于公路运输的汽车、列车长度可达数十米，载重量达 40 吨。汽车运输中，牵引车与半挂车之比一般为 1:2.5，城间约有 90% 的汽车货运是以半挂车或汽车、列车来完成。在澳大利亚，人们已普遍使用一车三挂的汽车、列车，经常可以看到长长的拖车在高速公路上行驶。为保证行车安全，改善后面挂车的跟随功能，采用半挂车尾部带牵引座，再接装半挂车形成一轴牵引车，依次拖挂三节挂车的列车组合形式。德国政府为了减轻大型货车长途运输所造成的环境和生态负面影响，提高货物运输的经济性和合理性，大力推行综合运输政策，鼓励发展公路、铁路、水运、航空多联运输。对于长距离运输，政府鼓励企业尽可能使用铁路、水路等运输方式，而两终端的衔接和货物集疏则以公路运输为主。德国政府对多式联运还采取积极支持的政策。例如，对和其他运输方式（铁路、内河运输、海运等）联运的重载货车载重量可以达到 44 吨（单独一种运输方式的重载汽车装载量限重为 40 吨），多联运输的重载汽车免收税费。

## 二、储存

储存是物流主要的活动要素之一。在物流中，运输承担了改变商品空间状态的重任，而物流的另一重任，改变商品时间状态，是由储存来承担的。库存与储存既有密切联系，又有所区别。库存是储存的静态形式，主要分为基本库存和安全库存。

基本库存是补给过程中产生的库存。在订货之前，库存处于最高水平，日常的需求不断地"抽取"存货，直至该储存水平降为零。实际中，在库存没有降低到零之前，就要开始启动订货程序。于是，在发生缺货之前，就会完成商品的储备。补给订货的量就是订货量。在订货过程中必须保持的库存量就是基本库存。

为了防止不确定因素对连锁物流的影响，如：运输延误；商品到货，但品种、规格、质量不符合要求；销售势头好，库存周转加快；紧急需要等；企业必须另外储备一部分库存，这就是安全库存。

确定合理的库存是企业物流管理的重要内容之一，但是目前对库存管理还没有统一的模型，而且每个企业都有自己特殊的存货管理要求，所以企业只能根据自己的具体情况，建立有关模型，解决具体问题。库存模型中的一个重要内容就是计算订货量。订货量的计算公式是以最少的库存管理费用达到十分满意的服务质量的订货量时，所用的计算公式。

### 三、包装

包装是包装物及包装操作的总称，是物品在运输、保管、交易、使用时，为保持物品的价值、形状而使用适当的材料容器进行保管的技术和被保护的状态。包装是生产的终点，也是物流的起点。一般而言，它具有保护商品、提高物流效率和传递信息的功能。

包装材料与包装功能存在着不可分割的联系。从传统材料发展到今天的新型材料，都是为了更好地发挥包装的功能。包装材料的变化主要是向轻材质化转换，因为包装本身的重量也是作为货物的重量一起加算运费的。常用的包装材料有纸、塑料、木材、金属、玻璃等。从各个国家包装材料生产总值比较来看，使用最广泛的是纸及各种纸制品，其次是木材，塑料材料的使用量正在以很快的速度增长。

包装系统效率化的关键在于使用单元货载系统化。单元货载系统也称为单位载荷制，是把货物归整成一个单位的单件进行运输，其核心是自始至终采用托盘运输，即从发货到货后的装卸，全部使用托盘运输方式。为此，在物流过程中所有的设施、装置、机械都要引进物流标准化的概念。物流标准化是指为实现标准化，提高物流效率，将物流系统各要素的基准尺寸体系化，其基础是以单位载荷制为基础的托盘化。

**知识链接**

物流包装是将物流需要、加工制造、市场营销、产品设计要求以及绿色包装结合在一起考虑的文化体现形式。它的主要目的是在物流运输阶段保护物流商品，包括防震保护技术、防破损保护技术、防锈包装技术、防霉腐包装技术、防虫包装技术、危险品包装技术、特种包装技术等。

### 四、搬运

搬运也称装卸搬运，是指在物流过程中，对货物进行装卸、堆垛、理货分类、取货以及与之相关的作业。在物流过程中，搬运活动是不断出现和反复进行的，是根据物流运输和保管的需要而进行的作业，其出现的频率高于其他各项物流活动，因而搬运效率的高低是决定物流速度的重要因素。

物流的各项活动的前后以及同一阶段的不活动之间，都是以装卸搬运来衔接的。只有通过装卸搬运作业，才能把商品实体运动的各个阶段连接成为连续的"流"，使物流活动得以顺利进行。

装卸搬运设施和设备是指进行装卸搬运作业的劳动工具或物质基础，其技术水平是装卸搬运作业现代化的重要标志之一。装卸搬运设施主要包括存仓、漏斗、装车隧洞、卸车栈桥、高路基、装卸线、固定站台、活动站台、照明、动力、维修、工休设施、防疫、计量检验、保洁设施等。装卸搬运设备的制造已经产业化，西方和日本一般称之为搬运机械制造业，我国称之为超重运输设备制造业，它们都在机械工业上占有相当的比重，为装卸搬运作业提供各种机械设备。

装卸搬运只能改变劳动对象的空间位置，而不能改变劳动对象的性质和形态，既不能提高也不能增加劳动对象的使用价值。装卸搬运必须要有劳动消耗，包括活劳动消耗和物化劳动消耗。这种劳动消耗要以价值形态追加到装卸搬运对象的价值中去，从而增加了产品和物流成本。因此，应科学地、合理地组织装卸搬运过程，尽量减少用于装卸搬运的劳动消耗。

## 五、流通加工

流通加工是物流中具有一定特殊意义的物流形式，它不是每一个物流系统必需的功能。物流的包装、储存、运输、装卸等功能，并不去改变物流的对象，但是为了提高物流速度和物资的利用率，在商品进入流通领域后，还需按用户的要求进行一定的加工活动，即在物品从生产者向消费者流动的过程中，为了促进销售、维护产品质量、实现物流的高效率所采取的使物品发生物理和化学变化的功能。

流通加工的主要类型有为弥补生产领域加工不足的深加工，为满足需求多样化进行的服务性加工，为保护产品所进行的加工，为提高物流效率、方便物流的加工，为促进销售的流通加工。此外，还包括为提高原材料利用率的流通加工、衔接不同运输方式的流通加工和以追求更高利润为目的的流通加工。

流通加工的合理化关系到整个物流活动的合理化，因此流通加工的合理化十分重要。对于流通加工合理化的最终判断，要看其是否能实现社会和企业本身的两个效益，而且是否取得了最优效益。流通企业更应该树立社会效益第一的观念，以实现产品生产的最终利益为原则。只有在生产流通过程中以补充、完善为己任的前提下，流通企业才有生存的价值。如果流通企业只是追求自身的微观效益，不适当地进行加工，甚至与生产企业争利，就有背于流通加工的初衷，或者其本身已不属于流通加工的范畴。

## 六、信息

信息系统中，信息的质量极其重要。关于信息的质量有两个主要的要求：获得必需的信息和拥有精确的信息。

企业物流经理面对的一个主要的问题是获得必需的信息以作决策，但是很多经理常常不能获得必需的信息。一般来说，主要有以下原因：一是，有些物流经理不能决定到底需要哪些信息；二是，其他部门在给物流经理提供信息时，提供那些他们认为物流经理可能会需要的信息或是那些便于提供的信息；三是，一些物流经理需要的信息无法获得或隐藏在信息系统的其他功能块中，难以提取。

正如获得必需的信息是重要的一样，确保信息是精确的也同样重要。没有精确的信

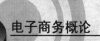

息，物流经理就不能够作出精确的决策，特别是对于财务数据。例如，费用分配给营销、财务等部门，而物流费用隐藏在其中。如果物流部门是一个单独的部门，这个问题还不算太严重，但是如果物流部门是一个综合部门，拥有精确信息就是非常重要的了。

与物流信息密切相关的是物流信息系统。物流信息系统是指管理人员利用一定的设备，根据一定的程序对信息进行收集、分类、分析、评估，并把精确信息及时地提供给决策人员，以便他们做出高质量的物流决策。

物流信息系统的目的是不但要收集尽可能多的信息提供给物流经理，使他作出更多的有效决策，还要与公司中销售、财务等其他部门的信息系统共享信息，然后将有关综合信息传至公司最高决策层，协助他们制订物流战略与规划。

### 示例

一般认为，物流总成本的主要构成部分是运输（占 46%）、仓储（占 26%）、存货管理（占 10%）、接收和运送（占 6%）、包装（占 5%）、信息管理（占 4%）以及订单处理（占 3%）。物流成本往往在生产企业占到全部总成本的 13.6% 以上，所以物流成本与企业营销成本息息相关，日益受到管理人员的重视。一些经济学家认为，物流具有节约成本费用的潜力，并将物流管理形容为"成本经济的最后防线"和"经济领域的黑暗大陆"。如果物流决策不协调，将导致过高的营销成本代价。

### 分析提示

物流企业只有不断创新营销理念和优化营销活动，以客户为核心，以物流资源链为服务手段，以市场占有率和建立客户忠诚度为导向，开展针对性的营销策略，注重客户的保有与开发，实现客户的系列化、个性化物流服务，注重客户关系的维护，提高物流服务质量，根据客户的行为来预测客户的物流需求，并为其设计物流服务，才能建立长期的、双赢的客户关系。

# 任务三　了解电子商务如何配送

### 任务目标

了解电子商务配送系统的含义，认识配送系统的目标，掌握配送系统的构成。

### 任务相关理论介绍

## 一、电子商务配送系统概述

### 1．配送及配送系统的含义

配送是指按照用户的订货要求和时间计划，在物流据点进行分拣加工和配货等作业

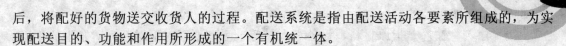

后，将配好的货物送交收货人的过程。配送系统是指由配送活动各要素所组成的，为实现配送目的、功能和作用所形成的一个有机统一体。

### 2．电子商务配送系统

电子商务配送系统是依据电子商务技术把配送活动各要素联系在一起，为实现配送目的、功能和作用所形成的一个有机统一体。相对于传统配送系统来说，电子商务配送系统具有如下几方面的特点：

（1）虚拟性　电子商务技术使企业对配送可以进行虚拟性的管理，可以有效地通过虚拟现实的方法合理地调配资源。此外，还可以实现书写电子化、传递数据化。

（2）实时性　电子商务技术可使企业对配送实施有效的实时控制，实现配送的合理化。

（3）互动性　电子商务配送系统的建立和完善，将企业与外部的联系、企业内部各要素之间的联系有效地结合在一起，使信息的交流具有多层次、全方位的互动性，实现配送的合理化。

（4）标准化　配送的标准化主要包括配送货物信息的标准化和配送作业流程的标准化，以及配送技术标准化和配送管理标准化等。

### 3．电子商务配送系统的目标

（1）服务性目标　它是电子商务配送系统所要达到的主要目标，是指电子商务配送系统能向用户提供各种服务。服务性目标主要包括能向用户提供多种信息服务，能向企业的不同部门、不同层次和不同环节提供多种信息服务，具有信息的及时反馈功能。

（2）快捷性目标　电子商务配送系统要能依据客户的要求，把货物按质、按量、按时地送到用户指定的地点。这就要求企业在配送系统中设立快捷反应系统，以实现快捷性目标。快捷性目标的构成主要包括快捷的配发货系统、快捷灵活的运输系统、自动化的库存管理系统、自动化的分拣理货系统、快捷灵活的进货系统、方便灵活及时的信息服务系统。

（3）低成本性目标　要实现电子商务配送系统的低成本性目标，要充分有效地利用配送活动中运输工具和仓储的空间与面积，科学合理地选择运输工具和线路，保持合理的库存规模与结构以及选用合适的系统软件。

（4）安全性目标　安全性目标主要包括有操作系统的安全性目标、防火墙系统的安全性目标、操作人员及内部人员的安全性目标、内部网用户的安全性目标、程序的安全性目标、数据库的安全性目标等。

## 二、电子商务配送系统构成

### 1．配送系统的基本模式

一般来说，配送系统主要由环境、输入、输出、处理和反馈等方面构成。

（1）环境　配送系统环境主要包括系统的外部环境和内部环境。外部环境主要是指影响配送系统的一系列外部因素，而且也包括用户需求、观念及价格等因素。内部环境主要是指影响配送系统的一系列内部因素，不仅包括系统、人、财、物的规模与结构，而且也包括系统的管理模式、策略和方法等。一般来说，外部环境是系统不可控的，而内部环境是系统可控的。

（2）输入　输入是指原材料、设备和人员等一系列要素对配送系列所发生的作用。

（3）处理　处理是指配送的转化过程或配送业务活动的总称，包括运输、储存、包装、搬运和送货等；此外，还包括信息的处理及管理工作。

（4）输出　输出是指对输入的各要素进行处理后的结果，即提供的配送服务，具体包括货物的转移、各种劳务、质量和效益等。

（5）反馈　反馈是指根据运行情况，对以前的工作进行判断和调整。

在上面的 5 种构成中，通过输入和输出使配送系统与外部环境进行交换，使系统适应外部环境。而处理是系统内部的转换，使其功能更加完善、合理及科学。

**2．电子商务配送系统的构成**

一般来说，电子商务配送系统主要由管理系统、作业系统、网络系统及输入、输出环境系统组成。

（1）管理系统　管理系统是由配送系统的计划、控制、协调和指挥等所组成的系统，它是整个配送系统的支柱。管理系统包括以下几个方面。

1）战略目标：系统的战略目标主要包括服务的对象、顾客的性质与地理位置以及所提供的与此相适应的配送服务。

2）功能目标：主要确定配送系统所达到的目标，配送能力的大小主要取决于企业投入人、财、物的数量及管理水平等。

3）配送需求预测与创造：管理系统的主要职能是对市场进行预测分析，以掌握和了解未来客户的配送需求的规模及提供相应的服务。另外，管理系统要通过网络广泛地收集用户的需求，开展促销业务，以系统的高效率、低成本和高质量的服务创造配送的需求。

4）存货管理：通过预测、创造需求以及网络的特点，管理系统要合理地确立存货的规模与结构。一方面，存货的规模与结构要与客户的要求保持一致；另一方面，存货的规模与结构要与作业能力保持一致。

（2）作业系统　作业系统是指配送实物作业过程中所构成的系统。在电子商务时代，配送实物作业应依据管理系统下达的信息指令来进行。作业系统主要包括货物的接收、装卸、存贷、分拣、配装及送货和交货等。

（3）网络系统　网络系统是由接收、处理信息以及订货等所组成的系统。目前在配送应用较多的电子商务网络系统主要有以下几种。

1）POS 系统：即企业收集、处理和管理配送时点上的各种配送信息和用户信息的系统。

2）VAN 系统：即利用电信的通信线路将不同企业的不同类型的计算机连接在一起，构成共同的信息交流中心。

3）EOS：即利用企业内终端电脑，将订货信息通过网络传递到总部配送中心或供应商，完成订购手续并验收货物的系统。

4）MIS（管理信息系统）：其负责货物的进、存及配送管理，并进行配送经营的辅助决策工作，如货物的自动补给系统等。

5）EDI 系统：即在不同的计算机应用系统之间依据标准文件格式交换商业单证信息的系统。对于配送企业以及需要进行配送的企业来说，在 Internet 上进行配送单证信息的传输不仅可以节约大量的通信费用，而且也可以有效地提高工作效率。

（4）输入环境系统　输入环境系统是指通过原材料、设备和人员等对配送系统发生作用的系统。

（5）输出环境系统　输出环境系统是指输入系统处理后的结果，即提供的配送服务系统。其包括货物的转移、各种劳务、质量保证和效益等。

## 示例

从 2005 年开始，济南市烟草有限公司展开了优化卷烟配送线路的探索实践工作，制定了物流线路优化的实施工作标准，利用兰剑物流科技公司的 PRO-DOS 线路优化软件，为济南市配送线路设计了多区域、多车型、多约束的多维度组合方案并进行了反复优化测算，取得了阶段性成果。配送线路由原来的 418 条调整为 314 条，节约总里程 45 664 公里，节约比例为 32%，节约车辆、人员、油耗等总费用约为 76 万元。

建立配送线路优化系统是烟草企业实行管理科学化、信息化，提高工作效率和经济效益，建立现代调度指挥系统，发展智能运输，实现运输现代化以及开展电子商务的基本前提。国外烟草企业已经在不同的部门中开发出不同的配送线路优化系统。而在国内还主要采用凭经验办事的人工调度方式，配送线路优化应用软件少、界面单调，并且主要应用集中在基本的网络优化和一般的数据库管理，对货物配送及线路的优化几乎为零。

开发和使用智能配送线路优化系统可实现与 GPS 卫星监控调度系统集成，构建智能配送管理系统。同时，可以将配送线路排定、配送过程监控调度、配送区域调整、配送车型调整等物流配送环节集成在一个平台上，实现配送全过程线路最优化、配载经济化、实时监控、智能调度，保证"智能配送"模式顺利、高效地运行。帮助物流企业提高配送效率、降低配送成本，以高科技打造节约型烟草现代物流。

线路优化系统在原有的物流配送系统运作流程中，增加了配送中心送货线路优化PRO-DOS 调度电子排单系统，能根据客户数量和订货量确定最经济的送货线路，平衡各线路的工作量，并能直观醒目地显示出送货线路的走向、订货网点的分布。利用该线路优化软件可以合理配置车辆，在特定区域合理搭配车型、容量、油耗，降低空载率，从而提高车辆的利用率。在现有车型不适合、装箱工具不统一的情况下，充分研究装车方式，车辆容积有效利用率可达 95% 以上。

## 分析提示

通过建立配送线路优化系统，可以帮助烟草企业生成精确的配送路线，综合考虑客户网点分布、道路交通（如道路单双行、禁行、隔离带等）、客户服务时间、车辆行驶速度等多种因素，制定精确的卷烟配送路线。打破卷烟配送行政区划也是其重要功能之一。打破原有行政区划限制，综合考虑道路、桥梁、收费、配送距离等，按照经济区域配送。其与 GPS 系统优化集成，可以实现调度更加便捷、高效，强化配送车辆的监管与考核，保证管理制度健全化，建立适应烟草流通行业特点的车辆配送与调度系统。通过对车辆的调度、跟踪与管理，实现了专卖稽查、访销、配送整体流程的实时监控和动态调度。除此之外，结合历史资料进行数据分析，为企业的经营和管理提供决策支持，还可实现优化线路自动排单、优化结果统计分析、装载比率分析、分区方案对比分析等功能。

资料来源：利用高科技构建节约型物流配送系统，东方烟草报．2006-6-21

# 任务四　初识供应链管理

## 任务目标

掌握供应链与供应链管理的基本概念，能通过对供应链管理的效益分析，理解其给企业带来的利益，掌握快速反应策略、有效客户反应策略、电子订货系统和企业资源计划的基本原理。

## 任务相关理论介绍

### 一、供应链及供应链管理概述

#### 1. 供应链管理的兴起

20 世纪 90 年代以来，随着各种自动化和信息技术在制造企业中不断应用，制造生产率已被提高到了相当高的程度，制造加工过程本身的技术手段对提高整个产品竞争力的潜力开始变小。为了进一步挖掘降低产品成本和满足客户需要的潜力，人们开始将目光从管理企业内部的生产过程转向产品全生命周期中的供应环节和整个供应链系统。不少学者研究得出，产品在全生命周期中供应环节的费用（如储存和运输费用）在总成本中所占的比例越来越大。

随着全球经济一体化和信息技术的发展，企业之间的合作日益加强，它们之间跨地区甚至跨国合作制造的趋势日益明显。国际上越来越多的制造企业不断地将大量常规业务外包给发展中国家，而只保留最核心的业务（如市场、关键系统设计、系统集成、总装配以及销售）。例如，波音 747 飞机的制造需要 400 万余个零部件，可这些零部件的绝大部分并不是由波音公司内部生产的，而是由 65 个国家中的 1 500 个大企业和 15 000 个中小企业提供的。我国的四大飞机工业公司这几年承担了波音 737/300、737/700、757、MD82、MD90-30 各机种的平尾、垂尾、舱门、机身、机头、翼盒等零部件的转包生产任务。福特公司在马来西亚生产的零部件，要送至日本组装成发动机，然后再将发动机送至美国的总装厂组装成整车，最后汽车返回日本销售。美国克莱斯勒公司制造汽车使用的零部件有 2/3 是从外部获得的，它从 1 140 个不同的供应商购买 60 000 个不同的部件。我国一些运营良好的家电企业（如春兰空调公司）和高科技企业（如深圳华为公司）在其生产经营过程中也是把很多零部件生产任务外包给其他厂家（如春兰公司有近 100

家零部件协作厂）。在这些合作生产的过程中，大量的物资和信息在很广的地域间转移、储存和交换，这些活动的费用构成了产品成本的重要组成部分，而且对满足顾客的需求起着十分巨大的作用。

因此，有必要对企业整个原材料、零部件和最终产品的供应、储存和销售系统进行总体规划、重组、协调、控制和优化，加快物料的流动，减少库存，并使信息快速传递，时刻了解并有效地满足顾客需求，从而大大减少产品成本，提高企业效益。对一个国家而言，供应系统也非常重要。在制造业占国民经济重要地位的国家（如中国），整个制造业零部件厂家的合理布置和协作体系的建立，对其经济发展是十分重要的。

供应链管理（Supply Chain Management，简称 SCM）作为一种新的学术概念首先在西方被提出来，很多人对此开展研究，企业也开始这方面的实践。世界权威杂志《财富》就将供应链管理能力列为企业一种重要的战略竞争资源。在全球经济一体化的今天，从供应链管理的角度来考虑企业的整个生产经营活动，形成这方面的核心能力，对广大企业提高竞争力将是十分重要的。

### 2．供应链和供应链管理的基本概念

企业从原材料和零部件的采购、运输、加工制造、分销直至最终送到顾客手中的这一过程被看成是一个环环相扣的链条，这就是供应链。供应链的概念是从扩大的生产（Extended Production）概念发展而来的，它将企业的生产活动进行了前伸和后延。例如，日本丰田公司的精益协作方式中就将供应商的活动视为生产活动的有机组成部分而加以控制和协调，这就是向前延伸。后延是指将生产活动延伸至产品的销售和服务阶段。因此，供应链就是通过计划、获得、存储、分销、服务等这样一些活动而在顾客和供应商之间形成的一种衔接，从而使企业能满足内外部顾客的需求。供应链与市场学中销售渠道的概念有联系，也有区别。供应链包括产品到达顾客手中之前所有参与供应、生产、分配和销售的公司和企业，因此其定义涵盖了销售渠道的概念。供应链对上游的供应者（供应活动）、中间的生产者（制造活动）和运输商（储存运输活动）以及下游的消费者（分销活动）同样重视。

因此，供应链管理就是指对整个供应链系统进行计划、协调、操作、控制和优化的各种活动和过程，其目标是要将顾客所需的正确的产品能够在正确的时间，按照正确的数量、正确的质量和正确的状态送到正确的地点，并使总成本最小。所谓供应链，其实就是由供应商、制造商、仓库、配送中心和渠道商等构成的物流网络。同一企业可能构成这个网络的不同组成节点，但更多的情况下是由不同的企业构成这个网络中的不同节点。例如，在某个供应链中，同一企业可能既在制造商、仓库节点，又在配送中心节点等占有位置。在分工愈细、专业要求愈高的供应链中，不同节点基本上由不同的企业组成。在供应链各成员单位间流动的原材料、在制品库存和产成品等就构成了供应链上的货物流。

供应链管理是一种集成的管理思想和方法，它执行供应链中从供应商到最终用户的物流的计划和控制等职能。从单一的企业角度来看，它是指企业通过改善上、下游供应链关系，整合和优化供应链中的信息流、物流、资金流，以获得企业的竞争优势。

供应链管理是企业的有效性管理，表现了企业在战略和战术上对企业整个作业流程

的优化。整合并优化了供应商、制造商、零售商的业务效率，供应链链管理使商品在正确的地点，以正确的数量、正确的品质、正确的时间、最佳的成本进行生产和销售。

## 二、供应链管理的效益分析

### 1．供应链管理带来的内部效益

实现供应链管理带来的内部效益可体现在以下方面：

（1）供应链管理的实现，可以有效地实现供求的良好结合。当前我国的流通领域中，由于存在众多的供应商、生产商、分销商、零售商，而它们之间的联系千丝万缕、错综复杂，如此冗长复杂的流通渠道使消费者信息的反馈缓慢而凌乱，甚至产生信息失真，使供求无法协调。供应链把供应商、生产商、分销商、零售商紧密联结在一起，并对之进行协调、优化管理，使企业之间形成良好的相互关系，使产品、信息的流通渠道达到最短，从而可以使消费者的需求信息沿供应链逆向，准确、迅速地反馈到生产厂商。生产厂商据此对产品的增加、减少、改进、质量提高、原料的选择等作出正确的决策，保证供求良好的结合。

（2）供应链管理的实现，可促使企业采用现代化手段，达到现代化管理。供应链是一个整体，相关的各企业为共同的整体利益而奋斗。要达到这个目标，整个供应链中的物流、资金流、信息流必须畅通无阻。为此，各企业作为供应链中的结点，必须采用现有的先进技术、设备及科学的管理方法，共同为销售提供良好的服务。生产、流通、销售的规模越大，物流技术设备和管理越需现代化。现代化手段包括计算机技术、通信技术、机电一体化技术、语音识别技术等。

（3）供应链管理的实现，可降低社会库存，降低成本。供应链的形成，要求对组成供应链的各个环节作出优化，建立良好的相互关系，采用先进的设备，从而促进了产品、需求信息的快速流通，减少了社会库存量，避免了库存浪费，减少资金占用，降低了库存成本。

（4）供应链管理的实现，可有效地减少流通费用。供应链通过各企业的优化组合，成为最快捷、最简便的流通渠道，是供应网络中的最优化网络。它的实现去除了中间不必要的流通环节，大大地缩短了流通路线，从而有效地减少了流通费用。

### 2．供应链管理带来的外部效益

（1）供应链管理的实现，可实现信息资源共享。在一个信息化的时代，谁拥有信息，谁就能在激烈的竞争中拥有坚强的后盾。供应链的实现不仅利用现代科技手段，采用最优流通渠道，使信息快速、准确反馈，而且在供应链联结的各企业之间实现了资源共享。

（2）供应链管理的实现，可提高服务质量，刺激消费需求。现代企业均把消费者奉为上帝，而消费者要求提供消费品的前置时间越短越好。为此，供应链通过生产企业内部、外部及流通企业的整体协作，大大缩短了产品的流通周期，加快了物流配送的速度，并将产品按消费者的需求生产出来，快速送到消费者手中。供应链还使物流服务功能系列化，它在传统的储存、运输、流通加工服务台的基础上，增加了市场调查与预测、采购及订单处理、配送、物流咨询、物流解决方案的选择与规划、库存控制的策略建议、货款的回收与结算、教育培训等增值服务。这种快速、高质量的服务必然会塑造企业的良好形象，提高企业的信誉和消费者的满意程度，使产品的市场占有率提高、消费者巨增。

（3）供应链管理的实现，可产生规模效应，有效地提高供应链上各企业的竞争力。长期以来，我国大多数地区、企业都形成了封闭意识，形成了"独立门户、各人自扫门前雪"的观念。这在自然经济占主导地位，竞争相对不激烈的中国古代也许是可行的，但在当今中国的市场经济条件下，在激烈的竞争中是万万不行的。因为企业面临的对手可能不只是一个经营单位，而是一些企业集团或相互关联的竞争者群。企业遇到多点竞争时，它必须走出竞争者单位的范围来看待自己的对手。一个巴掌拍不响，只有多个企业联合起来，为共同的利益而奋斗，共同抵挡外来竞争，才能在激烈的竞争中获胜。众多企业产生的竞争力，绝不仅仅是各个企业的力量的简单加和，它远远大于此，它的意义在于整体化、一致化。供应链就是这样一个整体，它把供应商、生产厂商、分销商、零售商等联系在一条链上，并对此优化，使企业与相关企业形成了一个融会贯通的网络整体。该整体中的各个企业虽各为一个实体，但为了整体利益的最大化共同合作，协调相互关系，加快商品从生产到消费的过程，缩短了产销周期，减少了库存，使整个供应链能对市场作出快速反应，大大提高了企业在市场中的竞争力。

### 3．实现供应链管理可带来的总效益

供应链管理的实现，可为企业带来巨大的效益。在企业内部，供应链的优化加快了企业对市场的反应速度，使企业内部的物流渠道、物流功能、物流环节与制造环节集成化，使物流服务扩大、系列化，并通过规范作业、确定目标关系、采用现代化手段来建立完善的物流网络体系，使各企业更加适应市场经济体制。并且由于信息技术的应用，供应链过程的可见度明显增加，物流过程中库存积压、延期交货、送货不及时的情况减少，库存与运输等风险大大降低，从而为企业增加了效益。

在企业外部，通过供应链协调管理，利用现代科技手段，准确及时地获取信息，并依靠供应链的整体优势，迅速沟通生产厂商、客户、分公司，获得市场的信息，共享信息资源，降低应收账款，获得第三利润。

## 三、电子商务中的供应链管理策略

传统的供应链管理以生产为中心，力图通过提高生产效率、降低单件成本来获得利润，在销售方面则采用促销方式将自己的产品推销给顾客，并通过库存来保证产品能不断地流向顾客。而电子商务下的供应链管理的理念是以顾客为中心，通过顾客的实际需求和对顾客未来的需求的预测来拉动产品和服务。基于这种思想，产生了多种现代化的供应链管理策略，如快速反应策略、有效客户反应策略、电子订货系统和企业资源计划等。

### 1．快速反应策略

快速反应，是美国零售商、服装制造商以及纺织品供应商开发的整体业务的概念，目的是减少原材料到销售点的时间和整个供应链上的库存，最大限度地提高供应链的运作效率。QR 策略的着重点是对消费者的需求作出快速反应，实施 QR 策略可分为下述三个阶段。

第一阶段：对所有的商品单元条码化，即对商品消费单元采用 EAN/UPC 条码标识，

对商品储运单元采用 ITF-14 条码标识，而对贸易单元采用 UCC/EAN-128 条码标识，利用 EDI 传输订购单报文和发票报文。

第二阶段：在第一阶段的基础上增加与内部业务处理有关的策略，并采用 EDI 传输更多的报文，如发货通知报文、收货通知报文等。

第三阶段：与贸易伙伴密切合作，采用更高级的 QR 策略，以对客户的需求作出快速反应。一般来说，企业内部业务的优化相对来说较为容易，但在贸易伙伴间进行合作时往往会遇到诸多障碍。在实施的第三阶段，每个企业必须把自己当成集成供应链系统的一个组成部分，以保证整个供应链的整体效益。

### 2．有效客户反应策略

有效客户反应（Efficient Consumer Response，简称 ECR）策略，是在食品杂货分销系统中，分销商和供应商为消除系统中不必要的成本和费用，给客户带来更大效益而进行密切合作的一种供应链管理策略。

ECR 策略的最终目标是建立一个具有高效反应能力和以客户需求为基础的系统，使零售商及供应商以业务伙伴方式合作，提高整个食品杂货供应链的效率，而不是单个环节的效率，从而大大降低整个系统的成本、库存和物资储备，同时为客户提供更好的服务。

要实施有效客户反应策略，首先，应联合整个供应链所涉及的供应商、分销商以及零售商，改善供应链中的业务流程，使其更合理有效；然后，再以较低的成本，使这些业务流程自动化，以进一步降低供应链的成本。具体地说，实施 ECR 策略需要将条码、扫描技术、POS 系统和 EDI 集成起来，在供应链中从生产线直至付款柜台之间建立一个无纸系统，以确保产品能不间断地由供应商流向最终客户；同时，信息流能够在开放的供应链中循环流动。这样才能满足客户对产品和信息的需求，即给客户提供最优质的产品和适时准确的信息。

### 3．电子订货系统

电子订货系统是指将批发零售商场所发生的订货数据输入计算机，即通过计算机通信网络连接的方式将资料传送至总公司、批发商、商品供货商或制造商处。因此，EOS 能处理从新商品资料的说明到会计结算等所有商品交易过程中的作业，可以说 EOS 涵盖了整个商流。在寸土寸金的情况下，零售业已没有太多空间用于存放货物，在要求供货商及时补足售出商品且不能有缺货的前提下，更需采用 EOS。EOS 因包含了许多先进的管理手段，因此在国际上使用非常广泛，并且越来越受到商业界的青睐。

EOS 并非是单个的零售店与单个的批发商组成的系统，而是许多零售店和许多批发商组成的大系统的整体运作方式。EOS 基本上是在零售店的终端利用条码阅读器获取准备采购的商品条码，并在终端机上输入订货材料，利用电话线通过调制解调器传到批发商的计算机中；批发商开出提货传票，并根据传票同时开出拣货单，实施拣发，然后依据送货传票进行商品发货；送货传票上的资料便成为零售商的应付账款资料及批发商的应收账款资料，并输入到应收账款的系统中去；零售商对送到的货物进行检验后，便可以陈列与销售了。

### 4．企业资源计划

企业资源计划，是指建立在信息技术基础上，以系统化的管理思想，为企业决策层及员工提供决策运行手段的管理平台。它是从物料需求计划（MRP）发展而来的新一代集成化管理信息系统，它扩展了 MRP 的功能。

（1）体现对整个供应链资源进行管理的思想　在知识经济时代，仅靠自己企业的资源不可能有效地参与市场竞争，还必须把经营过程中的有关各方（如供应商、制造工厂、分销网络、客户等）纳入到一个紧密的供应链中，才能有效地安排企业的产、供、销活动，满足企业利用全社会一切市场资源快速高效地进行生产经营的需求，以进一步提高效率和在市场上获得竞争优势。换句话说，现代企业竞争不是单一企业与单一企业间的竞争，而是一个企业供应链与另一个企业供应链之间的竞争。ERP 系统实现了对整个企业供应链的管理，适应了企业在知识经济时代市场竞争的需要。

（2）体现精益生产、同步工程和敏捷制造的思想　ERP 系统支持对混合型生产方式的管理，其管理思想表现在两个方面：其一是精益生产（Lean Production，简称 LP）的思想。它是由美国麻省理工学院提出的一种企业经营战略体系，即企业按大批量生产方式组织生产时，把客户、销售代理商、供应商、协作单位纳入生产体系，企业同其销售代理、客户和供应商的关系，已不再简单的是业务往来的关系，而是利益共享的合作伙伴关系，这种合作伙伴关系组成了一个企业的供应链，这即是精益生产的核心思想。其二是敏捷制造（Agile Manufacturing，简称 AM）的思想。当市场发生变化，企业遇有特定的市场和产品需求时，企业的基本合作伙伴不一定能满足新产品开发生产的要求，这时企业会组织一个由特定的供应商和销售渠道组成的短期或一次性供应链，形成"虚拟工厂"，把供应和协作单位看成是企业的一个组成部分，运用同步工程（Simultaneous Engineering，简称 SE）来组织生产，用最短的时间将新产品打入市场，时刻保持产品的高质量、多样化和灵活性，这即是敏捷制造的核心思想。

（3）体现事先计划与事中控制的思想　ERP 系统中的计划体系主要包括主生产计划、物料需求计划、能力计划、采购计划、销售执行计划、利润计划、财务预算和人力资源计划等。一方面，这些计划功能与价值控制功能已完全集成到整个供应链系统中；另一方面，ERP 系统通过定义事务处理（Transaction）来完成相关的会计核算科目与核算，以便在事务处理发生的同时自动生成会计核算分录，保证了资金流与物流的同步记录和数据的一致性。从而，实现了根据财务资金现状，可以追溯资金的来龙去脉，并进一步追溯所发生的相关业务活动；改变了资金信息滞后于物料信息的状况，便于实现事中控制和实时作出决策。

此外，计划、处理、控制与决策功能都在整个供应链的业务处理流程中实现，要求在每个流程业务处理过程中最大限度地发挥每个人的工作潜能与责任心，流程与流程之间则强调人与人之间的合作精神，以便在有机组织中充分发挥每个的主观能动性与潜能。实现企业管理从"高耸式"组织结构向"扁平式"组织机构的转变，提高企业对市场动态变化的响应速度。

### 示例

台湾主要的便利店公司中规模在 400 家以上、有垂直整合的物流配送系统、且门店分布区域为整个台湾地区的，主要包括统一超商、统一面包、全家和莱富尔。由于规模大，因此如何维持经营效率是这些便利店公司的主要管理课题。管理者们都致力于管理上的改良、配送系统的整合、强调综合绩效，以改善经营效率。统一超商、统一面包、全家、莱富尔都已经引入了电子订货系统，统一超商、全家等都引入了销售时点信息系统。

### 📋 分析提示

EOS 有利于提升订货的效率，简化订货的作业流程，使门店的人员在订货上不需要特别的训练。POS 系统可以使总部得到门店的销售信息回馈，分析商品的生命周期、单品销售状况以及顾客来店时段、单价、层次等因素，从而引进适当的商品，调整商品结构，并可以将消费者需求信息反馈给供应商，强化与供应商的合作关系。对于便利店卖场小、商品周转率高的经营特色，门店的自动化有助于便利店公司整合销售点、商品供应商、总公司间信息的沟通及协调各个不同的活动，还有助于存货的控制、订货的准确度、配送的效率及商品组合信息的取得。

资料来源：台湾便利店公司经营策略分析，华夏经纬网.

# 任务五　领会第三方物流

### 📖 任务目标

掌握第三方物流的基本概念，理解第三方物流产生效益的原因，掌握第三方物流的发展模式，初步认识我国第三方物流的现状。

### 📝 任务相关理论介绍

#### 一、第三方物流概述

第三方物流（Third Party Logistics，简称 3PL）的来源目前有两种说法，一种是来自于美国物流管理委员会在 1988 年一项顾客服务调查中，首次提到的"第三方服务提供者"的概念，用它来描述"与服务提供者的战略联盟"，尤其指"物流服务提供者"；另一种源自于管理学中的外包的概念，是指企业动态地配置自身和其他企业的功能和服务，利用外部的资源为企业内部的生产经营服务，将外包引入物流管理领域就产生了第三方物流的概念。由于外包服务往往通过签订服务委托合同的方式进行，因此第三方物流又叫合同制物流（Contract Logistics），而合同制物流的提出据称最早是源自于英国。

这两种来源的说法虽然出处不同，但是并不矛盾，而且共同指出了一种现象，就是物流服务提供者来自于物流服务需求者的外部，这是现代物流服务发展的一大趋势。

### 1. 第三方物流的概念

第三方物流是指物流劳务的供方、需方之外的第三方企业，通过契约为客户提供的整个商品流通过程的服务，具体内容包括商品运输、储存配送及附加值服务等。国外常称之为契约物流、物流联盟、物流社会化或物流外部化。

第三方物流是在物流渠道中由中间商提供的服务，中间商以合同的形式在一定期限内，提供企业所需的全部或部分物流服务，包括从简单的存储运输等单项活动到提供全面的物流服务。全面的物流服务包括物流活动的组织、协调和管理，设计和建议最优物流方案，物流全程的信息搜集与管理等。第三方物流提供者是一个为外部客户管理、控制物流活动和提供物流服务的公司，它们并不在物流供应链中占有一席之地，而仅仅是第三方，但它们通过提供一整套物流活动来服务于供应链。

### 2. 第三方物流的特征

（1）第三方物流是合同导向的一系列服务　第三方物流中的合同是指长期合同，它不同于一般的运输或仓储合同。一般合同针对一次交易，只包含一项或分散的几项物流服务；第三方物流则是根据合同条款规定的要求，提供多功能甚至全方位的物流服务。第三方物流企业提供的服务不严格限于物流方面，也可以根据用户需要提供一些商流、信息流等方面的服务，只不过物流是其核心能力。

（2）第三方物流是个性化物流服务　第三方物流服务的对象一般都较少，只有一家或数家，服务时间较长，往往长达几年，因此第三方物流企业应按客户的业务流程来订制第三方物流服务，体现个性化的物流服务理念。传统的运输、仓储企业由于服务对象众多而只能提供单一的、标准化的服务，无法满足用户的个性化服务。

（3）第三方物流是建立在现代信息技术基础上的　现代信息技术的发展是第三方物流产生的必要条件。计算机、网络和现代通信技术的发展，实现了数据处理的实时化、数据传递的高效化，使库存管理、运输、采购、订单处理、配送等物流过程自动化、一体化的水平不断提高，用户可以方便地通过信息平台与物流企业进行交流和协作，消除物流外包带来的管理上的不便，这就使用户企业有可能把原来在内部完成的物流作业交给专业的物流公司来运作。第三方物流企业只有运用现代信息技术及时地与客户交流和协作，才能够赢得客户和市场，才能生存和发展。

（4）第三方物流企业与用户企业是联盟关系　第三方物流企业与用户企业之间不是一般的市场交易关系，而是介于市场交易与纵向一体化之间的联盟关系。这就要求物流企业与用户企业之间相互信任，充分共享信息，共担风险和共享收益，以达到比单独从事物流活动所能取得的更好效果。这种关系表现在物流服务提供者的收费政策上，就是不看重单项业务的盈利，而着眼于整个时期的利润。无论对哪一方来说，合作伙伴对自己都有战略价值，所以这种联盟一般时间都较长。

## 二、第三方物流的效益分析

### 1. 第三方物流企业的规模效益源泉

第三方物流企业最基本的特征是集多家企业的物流业务于一身，扩大了物流业务的规模。物流业务规模的扩大，可以让企业的人力、物力、财力等资源充分利用，发挥效益；有的第三方物流企业还采用专用设备、设施，提高工作效率；有的第三方物流企业甚至采用先进技术，和高科技接轨，和全国甚至全世界接轨，取得超级效益。规模效益是第三方物流的一个最重要的效益源泉。

### 2．系统协调是第三方物流企业的第二个利润源泉

系统协调是指第三方物流企业在自己所占用的供应商群及其各自的客户群之间进行的协调活动。这些协调活动包括：

（1）联合调运活动打破了各个供应商、各个客户之间的界限，在这些供应商、客户之间统一组织运输，这样不但可以节省车辆，还可以充分利用车辆。

（2）打破各个客户群之间的界限，统一组织配送，即进行联合配送，这样就比在原来的各个客户群内部组织配送更节省。

（3）因为掌握了众多的供应商和它们各自的客户群，其相互之间可能会有互为供需的关系，通过自己的协调，促使它们之间形成新的、更合理的供需关系。这种新的供需关系不但可以帮助供应商开拓市场，而且还可以大大有利于第三方物流公司节约物流费用。

（4）统一批量化作业，如订货、质检、报关、报审等。实行批量化作业可以节省时间，降低物耗，提高工作效率。

### 3．专业化效益，即通过专业化来提高企业的效益

在第三方物流企业中，由于业务量大，所以多个物流作业可以实现专业化。例如，运输、仓储、装卸、搬运、包装、信息处理等都可以实现专业化。专业化可以促进科技化、先进化、电子化、机械化，从而促进经济效益的最大化。专业化不仅指作业专业化、设备专业化，而且指人的专业化。

### 4．群体效益

第三方物流企业不但能够提高企业自身的效益，而且也可提高客户企业的效益。客户企业的物流业务交给第三方物流企业承包后，不但其自己的物流任务可以完成得更好，而且还可以通过减少琐碎的物流事务活动，集中精力发展自己的核心业务，培育自己的核心竞争力，提高企业的优势，使企业取得更大的经济效益。

## 三、第三方物流的发展模式

国外的第三方物流企业起步较早，现在已积累了相当多的经验，并已形成了自己的发展模式。

### 1．企业内部物流模式

大企业通常都设有材料部、运输部、配送部或物流部，负责企业原材料采购和成品交付的运输，以及原材料、半成品、成品的库存管理。有些企业可能拥有自己的车队，有些企业则使用独立的运输公司。当现代物流管理理论刚刚提出时，这些企业就给予充分关注。随着信息技术的发展，它们建立了发达的配送网络和信息系统，以远远高于行业水平的配送速度，成为行业的物流先锋。这些企业看到自己的物流优势，于是将其物流部与母公司分割，成立一个独立的第三方物流公司。

位于多伦多的 Progistix-Solution 公司就是一个典型的例子。它是加拿大的最大的第三

物流公司之一,它的前身是贝尔加拿大公司的物流部,负责贝尔零配件的配送,通过与加东、加中、加西三个快递公司的伙伴关系,将它们纳入自己的信息网络。贝尔保证它的现场技术服务人员在电话下订单后的 30 分钟内收到所需要的零配件。贝尔意识到将自己的物流专长服务于其他公司的潜能,于是在 1995 年将其物流部分割出来,成立了 Progistix –Solution 公司,提供客户最快速反应的零件配送。施乐加拿大公司就是其客户之一。

### 2.配送模式

配送模式的企业其实最早起源于运输公司,但由于引入了物流管理的理论,所以较早蜕出其初期的运输外壳,进化成为一个提供配送服务的物流管理公司。它的专长在于拥有成熟的技术、先进的信息系统和专业的物流管理队伍。当它进入新的市场或获得新的物流外包合同时,它往往只注入自己的专业队伍和信息系统,在客户企业的固有设施和硬件设备的平台上进行配送运作。它会为每一个客户企业成立一个子公司来专门为其服务。

天美百达(Tibbett Britten)公司就是这一模式的佼佼者。它于 1958 年在英国创建,主要从事一些运输服务。1984 年是它的转折点,开始转型成为以管理见长的配送公司,为客户提供运输、仓储、配送以及存货管理。当 1989 年天美百达进入加拿大市场时,它已经是一个相当成熟的物流管理公司。沃尔玛加拿大公司的三个配送中心就是由天美百达的子公司——供应链管理公司(SCM Inc.)运作的,其负责部分由供应商到配送中心的进向运输、配送中心到所有沃尔玛店的出向运输和配送中心内部流程操作。

### 3.运输企业模式

这一模式大都是一些历史悠久的大型传统运输公司,经过多年发展,有着非常成熟的运输技术和广阔的运输网络,对客户的物流需求有深入的了解。它们自然而然地随着客户的物流需求的提高而相应地增加了相关物流服务的设施和技术。虽然运输仍旧占其主导地位,但提供物流服务却逐渐成为其保持老客户、吸引新客户的策略之一,同时为公司增加一个新的利润源泉。在过去,运输企业只是提供将货物由一地运送到另一地的单一模式的运输服务。客户要想完成一项完整的交付,必须通过使用几家不同模式的运输公司和仓储公司才能完成。现在有少数运输企业领先一步,通过收购或投资仓储配送企业和其他模式的运输企业而成为一个完全的第三方物流公司。

快递公司 UPS 于 2000 年收购了总部位于加拿大安大略省的 Livingston 公司,这是 UPS 在该年内的第 5 宗收购。Livingston 在加拿大拥有 22 个配送中心,在美国拥有 6 个专门服务医药企业客户的配送中心。这宗收购使 UPS 立即获得了横跨加拿大的配送网络和先进的配送技术,以及具有物流管理技术专长的团队和强大的客户群。后来,马士基(Maersk)公司收购了在美国与加拿大都有设施的 Hudd 配送公司,从而成为沃尔玛加拿大公司的另一个第三方物流供应商。它负责将进口货物从亚洲港口海运到加拿大温哥华港,储存在 Hudd 的仓库里,分拣后再发送到沃尔玛加拿大的三个配送中心。如果马士基只是一个单纯的海运公司,不能提供"港口到门"的全程服务,沃尔玛的这笔合同也许就落入了其他公司。

### 4.货运代理和报关行模式

货运代理和报关行通常没有运输设备,只是作为一个中介为客户提供更优惠的费率以及报关服务，但是当一家货运代理公司发展成为一个跨国大公司时，它雄厚的资本足以支持它在从货运代理公司转型到第三方物流公司的大笔收购费用。

Kuehne Nagel 就是这样的一家具有 110 年历史的瑞士货运代理公司，它在全球 96 个国家设立了 600 个分支机构。为了顺应客户对全程物流需求逐步扩大的趋势，Kuehne Nagel 在 2000 年与新加坡的 Semb 物流公司建立了联盟关系，2001 年收购了美国的 USCO 物流公司。Semb 物流公司在中国、印度、印尼、日本，USCO 在美国、加拿大、墨西哥都设有仓储和配送设施。这一系列动作使 Kuehne Nagel 获得了在亚洲和北美为客户提供包括运输、仓储、配送的全程物流服务的能力。Kuehne Nagel 的转型努力很快就获得了回报。2002 年，通信巨头加拿大北电网络（Notel）将其全球的物流运作外包给 Kuehne Nagel，并将其在全球 18 个国家的原有物流职员都转入 Kuehne Nagel 新成立的子公司。它为北电网络在全球市场上提供进出口流程、运输、仓储配送和存货管理。

当美国的制造企业打算将其产品打入加拿大市场时，由于其在美国的配送中心很难覆盖加拿大的客户群，并保证及时的交付，许多企业选择了位于多伦多的 Kuehne Nagel 为其提供物流服务来完成加拿大市场的产品配送。

### 5. 冷冻仓储模式

大部分仓储企业在物流市场的发展中被运输企业收购，成为运输企业在提供全程物流服务中的一个环节。然而冷冻仓储企业却可以逆市而上，成为冷冻供应链中的主导者，同上下游运输公司联手为客户提供全程冷链物流服务。

随着现代生活节奏的加快，人们花在厨房里的时间越来越少，各种半成品冷冻食品应运而生。这为人们的生活提供了方便，节省了时间，只需将食品放进微波炉热 2～3 分钟就可食用。目前，在北美超市里一半的冷冻食品品种在 10 年前根本就不存在。采购冷冻车并不困难，然而要建立一个冷冻配送中心和一个具有冷链物流专长的管理队伍却不是一件容易的事。在这样的背景下，冷冻仓储企业迅速主导市场，转型成为第三方冷链物流公司。

总部位于加拿大安大略省的 Trenton Cold Storage Inc. 成立于 1902 年，过去只是一个传统冷冻仓储企业，近年来迅速崛起成为第三方冷链物流的新星。它承担了沃尔玛加拿大冷冻食品的物流服务，负责将货物从供应商运入其冷冻配送中心，进行拣选后装车发送到每一家沃尔玛店。

第三方物流公司虽各自经历了不同的发展历程，但都是紧跟市场的脉搏，随着市场的变化而不断调整自己的策略。它们以自己的管理专长、独有的设施、雄厚的资本为基础，通过收购和建立联盟发展出全面的物流功能。

## 四、我国第三方物流的现状

尽管我国政府和媒体一直在推动第三方物流这个行业的发展，但整体上中国第三方物流还处于起步阶段。国有物流公司没有完成经营机制的转换，民营的第三方物流公司虽在崛起却羽翼未丰，目前物流企业正从粗放型经营向集约化经营转变，从传统物流向现代物流转变。

### 1. 第三方物流企业数量多，但不规范

从数量上看，中国并不缺乏物流企业，目前，在我国注册的各类与物流相关的企业

已达 73 万余家，但真正符合现代物流标准的企业还非常少，远远达不到现代物流企业的要求。在我国第三方物流企业中，现代物流管理理念尚未普及，服务内容有限，标准化、规范化、信息化程度低，有点无网或有网不畅，物流设施、技术装备水平落后，没有统一完备的行业标准，在市场营销与定价方面也没有固定的游戏规则。此外，我国物流业在产业结构上还未定型，主要集中在干线运输、市内配送及仓储等方面。

### 2．第三方物流分布不均衡，呈地域性和行业性集中分布

第三方物流供需集中于东南沿海地区及中心城市。在生产和流通领域中，目前对物流有较大需求的是医药、烟草、家电、服装、汽车、日化、饮料等行业。典型的第三方物流使用者企业有家庭日用品、纸张和办公用品、食品工业和化学工业、电子商务企业、知识企业和信息企业等。

### 3．第三方物流市场供需矛盾明显

一方面是相当多的工商企业，特别是一些具有先进物流理念的跨国公司在构建自己核心竞争力的同时，找不到适应其需求的物流企业。据相关媒体主持的跨国公司物流服务需求调查报告统计，来华的跨国公司物流外包比例高达 90% 左右，主要被国外的物流企业所占领。外资物流企业占中国市场物流企业的 0.13%，却占整个市场总额的 8%。另一方面是大量的新兴物流企业以及转型中的道路货运企业由于其规模、资金能力、系统运作能力、物流网络、信息系统等不能满足客户需要而举步维艰，表现为物流服务市场供大于需。

总的来看，中国物流企业存在着"多、小、散、弱"的问题，中国第三方物流供应商功能单一，增值服务薄弱。物流企业的收入绝大部分仍然来源于基础服务，其中运输管理占 53%，仓库管理占 32%，而物流信息系统和增值服务只占到 15%，比例明显偏低。我国物流供需仍存在结构性矛盾。

#### 知识链接

2005 年，中国社会物流总额达 48 万亿元，同比增长 25.2%，增幅虽比上年有所回落，但仍在快速增长区间。从结构来看，工业品物流增长最快，在社会物流总额中占有比例最大，农产品物流增长最慢，所占比重较小。随着中国经济的持续增长以及全球化程度的提高，2005 年第三方物流市场规模超过 1 000 亿元，比上年增长 30% 左右。与此同时，由于石油价格的上涨和在设施、设备和技术上投入的增加，物流企业的运营成本大幅提高；行业竞争加剧又导致物流服务收费普遍降低，因此 2005 年第三方物流市场的利润率普遍下降。为提高盈利水平和竞争能力，物流企业的服务日趋专业化，第三方物流市场按照行业、地域、产品不断细分。

#### 示例

中外运空运公司是中国外运集团所属的全资子公司，华北空运天津公司是华北地区具有较高声誉的大型国际、国内航空货运代理企业之一。中外运空运公司为摩托罗拉公司提

供第三方物流服务。摩托罗拉的物流服务要求是：① 要提供 24 小时的全天候准时服务。这主要包括保证摩托罗拉公司与中外运业务人员、天津机场和北京机场两个办事处及双方有关负责人通信联络 24 小时通畅，保证运输车辆 24 小时运转，保证天津与北京机场办事处 24 小时提货、交货。② 要求服务速度快。摩托罗拉公司对提货、操作、航班、派送都有明确的规定，时间以小时计算。③ 要求服务的安全系数高，要求对运输的全过程负责，要保证航空公司及派送代理处理货物的各个环节都不出问题，一旦某个环节出了问题，将由服务商承担责任，赔偿损失，而且当过失到一定程度时，将被取消做业务的资格。④ 要求信息反馈快。要求公司的计算机与摩托罗拉公司联网，做到对货物的随时跟踪、查询、掌握货物运输全过程。⑤ 要求服务项目多。根据摩托罗拉的公司货物流转的需要，通过发挥中外运系统的网络综合服务优势，提供包括出口运输、进口运输、国内空运、国内陆运、国际快递、国际海运和国内提供的派送等全方位的物流服务。

## 分析提示

进出口商在向货运代理人和第三方物流商寻求增值服务的同时，它们还有着更高的要求——要求服务商完全掌握从原材料的采购到制成品的运送整个制造过程的每一个环节，对遍布世界各个出口市场的通关程序了如指掌并能做出相应计划，以使它们能免于美国海关施加在他们头上的重税和罚款。但有一个至高的要求却是永远一样的，即要求第三方物流商具有应付并处理繁杂事物的能力。因此，中外运空运公司的主要做法是：① 制订科学规范的操作流程。摩托罗拉公司的货物具有科技含量高、货值高、产品更新换代快、运输风险大、货物周转及仓储要求零库存的特点。为满足摩托罗拉公司的服务要求，中外运空运公司从 1996 年开始，设计并不断完善业务操作规范，并纳入了公司的程序化管理。对所有业务操作都按照服务标准设定工作和管理程序进行，先后制定了出口、进口、国内空运、陆运、仓储、运输、信息查询、反馈等工作程序，每位员工、每个工作环节都按照设定的工作程序进行，使整个操作过程井然有序，提高了服务质量，减少了差错。② 提供 24 小时的全天候服务。针对客户 24 小时服务的要求，实行全年 365 天的全天候工作制度。周六、周日（包括节假日）均视为正常工作日，厂家随时出货，随时有专人、专车提供和操作。在通信方面，相关人员从总经理到业务员实行 24 小时的通信通畅，保证了对各种突发性情况的迅速处理。③ 提供门到门的延伸服务。普通货物运送的标准一般是从机场到机场，由货主自己提货，而快件服务的标准是从门到门、库到库，而且货物运输的全程在严密的监控之中，因此收费也较高。对摩托罗拉的普通货物虽然是按普货标准收费的，但提供的却是门到门、库到库的快件的服务，这样既提高了摩托罗拉的货物运输及时性，又保证了安全。④ 提供创新服务。从货主的角度出发，推出新的、更周到的服务项目，最大限度地减少损货，维护货主信誉。为保证摩托罗拉公司的货物在运输中减少被盗的事情发生，在运输中间增加了打包、加固的环节；为防止货物被雨淋，又增加了一项塑料袋包装；为保证急货按时送到货主手中，还增加了手提货的运输方式，解决了客户的急、难的问题，让客户感到在最需要的时候，中外运公司都能及时快速地帮助解决。⑤ 充分发挥中外运的网络优势。经过 50 年的建设，中外运在全国拥有了比较齐全的海、陆、空运输与仓储、码头设施，形成了遍布国内外的货运营销网络，这是中外运发展物流服务的最大优势。通过中外运网络，在国内为摩托罗拉公司提供服务的网点已达 98 个城市，实现了提货、发运、对方派送全过程的定点定人、信息跟踪反馈，满足了客户的要求。⑥ 对客户实行全程负责制。作为摩托罗拉公司的主要货运代理之一，中外运对运输的每一个环节负全责。对于出现的问题，积极主动协助客户解决，并承担责任和赔偿损失，确保了货主的利益。

资料来源：中外运为摩托罗拉提供的第三方物流，阿里巴巴网.

## 单 元 总 结

1. 物流在电子商务中的作用。
2. 电子商务物流活动中的要素。
3. 电子商务配送系统的构成。
4. 供应链管理。
5. 第三方物流。

## 课 后 习 题

### 一、单选题

1. 电子商务配送系统所要达到的主要目标是（　　）。
   A. 服务性目标　　　B. 低成本目标　　　C. 快捷性目标　　　D. 安全性目标
2. （　　）主要包括货物的接受、装卸、存贷、分拣、配装及送货和交货等。
   A. 物流系统　　　B. 网络系统　　　C. 作业系统　　　D. 管理系统
3. 通常没有运输设备，只是作为一个中介为客户提供更优惠的费率以及报关服务的第三方物流的模式是（　　）。
   A. 企业内部物流模式　　　　　　　B. 配送模式
   C. 运输企业模式　　　　　　　　　D. 货运代理和报关行模式
4. 企业资源计划是指（　　）。
   A. ERP　　　　B. MRP　　　　C. MRPⅡ　　　D. EOS
5. 柔性化是为实现（　　）的理念而在生产领域提出的。
   A. 以销售为中心　　　　　　　　　B. 以顾客为中心
   C. 以生产为中心　　　　　　　　　D. 以服务为中心

### 二、多选题

1. 电子商务给物流带来（　　）的特点。
   A. 信息化　　　B. 自动化　　　C. 智能化　　　D. 虚拟化
2. 库存主要分为（　　）。
   A. 销售库存　　　B. 基本库存　　　C. 安全库存　　　D. 风险库存

3. 以下关于装卸搬运说法正确的是（　　　）。
   A. 装卸搬运只能改变劳动对象的空间位置，而不能改变劳动对象的性质和形态
   B. 装卸搬运不仅改变劳动对象的空间位置，而且改变劳动对象的性质和形态
   C. 装卸搬运既不能提高，也不能增加劳动对象的使用价值
   D. 装卸搬运既能提高，也能增加劳动对象的使用价值
4. 实现供应链管理带来的内部效益可体现在（　　　）方面。
   A. 可以有效地实现供求的良好结合
   B. 可产生规模效应
   C. 可有效地减少流通费用
   D. 可促使企业采用现代化手段，达到现代化管理
5. 物流中包装的主要作用有（　　　）。
   A. 保护产品　　　　B. 提高物流效率　　　C. 传递信息　　　　D. 美化产品

## 三、简答题

1. 简述物流与电子商务之间的关系。
2. 试分析供应链管理的效益。
3. 简要分析我国第三方物流的发展现状及面临的问题。
4. 供应链管理有哪些策略？这些策略有何作用？
5. 信息在电子商务物流中起何作用？为什么？

## 四、实践操作题

1. 上网访问中远物流公司的网站，了解其在网上开展的电子商务业务。
2. 访问淘宝网，了解其货物物流有哪几种模式。
3. 通过互联网，了解欧美国家第三方物流的发展现状及特点。

## 五、案例分析题

案例一

中国正成为第三方物流发展最迅速的国家之一。记者从昨天起在新上海国际博览中心举办的慕尼黑上海物流展暨第三届中国国际物流、交通运输及远程信息处理博览会上获悉，有关部门预测，到 2011 年中国第三方物流市场将达到 53 亿美元，年均复合增长率达到 27%。

资料来源：中国第三方物流发展迅速，文汇报. 2008-6-18

问题：

（1）你觉得中国第三方物流快速发展的原因是什么？
（2）中国第三方物流快速发展中急需要解决的问题是什么？

案例二

目前，作为国内最著名的物流综合门户网站，锦程物流网已拥有超过 40 万的企业用户，每天均有上万个以上的物流供需双方企业发布供应、运价、招标、代理等重要信息，

日均商机发布量近万条。与快钱的合作，成为锦程物流网进一步提高运作效率，提高企业核心竞争力的有力保证。

锦程物流网相关负责人表示，完善的支付系统将成为物流电子商务生存与发展的加速器。凭借雄厚的平台力量，锦程物流网为所有物流商和贸易商提供了专业的网上交易服务，成功地把物流带入了互联网时代。与快钱的合作，使双方将携手把物流引入更加成熟的电子商务时代，谱写物流行业网上运作的新篇章。

快钱 CEO 关国光也十分看好本次合作。他认为，第三方支付可以使企业减少运营和资金成本，提升企业的电子支付水平，而且为用户提供更便捷的支付方式。随着企业电子商务需求的增长，采用专业的第三方支付将成为物流企业战略发展的新方向。

据了解，物流行业是快钱重点关注的行业之一，除锦程物流网外，快钱与多家物流企业都达成合作，并将人民币支付、外币支付等多种支付方式应用到物流行业，赢得了越来越多企业的关注与信赖。截至 2008 年 7 月底，快钱已经拥有 2 600 万注册用户，商户超过 15 万。

资料来源：快钱携手锦程物流网迈入电子商务新时代，CNET 中国．

问题：结合案例，谈谈电子商务与物流的关系。

# 第六单元　掌握网络营销策略

　　网络营销是相对于传统营销而提出的一个新的概念，在网络时代产生的一套新的市场营销方式，网络营销是电子商务应用中的一个最重要的、发展最快的领域。本单元着重介绍了网络营销的内容和特点以及网络营销策略组合、网站建设方法及站点推广方法、网络广告技术、收集与整理网络商务信息、博客营销等知识。

## 任务一　认识网络营销

### 任务目标

　　理解网络营销的含义，掌握网络营销与电子商务的关系，重点掌握网络营销的内容和特点，同时理解网络营销与传统营销的关系。

### 任务相关理论介绍

#### 一、网络营销的含义

　　随着 Internet 作为信息沟通渠道的商业应用，Internet 的商用潜力被挖掘出来，显现出巨大威力和发展前景。市场营销是为创造个人和组织的交易活动，而规划和实施创意、产品、服务观念、定价、促销和分销的过程。网络营销是以互联网络为媒体，以新的方式、方法和理念实施的营销活动，更有效地促成个人和组织交易活动的实现。

　　网络营销在国外有许多翻译，如 Cyber Marketing、Internet Marketing、Network Marketing、e-Marketing 等。不同的单词词组有着不同的含义，Cyber Marketing 主要是指网络营销是在虚拟的计算机空间进行运作的营销活动；Internet Marketing 是指在 Internet 上开展的营销活动；Network Marketing 是在网络上开展的营销活动，同时这里的网络不仅仅是指 Internet，还可以是一些其他类型的网络，如增值网（VAN）等；e-Marketing 是目前比较习惯和采用的翻译方法，"e"表示是电子化、信息化、网络化的涵义，既简洁又直观明了，而且与电子商务（e-Business）、电子虚拟市场（e-Market）等进行对应。

### 知识链接

网络营销不是局限于网上的。一个完整的网络营销方案除了在网上做推广之外，还很有必要利用传统营销方法进行网下推广。

## 二、网络营销与电子商务的关系

现实生活中，有些人把网络营销和电子商务混为一谈，其实电子商务和网络营销是两个既有联系又有区别的概念。

### 1. 网络营销与电子商务都是利用因特网技术

电子商务是采用数字化电子方式进行商务数据交换和开展商务活动的，是利用计算机网络技术全面实现在线交易电子化的过程。网络是电子商务最基本的构架，电子商务强调参加交易的卖方、买方、银行或金融机构、厂商、企业和所有合作伙伴都要在 Internet、Intranet、Extranet 中密切结合起来，共同从事在网络计算环境下的商业电子化应用。网络营销是指为实现营销目标，借助因特网、通信和数字交互式媒体进行的营销活动，它主要是随着信息技术、通信技术、电子交易与支付手段的发展，尤其是随着因特网的出现而产生的。网络营销和电子商务都离不开因特网。

### 2. 网络营销是电子商务的外延

营销覆盖了从产品的生产到销售的整个过程，网络营销是通过网络将这整个过程有机的结合起来。具体地说，网络营销是利用因特网技术提供的各种方便、高效的手段，按照现代营销理论对企业经营过程所涉及的相关商务活动进行管理，以期进一步开拓市场、增加盈利。相关的商务过程包括市场调查、客户分析、产品开发、生产流程安排、销售策略决策、售后服务、客户反馈等。因此从横向看，可以说网络营销是电子商务的外延。

### 3. 网络营销是电子商务的基础

电子商务是网络营销的进一步发展，电子商务的应用可以分为两个阶段：第一阶段是面向市场的以市场交易活动为中心的商务活动，如网上展览、网上广告、网上洽谈、电子支付和网络售后服务等，可以看出电子商务的这一阶段涵盖了网络营销的内容；第二阶段是完成利用因特网重组企业内部经营管理的活动，使其与企业开展的电子商务活动保持协调一致。由此可以得出这样一个结论：从纵向看，网络营销是电子商务的基础，电子商务是网络营销的进一步发展。

网络营销是我国目前条件下发展电子商务的一个恰当的切入点，企业可以首先发展网络营销，以此推动企业上网并推动电子商务的推广普及进程。全程性电子商务必须解决与电子支付相关的技术、法律等问题，同时需要完整的配送系统作为低层支撑点。所以在这些条件成熟之前，企业实施网络营销是一种更可取的路径。

### 4. 电子商务的发展为网络营销的发展提供了条件

（1）电子商务的发展带来人类思维的变革，使得人们对资本和利润关系的认识发生

了变化，影响了人们的营销思想。

（2）网络营销所需要的硬件、软件与电子商务都是相同的，因此电子商务的发展为网络营销提供了技术支持。

（3）电子商务的规范发展为网络营销的发展提供了相应的规范模式。

总之，网络营销是电子商务的基础。电子商务是指利用因特网进行的各种商务活动，是一个较广泛的概念。全程性的电子商务必须解决与电子支付技术相关的技术、方案和法律等问题，同时还要有高效、低成本的物流配送系统为支撑。而网络营销的开展并不要求这些问题全部得到解决，它完全可以仅仅把因特网作为一种新的高效的传媒，一旦时机成熟再和电子商务融为一体。

### 三、网络营销的内容和特点

#### 1. 网络营销的内容

（1）网上市场调查　网上市场调查主要是指利用 Internet 交互式的信息沟通渠道来实施调查活动。它可以直接在网上通过问卷进行调查，还可以通过网络来收集市场调查中需要的一些二手资料。

（2）网上消费者行为分析　Internet 用户作为一个特殊群体，它有着与传统市场群体中截然不同的特性，因此要开展有效的网络营销活动必须深入了解网上用户群体的需求特征、购买动机和购买行为模式。了解群体特征和偏好是网上消费者行为分析的关键。

（3）网络营销策略制订　不同企业在市场中处在不同地位，在采取网络营销实现企业营销目标时，必须采取与企业相适应的营销策略。同时，企业在制订网络营销策略时，还应该考虑到产品周期对网络营销策略制订的影响。

（4）网上产品和服务策略　制订网上产品和服务策略时，必须结合网络特点重新考虑产品的设计、开发、包装和品牌等产品策略。

（5）网上价格营销策略　制订网上价格营销策略时，必须考虑到 Internet 对企业定价的影响和 Internet 本身独特的免费思想。

（6）网上渠道选择与直销　Internet 对企业营销影响最大的是对企业营销渠道的影响。企业建设自己的网上直销渠道必须考虑到重建与之相适应的经营管理模式。

（7）网上促销与网络广告　Internet 最大的优势是可以实现沟通双方突破时空限制直接进行交流，因此，在网上开展促销活动是最有效的沟通渠道，但网上促销活动的开展必须遵循网上信息交流与沟通的规则，特别是遵守一些虚拟社区的礼仪。网络广告作为最重要的促销工具，主要依赖 Internet 的第四媒体的功能，具有传统的报纸杂志、无线广播和电视等传统媒体发布广告无法比拟的优势，即网络广告具有交互性和直接性。

（8）网络营销管理与控制　网络营销作为在 Internet 上开展的营销活动，它必将面临许多传统营销活动无法碰到的新问题，这些问题都是网络营销必须重视和进行有效控制的问题，否则网络营销效果可能适得其反，甚至会产生很大的负面效应。

#### 2. 网络营销的特点

网络营销具有传统营销根本不具备的许多独特的、十分鲜明的特点。网络营销具有以下 10 个主要特点。

（1）跨时空 营销的最终目的是占有市场份额。互联网具有的超载时间约束和空间限制进行信息交换的特点，使得脱离时空限制达成交易成为可能，企业能有更多的时间和更多的空间进行营销，可每周 7 天、每天 24 小时随时随地提供全球的营销服务。

（2）多媒体 互联网被设计成可以传输多种媒体的信息，如文字、声音、图象等信息，使得为达成交易而进行的信息交换可以多种形式进行，可以充分发挥营销人员的创造性和能动性。

（3）交互式 互联网可以展示商品目录，连接资料库，提供有关商品信息的查询，可以和顾客做互动双向沟通，可以收集市场情报，可以进行产品测试与消费者满意调查等，是产品、设计、商品信息提供以及服务的最佳工具。

（4）拟人化 互联网上的促销是一对一的、理性的、消费者主导的、非强迫性的、循序渐进式的，而且是一种低成本与人性化的促销，避免推销员强使推销的干扰，并通过信息提供、交互式交谈与消费者建立长期良好的关系。

（5）成长性 互联网使用数量快速成长并遍及全球，使用者多半比较年轻，他们多数属于中产阶级，具有高教育水平。由于这部分群体购买力强而且具有很强的市场影响力，因此是一个极具开发潜力的市场。

（6）整合性 互联网上的营销可由商品信息至收款、售后服务一气呵成，因此也是一种全程的营销渠道。另外，企业可以借助互联网将不同的营销活动进行统一规划和协调实施，以统一的传播资讯向消费者传达信息，避免不同的传播渠道中的不一致性产生的消极影响。

（7）超前性 互联网是一种功能强大的营销工具，它同时兼渠道、促销、电子交易、互动顾客服务以及市场信息分析与提供等多种功能。它所具备的一对一营销能力，恰好符合定制营销与直复营销的未来趋势。

（8）高效性 互联网可存储大量的信息供消费者查询，可传送的信息数量与精确度远远超过其他媒体，并能顺应市场需要，及时更新产品或调整价格，因此能及时有效地了解并满足消费者的需求。

（9）经济性 通过互联网进行信息交换，代替以前的实物交换，一方面可以减少印刷与邮递的成本，可以无店销售，免交租金，节约水电与人工成本；另一方面可以减少由迂回多次交换带来的损耗。

（10）技术性 网络营销是建立在以高新技术作为支撑的互联网基础上的，企业实施网络营销必须有一定的技术投入和技术支持，改变传统的组织形态，提升信息管理部分的功能，引进懂营销与计算机技术的复合型人才，在未来能具备市场竞争优势。

## 知识链接

数据库营销是网络营销的技术性的最好说明。所谓数据库营销，就是利用企业经营过程中收集、集成的各种顾客资料，经分析整理后作为制订营销策略的依据，并作为保持现有顾客资源的重要手段。与传统的数据库营销相比，网络数据库营销的独特价值主要表现在三个方面：动态更新、顾客主动加入、改善顾客关系。

## 四、网络营销与传统营销的关系

### 1．网络营销的优势

网络营销作为一种新的市场营销方式，相对于传统营销有以下4大绝对优势。

（1）成本低　网络营销简化了信息传播过程，网站和网页分别成为营销的场所和界面，这样可以节省大量的广告支出、店面资金和人工成本。调查表明，网上促销的成本是直邮促销的1/3，传统广告的1/8，但效果却增加了一倍以上。随着网络营销的发展，企业和消费者都将是这种新型营销方式的受益者。

（2）高效的信息交流沟通　传统营销单向式的信息沟通方式被网络营销一对一的、具有双向交互式的沟通方式取而代之。消费者可以主动地在网上选择感兴趣的信息、产品或服务，以及向企业提出各种消费意愿。企业也可根据其反馈的需求信息，定制、改进或开发新产品。这种交互式的沟通方式是以消费者为主导的、非强迫性的，是传统营销方式无法比拟的。

（3）使用方便，无时空限制　互联网是最广泛的信息交流平台，没有时间、空间、地域和国别的限制，减少了市场壁垒和市场扩展的障碍。企业通过网络可随时传递产品信息，开展营销活动；对客户来说，通过网络可以实时快捷地查询、游览到所需的各种产品及服务信息，并将自己的响应及时发送给企业。

（4）公平自由的竞争环境　每个企业都可以有自己的网址，都可以在得到允许的情况下在商业网站上随时发布自己的商品信息，甚至在企业与用户之间建立起一种相互信任的长期关系，而这一切所需的成本是极其低廉的，也不需很长的时间。所以不论是何等规模的企业，都可以用相差不多的成本建设并推广自己的网站。从这个意义上来讲，大企业、小企业、甚至是个人都是站在同一起跑线上，开展公平竞争。

### 2．网络营销与传统营销的整合

网络营销作为新的营销理念和策略，凭借互联网的特性对传统经营方式产生了巨大的冲击，但这并不等于说网络营销将完全取代传统营销，网络营销与传统营销是一个整合的过程。这是因为以下几点原因：

（1）互联网作为新兴的虚拟市场，它覆盖的群体只是整个市场中某一部分群体，许多的群体由于各种原因还不能或者不愿意使用互联网，如老人和处在落后国家地区的人们，因此传统的营销策略和手段则可以覆盖这部分群体。

（2）互联网作为一种有效的渠道有着自己的特点和优势，但对于许多消费者来说，由于个人生活方式的原因，他们不愿意接受或者使用新的沟通方式和营销渠道。例如，许多消费者不愿意在网上购物，而习惯在商场里一边购物一边休闲。

（3）互联网作为一种有效的沟通方式，可以方便企业与用户之间直接双向沟通，但消费者有着自己的个人偏好和习惯，愿意选择传统方式进行沟通。例如，有了网上电子版本的报纸后，并没有给原来的纸张印刷出版业务带来冲击，相反起到了相互促进的作用。

网络营销与传统营销是相互促进和补充的关系。企业在进行营销时应根据企业的经营目标和细分市场，整合网络营销和传统营销策略，以最低的成本达到营销目标。网络营销与传统营销的整合就是利用整合营销策略，实现以消费者为中心的传播统一、双向沟通，实现企业的营销目标。

## 知识链接

互联网只是一种工具，营销面对的是有灵性的人，因此传统营销中以人为主的营销策略所具有的独特的亲和力是网络营销没有办法替代的。随着技术的发展，互联网将逐步克服上述不足，在很长一段时间内网络营销与传统营销是相互影响和相互促进的，最后实现融洽的内在统一。在将来，没有必要再谈论网络营销了，因为营销的基础之一就是网络。

# 任务二　规划网络营销策略

## 任务目标

理解网络营销市场的细分与目标市场，熟悉网络营销目标市场的定位，重点掌握网络营销策略组合。

## 任务相关理论介绍

### 一、网络营销市场的细分与目标市场

市场的细分是指根据消费者对产品不同的欲望与需求、不同的购买行为与购买习惯，把整体市场分割成不同的或相同的小市场群。市场上存在着成千上万的消费者并分散于不同的地区，他们的需求与欲望也是千差万别的，企业为了提高自己的经济效益，有必要细分市场。消费者需求的差异是市场细分的内在依据。只要存在两个以上的消费者，便可根据其需求、态度和购买行为的不同进行市场细分。企业必须在激烈的市场竞争中，评价、选择并集中力量用于最有效的市场，这就是市场细分的外在强制。

网络营销市场的细分是指企业在调查研究的基础上，根据网络消费者的需要与欲望、购买动机、购买习惯的差异性，把网络营销市场划分为不同类型的消费群体的分类过程。目标市场就是企业网络营销活动要满足的市场，是企业实现预期目标而要进入的市场。之所以要对网络营销市场细分，其目的就是在于选择合适的目标市场，借以拟定企业最佳的网络营销方案与策略，也就是目标市场的定位。

对网络营销市场的细分，有利于企业分析、开拓网络营销的新市场。这是因为通过网络营销市场的细分化，企业可以更深入地了解网络市场消费者的不同消费需求，并根据对各细分市场的潜在购买力、竞争状况等企业内外部情况的综合分析，发现新的市场

机会，开拓新市场。从另一方面来说，通过对网络营销市场的细分也有利于集中使用企业资源，从而取得最佳的营销效果。这是因为企业通过网络营销市场的细分化，并在此基础上确定目标市场后，可以将有限的企业资源集中于最有利的细分市场，以便取得最大效益。通过对网络营销市场的细分，可以让企业比较容易掌握市场消费者的需求变化，从而可以灵活地调整整个营销战略。

网络营销市场的细分化，直接影响到企业各种网络营销策略的组合，因此网络营销市场细分时，细分的市场不仅范围要准确划分、边界明晰，更要能够大致估计出该细分市场的容量大小，要能够最大限度地给企业带来经济效益。同时，企业也能够把产品信息通过网络与其他媒体传达到这个细分市场。另外，网络营销市场的细分应具有在一定的时间内相对的稳定性，以便于把企业营销的风险降低到最低程度。

## 知识链接

网络营销的目标市场与传统营销的目标市场的区别：首先，表现在由于电子商务的发展，企业确定目标市场时，可考虑的范围由原先的局部地理市场过渡到整个全球市场；其次，企业进行全球性的营销时，应进行更深层次的市场细分、更广范围内的需求聚集与目标市场的确定。这是因为随着电子商务的发展，传统市场营销所要求的目标市场在地理位置上相对集中的观念已经过时，以前认为的"偏"、"怪"、"少"的需求集合可能是一个大市场，在传统市场营销中缺乏可进入性、可获利性的市场细分就有了重新审视的特点。

### 二、网络营销目标市场的定位

网络营销目标市场的准确定位，对于企业来说是至关重要的。通常，企业采用产品—市场的矩阵方式来选择目标市场，矩阵的纵坐标可以是企业的产品，横坐标可以是细分后的市场。根据这一矩阵，企业选择目标市场有以下几种主要方式。

1）产品—市场集中化：以一种产品适应一种市场。

2）产品专业化：用同样的产品面对不同的顾客。

3）市场专业化：以不同的产品面对同一市场。

4）选择性专业化：以不同的产品面对有选择的不同市场。

5）全面涵盖：以不同的产品面对所有市场。

#### 1．网络营销的对象定位

作为网络营销者，可以将营销吸引的对象归纳为以下几类：

（1）男性消费者市场 男性作为网络漫游者无疑在网民总数中占有较大的比重，男性也是新的消费方式的积极实践者。因此，企业产品如果想要在网络上打开市场，必须重视对网上男性漫游者的研究，或者设法吸引他们购买产品，或者吸引他们为女性购买产品。通常，计算机及计算机相关产品、耐用消费品、体育用品及软件等都是男性网络漫游者注意的对象。

充分利用网络进行产品销售的戴尔计算机产品，就是一个明显的男性消费者市场定位的成功案例。

（2）中青年消费者市场 中青年在我国上网漫游者总人数中占居相当比例。目前，许多中青年获取信息的渠道已经从传统的媒体转向网络。网络营销者对这一特定人群开展研究，并推出适合中青年消费者的产品无疑是取得成功的关键。例如，计算机产品、游戏软件、激光唱片、书籍等商品，目前有许多中青年消费者是通过网络购买的。

（3）中高收入者市场 我国的网上漫游者中绝大多数是中青年，很多上网漫游的青年还处于学生时代，因此其购买力有限，特别是学生，可以将他们看作是潜在的网上消费者。据调查，我国中高收入者中上网漫游的比例并不大，但其购买力并不能忽视。网络营销者必须对中高收入者开展研究，需要推出高档消费者受欢迎的产品或者服务，而旅游产品与服务等一类服务性活动正是在这类市场中大有作为的。中高收入者喜欢在办公室或家中等良好的环境中方便地选择有关方面的信息与服务，如旅行目的地的风景与人文状况、机票与车票的预订及饭店房间预订等情况。将中高档收入者细分为一个特定的目标市场，有利于针对性地开展营销活动。

将一些工作特别繁忙、白天没时间到商场采购，或者不愿意在人多拥挤的商场里购物的人群划分为一个目标市场，研究其消费特点与消费方式，开展针对性的营销活动，也应该是一条取得成功的路。

### 2. 网络营销的商品定位

什么样的商品适合网络营销，是网络营销市场的商品定位问题。基于电子商务的网络营销是一种虚拟的营销活动，具有与传统营销不同的特点，对营销的商品也就有了不同的要求。对于企业而言，科学地选择适应网络销售的商品，是企业营销活动成功与否的重要因素。通常按商品的形态不同，可以将适宜于网络销售的商品分为三类，即实体商品、软体商品和在线服务。这三类商品由于各自的性质不同，其营销方式与销售品种也就有较大的区别。

（1）实体商品的选择 网上销售实体商品与传统的销售方式有很大的不同，网上销售实体商品没有面对面的买卖过程。消费者与企业之间通过因特网对话是买卖双方交流的主要方式。消费者通过访问企业的网站查看商品，通过企业提供的商品照片与文字说明，对所要购买的商品进行了解；然后，消费者通过填写表格，表达自己对商品的质量、外观和价格数量等的要求。企业也将原先面对面的商品交易改成邮寄商品或者送货上门。

这种基于网络的、通过电子方式进行的，而不是面对面的交易活动，限制了一些商品在网上的销售。例如，一些服装与布料，挑选时的手感是非常重要的因素，而通过网络销售服装，在这一环节上就无法做到；一些化妆品必须经过试用后才能决定是否购买；

而手饰更是让人们担心真假而无法实现网上销售；另外，许多贵重物品，人们出于习惯还不愿意在网上购买。

图书是非常适宜于网上销售的商品。这是由于在网上浏览图书的人自身通常具有较高的文化素养。另一方面，图书本身作为传播知识的文化产品的性质也决定了其适宜在网上进行销售。在我国，图书的价格较高是一个普遍的现象，这是由于图书从印刷到放在书店的书架，需要通过多道中间环节的原因。网上销售图书，很好地解决了中间环节过多的问题，原先需要大量仓库堆放，需要营业场地与设备销售，并发生一定的耗损等各种增加支出的项目，利用网络就顺利地解决了，从而使书价降低，消费者受益。

从图书的传递过程来看，图书邮寄方便、不易丢失、不容易破碎或者发生质量霉变等因素也是图书适宜网络销售的原因。图书作为商品并不属于贵重物品，并具有一定的专用性，因此像亚马逊网上书店这样的企业得以长期存在，其经验也值得我们借鉴。

（2）软体商品的选择　软体商品在网络上通常理解为信息的提供与软件的销售。软体商品虽然是无形的商品，但在网络营销中占据了极为重要的一环。因为因特网本身具有传输多媒体信息的能力，因此电子报纸、杂志就很适合利用网络销售。从目前的形势来看，数字化资讯将来会成为出版的主流。

计算机软件也是适宜网络销售的商品。与传统的销售方法相比，网上销售软件去掉了软件转存在磁盘上或者刻录在光盘上，然后加以包装再发送到批发商手中，最后上柜销售的时间与成本。通过网络直接下载，或者通过电子邮件直接发送，既快捷又方便。当然，在线销售软件也存在着一定的风险，如果软件保密性能差，被盗版的可能性就会增加。

（3）在线服务的选择　在线服务在因特网上已是十分普遍的现象了，通过网络所提供的各种服务日新月异。政府上网、在线炒股等利用网络获得信息与服务项目的兴起，大大推动了在线服务的发展。常见的服务有情报类服务、网络预约服务和互动式服务。情报类的服务通常就是股市行情分析及银行、金融法律等方面的咨询；预约类服务常见的有预订机票、车票和音乐会入场票及预约旅游等服务；互动式服务就是电脑游戏、远程医院、网络交友和法律救助等一类的服务。

随着科学技术的发展，人们对在线服务的质量与数量也有了较高的要求。特别是第三产业在国民经济中的比重越来越大时，在线服务也将越来越受到重视，其发展的空间也越来越大。同时，由于宽带网的普及和多媒体技术的广泛应用，网上声音、图像、文字并茂的宣传与广告更具有生动性与现实性。例如，旅游宣传可以让旅游者未达目的地前先在网上神游一番，也更多地吸引了潜在的旅游者。

### 三、网络营销策略组合

网络营销策略组合是指企业对其内部与实现目标有关的各种可控因素的组合和运用。网络营销策略组合是网络营销理论体系中的一个重要概念，它与网络营销观念、网络市场细分化和网络营销目标市场等概念相辅相成，组成一个系统化的整体策略。在网络营销观念的指导下，企业把选定的目标市场作为一个子系统，同时也把自己各种营销策略分解归类，组成一个与之对应的系统。在这个系统中，各种网络营销策略可看作是一个可调的子系统。这就是通常所说的 4 个策略子系统，即产品（Product）、价格（Price）、渠道（Place）和促销（Promotion）。虽然随着电子商务的发展，产生了网络营销等许多新的概念，营销的内容也发生了较大的变化，但影响网络营销的基本因素仍是这 4 个子系统，人们称其为"4P 组合"。

### 1. 网络营销产品策略

（1）网络营销产品选择　从理论上来说，在网络上可营销任何形式的实物产品，但在现阶段受各种因素的影响，网络还不能达到这一要求。所以，在选择网络产品时要充分考虑自身产品的性能、产品的生命周期、实物产品的营销区域范围及物流配送体系等。

一般而言，企业在从事网络营销时，可首先选择下列产品：具有高技术性能或与电脑有关的产品；市场需要覆盖较大地理范围的产品；不太容易设店的特殊产品或传统市场不愿意经营的小商品；网络营销费用远低于其他销售渠道费用的产品；消费者从网上取得信息可以立即作出购买决策的产品；网络群体目标市场容量较大的产品和服务；便于配送的产品；名牌产品。

（2）提供产品信息策略　为用户提供完善的信息服务是进行网络营销的一个重要组成部分。与实体产品网络营销、服务网络营销相比，在现阶段为用户提供完善的信息服务可以说是进行网络营销的主要功能和优势所在。为用户提供产品信息服务时可采取"虚拟展厅"、"虚拟组装室"等。

（3）方便查询策略　由于种种原因，不可能在首页上放置很多商品的介绍，而且调查表明，网上购物者多为理智型的消费，事先对所需商品特性、价格等有一定的计划，上网之后一般会到合适的分类目录中查找所需商品，如果知道商品名称，也许会直接查询，如果找不到合适的目录或者查询没有结果的话，这个顾客也许很快会离开这个网站，他最有可能去的地方是竞争者的网站，这是网站经营者最不愿意看到的结果。因此，设计一个快速、方便的主页是必须的。

（4）消费者参与策略　利用网络进行营销，除了将产品的性能、特点、品质以及为顾客服务的内容充分显示外，更重要的是以人性化为顾客导向的方式，针对个别需求提供一对一的营销服务，利用网络的优势，提高消费者参与的程度。

具体的策略手段有：利用博客（Blog）、电子布告栏（BBS）或者电子邮件，提供线上售后服务或与消费者做横向沟通；提供消费者与公司在互联网上的讨论区，以此了解消费者需求、市场趋势等，作为公司改进产品、开发产品的参考；提供网上互动服务系统，依据客户需求，自动适时地利用网络提供有关产品的服务信息，例如，汽车商在网络上提醒客户有关定期保养的通知，花店提醒客户有关家人生日的时间，银行提醒客户定期存款到期的信息，教师提醒学生考试的日期和应做的准备等；企业各个部门的人员可以利用网络进行网上研发讨论，将有关产品构想或雏形发布成为网络公告，引发全球各地有关人员进行讨论；通过网络对消费者进行意见调查，借以了解消费者对于产品特性、品质、商标、包装及样式等方面的意见，协助产品的研究开发与改进；在网络上提供与产品相关的专业知识，增加产品价值的同时也提升了企业形象，如汽车商提供车辆的维护保养知识，家电企业介绍家电产品的性能、使用和注意事项；提供电子书报、电

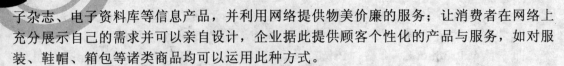

子杂志、电子资料库等信息产品，并利用网络提供物美价廉的服务；让消费者在网络上充分展示自己的需求并可以亲自设计，企业据此提供顾客个性化的产品与服务，如对服装、鞋帽、箱包等诸类商品均可以运用此种方式。

### 2．网络营销渠道策略

（1）网络营销渠道概述　网络营销渠道是一个宽泛的概念，它是指为了能使某一产品或服务实现其价值与使用价值而配合起来，完全利用或不完全利用因特网履行供应、生产、分销和消费等功能的所有企业与个人。

与传统营销渠道一样，以互联网作为支撑的网络营销渠道也应具备传统营销渠道的功能。营销渠道是指与提供产品或服务以供使用或消费这一过程有关的一整套相互依存的机构，它涉及到信息沟通、资金转移和事物转移等。一个完善的网上销售渠道应有三大功能：订货功能、结算功能和配送功能。订货系统，为消费者提供产品信息，同时方便厂家获取消费者的需求信息，以求达到供求平衡。一个完善的订货系统，可以最大限度地降低库存，减少销售费用。结算系统，消费者在购买产品后，可以有多种方式方便地进行付款，因此厂家（商家）应有多种结算方式。目前，国外流行的几种方式有：信用卡、电子货币、网上划款等；而国内付款结算方式主要有：邮局汇款、货到付款、信用卡等。一般来说，产品分为有形产品和无形产品，对于无形产品（如服务、软件、音乐等产品）可以直接通过网上进行配送，对于有形产品的配送，要涉及到运输和仓储问题。国外已经形成了专业的配送公司，如著名的美国联邦快递公司，它的业务覆盖全球，实现全球快速的专递服务，以至于从事网上直销的 Dell 公司将美国货物的配送业务都交给它来完成。因此，专业配送公司的存在是国外网上商店较为迅速发展的一个原因所在，在美国就有良好的专业配送服务体系作为网络营销的支撑。

（2）网络营销渠道的类型　互联网的发展改变了营销渠道的结构。从总体上看，网络营销渠道可分为网络直销渠道和网络间接营销渠道两种类型。

1）网络直销渠道：网络直销即网络直接营销，是指生产者不借助中间商，直接通过自己的营销网站与消费者进行商品交换的营销渠道模式。网络直销渠道也有订货功能、结算功能和配送功能。在网络直销中，生产企业可以通过建设网络营销站点，使消费者直接从网站进行订货；生产企业可以通过一些电子商务服务机构，如网上银行等，直接提供支付结算功能，解决资金流转问题；另外，生产企业还可以利用互联网技术，通过与一些专业物流公司进行合作，建立有效的物资体系。网络直销渠道一般适用于大型商品及生产资料的交易。

网络营销中的交易流程基本上可以分为交易前、交易中和交易后三个阶段。交易前，主要是指买卖双方和参与交易的各方在签约前的准备活动，包括在各种商务网站和因特网上寻找交易机会，通过交换信息来比较价格和条件，了解各方的贸易政策，选择交易对象等。交易中，主要包括交易谈判、签订合同和办理交易前的手续等。交易后，主要包括交易合同的履行、售后服务和索赔等活动。不同类型的网络交易活动，一般来说都包括上述三个阶段，但其具体流程是不同的。以市场需求为导向的网络直销流程，如图 6-1 所示。

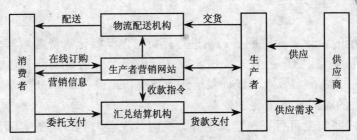

图 6-1　网络直销流程图

① 生产者在自己建立的营销网站或者在信息服务商网站发布产品、价格、保证、支付方式、物流方式、促销活动等营销信息。

② 消费者登录生产者建立的营销网站或者在信息服务商网站查询有关商品信息，分析比较产品信息。确定购买后，消费者通过购物对话框填写购货信息，包括姓名、地址、所购商品名称、数量、规格和价格；然后选择支付方式，如信用卡、电子货币、电子支票、借记卡等；最后选择货物配送方式，如邮寄、快递、自己取货等，再次确认购物后生成购物单。

③ 生产者的营销网站通过网络向自己的制造中心或仓储部门发出供货指令。

④ 生产者的制造中心或仓储部门，接到指令后做出迅速反应。如有现货，按照指令及时完成交货；如果库存不足，则应该及时进货或及时生产，在规定的时间内将产品交付指定的物流配送机构。

⑤ 物流配送机构接到配送指令后，及时将产品送到指定消费者手中。

⑥ 消费者收到所购商品后，按照预先约定的支付方式支付货款。如果选择货到付款，若对所收商品无异议，则应立即付款；如果顾客选择了先付款后发货的交易模式，则要按照可选择的具体支付方式支付货款。

⑦ 消费者委托的汇兑结算机构，如邮局、网上银行、信用卡公司等，按照消费者指令向生产者的开户银行结转款项。

2）网络间接营销渠道：它是指企业通过融入互联网技术后的中间商把商品由中间商销售给消费者或使用者的营销渠道。传统的间接营销渠道可能有多个中间环节，而由于互联网技术的运用，网络间接营销渠道只需要新型电子中间商这一中间环节即可。间接营销渠道一般适应于小批量商品及生活资料的交易。

直接营销渠道和间接营销渠道构成了网络营销渠道的两种基本类型。但应注意的是，有人认为随着网络营销的发展，直接销售渠道将会完全代替间接销售渠道，这种认识是片面的。因为从商品流通的构成来看，它是由信息流、商流、资金流、物流 4 个方面构成的，在网络技术比较发达的情况下，信息流、商流和资金流可直接通过网上来完成，但物流也就是商品实体运动，必须通过储存和运输来完成。一个企业不可能也不需要在自己的营销区域内建立完善的物流配送体系，它需要通过不同区域、不同环节的物流商来完成商品的实体配送。

（3）建设网络营销渠道应注意的问题　由于网络销售对象不同，因此网络销售渠道也有很大区别，在具体建设网络营销渠道时应注意以下 4 个问题。

1）从消费者的角度来设计营销渠道：要采用消费者易于接受的方式来建设网络营销

渠道。

2）订货系统的设计要简单明了：在进行订货时，不要让消费者填写太多的信息，而应采用现在流行的"购物车"方式模拟超市，让消费者一边看物品一边选购，在购物结束后，一次性进行结算。另外，订货系统还应该提供商品搜索和分类查找功能，以便消费者能利用最短的时间找到需要的商品。

3）结算方式要安全可行：在选择结算方式时，应考虑到目前的实际发展状况，尽量为消费者提供多种结算方式，同时还要考虑网上结算的安全性。

4）建立完善的物流配送系统：消费者只有看到所购买的产品真正送到后，才会感到踏实放心，因此建设快速有效的配送服务系统非常重要。

**3．网络营销定价策略**

企业为了有效地促进产品在网上销售，必须针对网上市场制订有效的价格策略。由于网上信息的公开性和消费者易于搜索的特点，网上的价格信息对消费者的购买起着重要的作用。消费者选择网上购物，一方面是由于网上购物比较方便，另一方面是因为从网上可以获取大量的产品信息，从而可以择优选购。网络定价的策略很多，我们主要根据网络营销的特点，着重阐述低位定价策略、个性化定制生产定价策略、使用定价策略、折扣定价策略、拍卖定价策略和声誉定价策略。

（1）低位定价策略　借助互联网进行销售比利用传统销售渠道进行销售的费用低廉，因此网上销售价格一般来说比流行的市场价格要低。采用低位定价策略就是在公开价格时一定要比同类产品的价格低。采取这种策略，一方面是由于通过互联网，企业可以节省大量的成本费用；另一方面是为了扩大宣传、提高市场占有率并占领网络市场这一新型的市场。

在采用这一策略时，应注意以下三点：首先，在网上不宜销售那些消费者对价格敏感而企业又难以降价的产品；其次，在网上公布价格时要注意区分消费对象，要针对不同的消费对象提供不同的价格信息发布渠道；第三，因为消费者可以在网上很容易地搜索到价格最低的同类产品，所以网上发布价格要注意比较同类站点公布的价格，否则价格信息的公布会起到反作用。

（2）个性化定制生产定价策略　个性化定制生产定价策略，是在企业能实行定制生产的基础上，利用网络技术和辅助设计软件，帮助消费者选择配置或者自行设计能满足自己需求的个性化产品，同时承担自己愿意付出的价格成本。这种策略是利用网络互动性的特征，根据消费者的具体要求来确定商品价格的一种策略。网络的互动性使个性化营销成为可能，也将使个性化定价策略有可能成为网络营销的一个重要策略。

（3）使用定价策略　所谓使用定价，就是消费者通过互联网注册后可以直接使用某公司产品，消费者只需要根据使用次数进行付费，而不需要将产品完全购买。这一方面减少了企业为完全出售产品进行大量不必要的生产和包装的浪费，同时还可以吸引过去那些有顾虑的消费者使用产品，扩大市场份额。采用这种定价策略，一般要考虑产品是否适合通过互联网传输，是否可以实现远程调用。目前，比较适合这种定价策略的产品有软件、音乐、电影等产品。

（4）折扣定价策略　为鼓励消费者多购买本企业的商品，可采用数量折扣策略；为鼓励消费者按期或提前付款，可采用现金折扣策略；为鼓励中间商淡季进货或消费者淡季购买，也可采用季节折扣策略等。

（5）拍卖定价策略　网上拍卖是目前发展较快的领域，是一种最市场化、最合理的方式。随着互联网市场的拓展，将有越来越多的产品通过互联网拍卖竞价。由于目前购买群体主要是消费者市场，个体消费者是目前拍卖市场的主体，因此这种策略并不是目前企业首要选择的定价方法，因为它可能会破坏企业原有的营销渠道和价格策略。比较适合网上拍卖竞价的是企业的一些原有积压产品，也可以是企业的一些新产品，可以通过拍卖展示起到促销的作用。

（6）声誉定价策略　在网络营销的发展初期，消费者对网上购物和订货还有着很多疑虑，如网上所订商品的质量能否有保证、货物能否及时送到等，所以对于声誉较好的企业来说，在进行网络营销时，价格可定得高一些；反之，价格则定得低一些。

总之，企业可以根据自己所生产产品的特性和网上市场的发展状况来选择合适的价格策略。但无论采用什么策略，企业的定价策略都应与其他策略相配合，以保证企业总体营销策略的实施。另外，由于互联网网上信息产品的免费性已深入人心，所以免费价格策略是市场营销中常用的营销策略，虽然这种策略一般是短期的和临时的，但它对于促销和推广产品却有很大的促进作用。目前，企业在网络营销中采用免费策略的目的，一是先让用户免费使用，等习惯后再开始收费；二是想发掘后续商业价值，是从战略发展的需要来制订定价策略的，主要目的是先占领市场，然后再在市场中获取收益。

#### 4．网络营销促销策略

促销，是指企业为了激发顾客的购买欲望、影响他们的消费行为、扩大产品销售而进行的一系列宣传报道、说服、激励、联络等促进性工作。作为企业与市场联系的手段，促销包括了多种活动，企业的促销策略实际上是对各种不同促销活动的有机组合。与传统促销一样，网络促销的核心问题也是如何吸引消费者，为其提供具有价值诱惑的商品信息。

根据网络营销活动的特征和产品服务的不同，网络促销的策略主要有：

（1）网络广告促销　网络广告的类型很多，根据其形式的不同，可分为横幅广告、文字广告、电子邮件广告等。

（2）返券促销　受传统网下购物商城购物返券销售促销活动的影响，有些网上购物商城也实施了购物返券销售促销策略。购物返券就是网上商店在商品销售过程中推出的"购×元送×元购物券"的促销方式。购物返券的实质是商家让利于消费者的变相降价，返券促销的目的是鼓励消费者在同一商场重复购物。返券促销的方式目前有较大争议，如果商家能够讲求诚信，则可以运用返券获得较多的商业机会，消费者也的确能从中得到购物实惠。

（3）免费资源与服务促销　免费资源与服务促销是互联网上最有效的法宝，通过这种促销方式取得成功的站点很多，有的提供免费信息服务，有的提供免费贺卡、音乐、软件下载，从而扩大站点的吸引力。

（4）有奖促销　许多消费者喜欢得奖，如果在网上进行抽奖，可以产生非同寻常的访问流量。

（5）网上赠品促销　在新产品推出试用、产品更新、对抗竞争品牌、开辟新市场等情况下，利用赠品促销可以达到较好的促销效果。

（6）积分促销　积分促销在网络上应用起来比传统营销方式要简单和容易操作。网上积分活动很容易通过编程和数据库等来实现。积分促销一般设置价值较高的奖品，消费者通过多次购买或多次参加活动来增加积分，以获得奖品。

（7）虚拟货币促销　当消费者申请成为会员或参加某种活动时，可以获得网站发给的虚拟货币，用来购买本网站的商品，如酷必得的"酷币"等，实际上是给会员购买者相应的优惠。

（8）网上打折促销　通过打折、降价销售来吸引消费者是不少网站常用的促销方式，如当当书店等。

### 知识链接

网络促销一般有 4 种形式，即网络广告、销售促进、站点推广和关系营销。

# 任务三　建设和推广电子商务网站

## 任务目标

了解 HTML 语言，掌握网站建设方法，理解网站推广的含义，并能熟练使用网站推广的技巧，重点掌握网站推广方法。

## 任务相关理论介绍

### 一、HTML

我们在浏览器端看到的是带有声音、文字、图像的生动的网页，而服务器传递过来的是 HTML 文档、音频或视频文件（它们被 HTML 调用），经过浏览器解释 HTML 文档后，才显示出来。

#### 1. HTML 的定义

HTML 是万维网的核心。HTML 即超文本标记语言，由具有一定语法结构的标记符和普通文档组成，可以用记事本、Word、FrontPage 等编辑器进行编辑。

#### 2. HTML 的作用

通过 HTML 可以编制网页、设置含有指向多媒体数据的链接，如图像、声音、动画，这种链接被称为超链接，因此由 HTML 生成的文档也称为超文本文档。通过超文本文档，用户可简单地通过鼠标单击操作，得到所要的文件，而不管该文件是何种类型（文字、图像、声音、视频等），也不管该文件在何处（本机上、局域网上或 Internet 上）。

**3．HTML 文档的基本语法**

（1）<HTML>标记　<HTML>标记出现在 HTML 文档的开头，通知客户端该文档是 HTML 文档；类似地，结束标记</HTML>在 HTML 文档的结尾，提示文档已结束。

（2）<HEAD>标记　<HEAD>标记出现在文档的起始部分，指明文档的题目（或介绍），文档标题部分可以包含题目和主题信息。</HEAD>标记指明文档标题部分的结尾。

（3）<TITLE>标记　每个 HTML 文档的标题部分（即<HEAD>和</HEAD>标记之间）必须包含<TITLE>和</TITLE>标记对，<TITLE>标记用来设定文档的题目。用户在浏览 HTML 文档时，绝大多数浏览器会把文档题目显示在窗口顶端的标题栏内。

（4）<BODY>标记　HTML 文档中的<BODY>标记用来指明主要（或主体）文字，通常能够包含其他字符串（如标题、段落、列表等）的定义元素，可以把 HTML 文档的主体区域简单地理解成为标题以外的所有部分。</BODY>标记指明主体元素的结尾。

在这里，我们给出 HTML 文件的一个简单例子

```
<html>
<head>
<title>电子商务基础</title>
</head>
<body>
```

课程是一门新兴学科，也是一门边缘性、交叉性和综合性的学科。既涉及到计算机应用、网络应用，还涉及到市场营销、物流、金融和企业管理等学科的内容。目的是让学生理解电子商务的基本概论和交易模式，了解电子商务的发展与展望，以及与经济活动的关系。

```
</body>
</html>
```

该文本在浏览器上的显示，如图 6-2 所示。

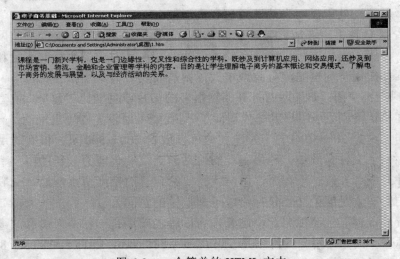

图 6-2　一个简单的 HTML 文本

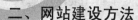

## 二、网站建设方法

电子商务网站是电子商务的平台，而网站的速度、安全性等因素直接影响电子商务的发展，因此设计一个优秀的网站是电子商务的前提。通过前面的知识介绍，我们基本上理解了如何设计网页，这是建立网站的基础。

如何来建立网站呢？简单地说，网站就是由多个网页连接在一起组成的。当我们注册了域名，制作了网页之后，为了能让别人看见我们的页面，我们必须将它们放到一台和 Internet 相连接的计算机上，这就是服务器。企业建设网站根据资金的多少和规模的大小，可以选择虚拟主机、主机托管或主机租用、专用服务器三种方式。

### 1．虚拟主机

（1）虚拟主机概述　所谓虚拟主机，是指租用互联网服务提供商提供的服务器硬盘空间，使用特殊的 Web 技术，把一台计算机主机服务器分成若干虚拟主机的网站建设方式。每一台虚拟主机都有独立的域名和 IP 地址，具有完整的互联网服务功能，如 WWW、FTP、E-mail 等。同一台服务器上的各个虚拟主机相对独立、互不干扰，可由用户自行管理；对访问者来讲，虚拟主机和一台独立的主机服务器完全一样。

采用虚拟主机方式建设网站由于省去了全部硬件投资和软件平台投资，所以具有成本较低的优点，每年成本一般是数百元到数千元。但由于许多用户共享服务器，所以网站不能支持大量并发访问；另外，网站维护也相对麻烦，这是其不足之处。

（2）选择虚拟主机服务参考的因素　虚拟主机方式适用于搭建小型网站。通常，各个 ISP（互联网服务提供商）提供的虚拟主机服务条件不完全一样，企业在选择时要充分比较，认真对待。在选择虚拟主机服务时，通常要参考的因素有以下几个方面。

1）主机放置位置：一般来说，网站寄放在国内，国内的用户访问起来速度较快，但国外的用户访问起来较慢；而网站寄放在国外（一般指美国），国外的用户访问起来速度较快，国内用户访问起来速度较慢。所以，如果访问者主要来自国内，可以选择放置在国内的虚拟主机上，否则应选择放置在国外的虚拟主机上。如果要兼顾国内外用户，可以同时选择国内外的主机，当然费用也会高一些。

2）网络连接速度：这是影响速度非常重要的因素，要求服务提供商的网络连接速度越快越好。一般的虚拟主机供应商会根据付费的情况，对虚拟主机的流量和带宽进行一定的限制，如果用户的网站流量急剧增大，则需要及时升级虚拟主机。

3）虚拟主机空间：如果网站打算放置很多的图片或功能比较复杂，或者用户打算将一部分空间租让给别人（用户就是代理商了），就要考虑较大的硬盘空间。一页网页所占的硬盘空间大约为 20～50KB，10MB 大约可以放置 200～500 页，但有时用户想利用这个空间转存一下文件（例如，利用用户的网站的断点续传能力，帮助用户下载总是载不下来的文件）或者安装一下程序，用户就需要给自己的空间留点余地。一般的中小企业有 50MB 的空间就足够了（已包括给电子邮件留的空间）。

4）E-mail：拥有一个以自己网站名称为后缀的邮箱是一件令人羡慕的事情，也是公司形象的标志。例如，用户的网站是 http://www.888.com，拥有一个 host@888.com 的邮箱将是一件很好的事情，但有的虚拟主机提供商可能需要你为此支付额外费用。

5）支持数据库：一般来说，电子商务网站都必须为客人提供较深入的服务，如商品关键词检索、订单查询等，所以数据库是必不可少的，不同的数据库价格也是不一样的。

6）服务质量：如是否支持页面统计报告，技术支持是否及时，价格是否适中等。

### 2．专用服务器

专用服务器是指购买一台服务器，然后向互联网服务商申请一条专线和一个固定的IP地址，安装相应的软件，将网站放在单位内部的建设方式。专用服务器的网站技术方案一般采用 UNIX 系统，也可以采用微软的 Win2003＋IIS 组合。采用专用主机的优点是维护方便，网页更新及时，存储空间不受限制，而且可以和单位的管理信息系统有机集成。其缺点是维护费用较高，访问量较大时可能带宽不够。

### 3．主机托管或主机租用

采用专用主机方式，如果数据流量很大，则所要支付的费用就很高。为了解决这个问题，可以考虑将主机放在 ISP 的机房内，委托给 ISP 保管，或向其租用一台网站服务器，将其放置在 ISP 的主机机房或数据中心。ISP 为客户提供优越的主机环境，用户通过远程控制进行网站服务器的配置、管理和维护。主机托管或主机租用建站方式具有以下的优点：

（1）企业的主机（或服务器群）托管在网络服务商的通信机房后，可获得至少 10MB/s以上的联网速率，企业完全消除了组建通信机房、配备电力、高速上网、网络升级、需要维护人员等后顾之忧。

（2）企业的主机在获得高速率的同时，其通信费用的成本却因此而降低了，其经济性是显而易见的。

（3）企业选择主机托管或租用服务可获得较高的安全保障。如果选择电信局标准的电信机房，则其能提供托管用户恒温恒湿的机房设施、充足的不间断的通信电源、24 小时技术人员值班维护等服务，使用户的服务器等设备获得最高的安全保障。

## 三、网站推广

### 1．网站推广的含义

网站推广是指利用网络营销策略扩大站点的知名度，吸引网上浏览者访问站点，起到宣传和推广企业以及企业产品的效果。简单来说，网站推广就是指如何让更多的人知道用户的网站，了解用户的网站。推广网站的形式多样，包括搜索引擎推广、网站登录、广告推广、邮件推广、电视推广、报刊推广、媒体推广等。

### 2．网站推广的方法

根据利用的网站推广工具，网站推广的基本方法也可以归纳为：搜索引擎推广方法、电子邮件推广方法、资源合作推广方法、信息发布推广方法、病毒性营销方法、快捷网址推广方法、网络广告推广方法、综合网站推广方法等。

（1）搜索引擎推广方法　搜索引擎推广是指利用搜索引擎、分类目录等具有在线检索信息功能的网络工具进行网站推广的方法。由于搜索引擎的基本形式可以分为网络蜘蛛型搜索引擎（简称搜索引擎）和基于人工分类目录的搜索引擎（简称分类目录），因此搜索引擎推广的形式也相应地有基于搜索引擎的方法和基于分类目录的方法。前者包括搜索引擎优化、关键词广告、竞价排名、固定排名、基于网页内容定位的广告等多种形式；而后者则主要是在分类目录合适的类别中进行网站登录。随着搜索引擎形式的进一步发展变化，也出现了其他一些形式的搜索引擎，不过大都是以这两种形式为基础的。

搜索引擎推广的方法又可以分为多种不同的形式，常见的有：登录免费分类目录、登录付费分类目录、搜索引擎优化、关键词广告、关键词竞价排名、基于网页内容定位广告等。

从目前的发展现状来看，搜索引擎在网络营销中的地位依然重要，并且受到越来越多企业的认可，搜索引擎营销的方式也在不断地发展演变，因此应根据环境的变化选择合适的搜索引擎营销方式。

（2）电子邮件推广方法　电子邮件推广方法是指以电子邮件为主的网站推广手段，常用的方法包括电子刊物、会员通讯、专业服务商的电子邮件广告等。基于用户许可的E-mail营销与滥发邮件（Spam）不同，基于用户许可的E-mail营销比传统的推广方式或未经许可的E-mail营销具有明显的优势。例如，可以减少广告对用户的滋扰、增加潜在客户定位的准确度、增强与客户的关系、提高品牌忠诚度等。根据基于用户许可的E-mail营销所应用的用户电子邮件地址资源的所有形式，可以分为内部列表E-mail营销和外部列表E-mail营销，或简称为内部列表和外部列表。内部列表也就是通常所说的邮件列表，是利用网站的注册用户资料开展E-mail营销的方式，常见的形式有新闻邮件、会员通讯、电子刊物等；外部列表E-mail营销则是利用专业服务商的用户电子邮件地址来开展E-mail营销的方式，也就是以电子邮件广告的形式向服务商的用户发送信息。基于用户许可的E-mail营销是网络营销方法体系中相对独立的一种，既可以与其他网络营销方法相结合，也可以独立应用。

（3）资源合作推广方法　资源合作推广方法是指通过网站交换链接、交换广告、内容合作、用户资源合作等方式，在具有类似目标网站之间实现互相推广的目的。其中，最常用的资源合作方式为网站链接策略，利用合作伙伴之间网站访问量资源合作互为推广。

每个企业网站均可以拥有自己的资源，这种资源可以表现为一定的访问量、注册用户信息、有价值的内容和功能、网络广告空间等，利用网站的资源与合作伙伴开展合作，实现资源共享、共同扩大收益的目的。在这些资源合作形式中，交换链接是最简单的一种合作方式，调查表明，其也是新网站推广的有效方式之一。交换链接或称互惠链接，是具有一定互补优势的网站之间的简单合作形式，即分别在自己的网站上放置对方网站的Logo或网站名称，并设置对方网站的超级链接，使得用户可以从合作网站中发现自己的网站，达到互相推广的目的。交换链接的作用主要有：获得访问量、增加用户浏览时的印象、在搜索引擎排名中增加优势、通过合作网站的推荐增加用户的可信度等。交换链接还有比其可以取得的直接效果更深一层的意义，一般来说，每个网站都倾向于链接那些价值高的其他网站，因此获得其他网站的链接也就意味着获得了合作伙伴和一个领域内同类网站的认可。

（4）信息发布推广方法　信息发布推广方法是指将有关的网站推广信息发布在其他潜在用户可能访问的网站上，利用用户在这些网站获取信息的机会实现网站推广的目的，适用于这些信息发布的网站包括在线黄页、分类广告、论坛、博客网站、供求信息平台、行业网站等。信息发布是免费网站推广的常用方法之一，尤其在互联网发展的早期，网上信息量相对较少时往往通过信息发布的方式即可取得满意的效果。不过随着网上信息量爆炸式的增长，这种依靠免费信息发布的方式所能发挥的作用日益降低，同时由于更多更加有效的网站推广方法的出现，信息发布在网站推广的常用方法中的重要程度也有明显的下降。因此依靠大量发送免费信息的方式推广网站已经没有太大价值，不过一些有针对性、专业性的信息仍然可以引起人们的极大关注，尤其当这些信息发布在相关性比较高的网站上时。

（5）病毒性营销方法　病毒性营销方法并非传播病毒，而是利用用户之间的主动传播，让信息像病毒那样扩散，从而达到推广的目的。病毒性营销方法实质上是在为用户提供有价值的免费服务的同时附加上一定的推广信息，常用的工具包括免费电子书、免费软件、免费 Flash 作品、免费贺卡、免费邮箱、免费即时聊天工具等可以为用户获取信息、使用网络服务、娱乐等带来方便的工具。如果应用得当，这种病毒性营销手段往往可以以极低的代价取得非常显著的效果。

（6）快捷网址推广方法　快捷网址推广方法是指合理利用网络实名、通用网址以及其他类似的关键词网站快捷访问方式来实现网站推广的方法。快捷网址使用自然语言和网站 URL 建立其对应关系，这对于习惯于使用中文的用户来说，提供了极大的方便，用户只需输入比英文网址要更加容易记忆的快捷网址就可以访问网站。用自己的母语或者其他简单的词汇为网站"更换"一个更好记忆、更容易体现品牌形象的网址，如选择企业名称或者商标、主要产品名称等作为中文网址，这样可以大大弥补英文网址不便于宣传的缺陷，因而在网址推广方面有一定的价值。随着企业注册快捷网址数量的增加，这些快捷网址用户数据也可相当于一个搜索引擎，当用户利用某个关键词检索时，即使与某网站注册的中文网址不一致，也同样存在着被用户发现的机会。

（7）网络广告推广方法　网络广告是常用的网络营销策略之一，在网络品牌、产品促销、网站推广等方面均有明显的作用。网络广告的常见形式包括：旗帜广告、关键词广告、分类广告、赞助式广告、E-mail 广告等。旗帜广告所依托的媒体是网页，关键词广告属于搜索引擎营销的一种形式，E-mail 广告则是基于用户许可的 E-mail 营销的一种，可见网络广告本身并不能独立存在，需要与各种网络工具相结合才能实现信息传递的功能，因此网络广告是存在于各种网络营销工具中的，只是具体的表现形式不同。运用网络广告进行网站推广，具有可选择网络媒体范围广、形式多样、适用性强、投放及时等优点，适合于网站发布初期及运营期的任何阶段。

（8）综合网站推广方法　除了前面介绍的常用网站推广方法之外，还有许多专用性、临时性的网站推广方法，如有奖竞猜、在线优惠卷、有奖调查、针对在线购物网站推广的比较购物和购物搜索引擎等，有些甚至采用建立一个辅助网站的方式进行推广。有些网站推广方法别出心裁，有些网站采用有一定强迫性的方式来达到推广的目的，如修改用户浏览器默认首页设置、自动加入收藏夹，甚至在用户电脑上安装病毒程序等。真正值得推广的是合理的、文明的网站推广方法，应拒绝和反对带有强制性、破坏性的网站推广手段。

## 3．网站推广的技巧

初步完成一个站点的设计建设，只是企业网站经营的开始。为了真正发挥一个站点的作用，我们要以该站点为基础，在网上网下开展长期而有效的推广工作。

（1）传统媒体的运用 在现阶段的中国，传统媒体宣传的影响力仍然远大于网络，特别是对于面向国内的站点，电视、报纸、杂志等这些媒体的效应可以说是立竿见影，这也是为什么现在那么多网站喜欢炒作的原因——通过吸引媒体，特别是传统媒体的注意力达到宣传的作用。企业网站的推广应该融入在整个企业的宣传工作中，在所有的广告、展览、各种活动中都要在显著处加入公司的网址，并做适当介绍。

（2）网址宣传融入日常工作 除了这些广告宣传活动外，还有大量的日常工作需要做，要把网址加入到信封、信纸、名片、手提袋等各种办公用品上，企业建筑造型、公司旗帜、企业招牌、公共标识牌等外部建筑环境中，企业内部建筑环境中（如内部常用标识牌、货架标牌等），各种交通工具上，公司员工的服装服饰上，各种产品包装袋上，公司平时的赠送礼品上，公司的各种印刷出版物上。要能全面利用这些宣传手段，实际上需要我们在设计公司的 CI（企业识别）系统时将网站这个因素考虑进去，网站实际上是 CI 系统设计中的一个基本要素。

（3）网络的运用 网络最吸引人之处就在于它极大地降低了信息发布与获得的成本，而且利用网络推广的辐射面更广，这一点对于以出口为目的的企业特别有吸引力。

网络推广的具体方法很多，主要的有登录搜索引擎，利用各种论坛、讨论组、供求黄页，使用定向的邮件列表等。但企业网站和提供信息内容的站点（ICP）相比，由于其出发点不同，目标访问者也有所不同，企业站点一般更有针对性，它追求的不是页面阅读数（Page View），而是实际为企业带来的效益，如业内知名度、订单数等。所以，企业站点在推广上需要更加强调针对性，包括地域上和行业上。

例如，一家主要面向东南亚的出口企业，它的网上推广策略应该服务于整个企业，注册搜索引擎也好，在论坛、供求站点留言和定向邮件也好，要把东南亚地区作为重点，虽然网络本身是不分地域的，但是我们的访问者有地域差别。再如，一家提供专业机械设备的企业，它的推广就更有针对性，它可以在一些"专业"引擎上注册，在"专业"的供求站点上留言，与相似或相邻行业的站点建立链接，发布专业的邮件列表等。

（4）收集具有针对性的站点 在了解了基本的网络推广方法后，一个企业站点的网上推广工作首先需要做的是收集具有针对性的站点，包括引擎、论坛等，这和我们在传统媒体上做广告实际上是一样的——要收集媒体信息，并且分析研究哪本杂志、哪份报纸、电视的哪一档节目更适合。

（5）了解各个站点的宣传影响力 在收集了大量有针对性的站点后，接着就是通过实际操作了解各个站点的宣传影响力，整理出在各个宣传站点上的发布频度。再下面的工作包括：及时回复日常的来信，建立用户及潜在用户数据库，根据该数据库发布邮件列表，加强与这些用户的联系等。

# 任务四　运用网络广告技术

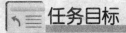
## 任务目标

了解网络广告的概念及其特点，理解网络广告的相关概念，掌握网络广告的分类，理解网络广告的优势和劣势。

 ## 任务相关理论介绍

### 一、网络广告概述

网络广告是指在 Internet 上发布、传播的广告信息，它是 Internet 作为市场营销媒体最先被开发和利用的营销技术。网络营销中的一整套营销战略、策略以及营销方法，正是从最初的网络广告出发，扩散到其他营销技术，并进一步渗透到整个市场营销理念层次，从而最终构建成一个较为完整的网络营销管理体系。网络广告是广告主利用一些受众密集或有特征的网站摆放商业信息，并设置链接到某目的网页的过程。网络广告既不同于平面媒体广告，也不是电子媒体广告的另一种形式。其基本特征为：① 利用数字技术制作和表示。② 可链接性，只要主页的链接被用户点击，就必然会看到广告，这是任何传统广告无法比拟的。

### 二、网络广告的特点

传统的广告媒体，包括电视、广播、报纸，杂志 4 大大众媒体，都只能单向交流，强制性地在一定区域内发布广告信息，受众只能被动地接受，不能及时、准确地得到或反馈信息。网络广告与传统广告媒介相比，由于含有更多的技术成分，使它具有许多鲜明的特点。

#### 1. 网络广告具有无比广泛的传播时空

传统广告的广告空间非常有限且价格昂贵，广告主必须花费很高的费用购买一则几秒、几十秒的广播或电视的广告时段，或者是报纸与杂志的广告版面，或者是路边的一个广告牌。这些有限的空间所传播的信息也少得可怜，广告主不能将大量的引人入胜的内容传播出去，而且很容易受到目标受众的收听、收看、阅读习惯的影响而收效甚微。而网络广告的广告空间几乎是无限的，成本也很低廉。一个站点的信息承载量都在几十兆至几百兆之间，广告主花很少的钱就能展示关于企业和产品的丰富多彩的信息，并且可以根据消费者对信息的不同需求而灵活剪裁信息内容，以适应每一位访问者的个性化需求。

传统广告刊播时间要受到购买时段或刊期出版时间的限制，容易错过目标受众，并且广告信息难以保留，广告主为吸引消费者的注意力、在消费者心中创建关于企业和产品的深刻印象不得不频繁地刊播广告，以保证其广告不被消费者遗忘。在网络广告中，时间的概念对广告主没有太大的意义，网上广告的信息存储在广告主的服务器中，消费者可以在一年内的任何时间随时查询，不必为传统广告的排期而费神。但对消费者来说，时间却是至关重要的。网络广告的访问者是要按时间双重付费的（ISP 和电话局），要想让消费者肯花时间浏览你的广告，企业主就必须增加广告的价值以吸引消费者。

另外，网络广告的传播范围要远远大于传统广告。它以自由扩张的网状媒体，可以把广告传播到 Internet 所覆盖的 160 多个国家的目标受众，从而避免了当地政府、广告代理商和当地媒介等问题。

### 2. 网络广告可实现广告主与目标受众的即时互动

传统广告是一种单向的信息传播，由广告主将广告信息"推"向目标受众。这种大众化沟通模式将受众放在被动接受信息的地位。广告主利用各种媒体，以相同的时间、相同的方式、相同的内容刺激受众的视觉、听觉器官，企图将有关的信息和意象硬性地灌进受众的脑海，劝诱目标受众成为购买者。即使受众受到广告的影响要采取行动，也不能及时与广告主实现双向交流，这种交流中的时差与延误会降低消费者的购买热情。

网络广告是一种推拉互动式的信息传播方式。网络广告是以分类商品信息的方式将相关产品所有的信息组织上网，等待着消费者查询或向消费者推荐相关的信息。消费者成为交流的主动方，他们在某种个性化需求的驱动下主动、自由地去寻找相关的信息、浏览公司的广告，如果遇到符合自身需求的内容，还可以进一步详细地了解，并可以通过正在浏览的页面，直接向公司发出 E-mail 进行更详细的查询或直接下订单。广告主一旦接收到信息，就应该立即行动起来，根据消费者的要求和建议及时做出积极反馈，使出浑身解数将消费者留住。网络广告的即时交互特性使得广告传播成为一对一的个体沟通模式，提高了目标顾客的选择性。

### 3. 网络广告传播信息的非强迫性

传统媒体都具有强势灌输的特性，都是通过推的方式进行信息交流，受众不管喜不喜欢、愿不愿意，只能被动地接受这些信息，几乎没有选择是否接受的权利。现代消费者已经厌恶了原有的强势灌输的信息交流方式，网络广告的交互性又使受众享有主动选择的权利，他们在网络上主动寻找适合自己需要的信息，形成一种由受众出发向广告主索要特定信息的"拉"与互动相结合的沟通形式。这种沟通形式使得网络广告根据消费者的需要提供相应的信息，变操纵消费者为服务消费者，因此网络广告属于非强迫性的软性广告。

### 4. 网络广告具有较高的经济性

传统广告的投入成本非常高，其中广告媒体费用要占到总费用的近80%。它们空间有限且价格昂贵，购买空间越大，广告篇幅越长，收费就越高。而网络广告的平均费用仅为传统媒体的 3%，并可以进行全球性传播。因此，网络广告在价格上具有极强的竞争力。

### 5. 网络广告内容的直观性

传统广告由于受到媒体时段和版面等因素的限制，要能够在有限的时间和空间范围内吸引住受众，就很难展示详尽的内容。它们多用画面、音乐等在受众的脑中创建某种印象，从而引发某种联想、情绪，促使受众采取行动，而对产品本身的信息提供放在次要位置。目前，网络广告都含有大量的图片、文字资料，可以提供内容更加全面、具体的详细信息，利用页面之间的超链接可以在任何时候在相应的页面上查到所需信息。随着多媒体技术和编程技术的提高，网络广告可以集文字、动画、全真图像、声音、三维空间、虚拟现实等为一体，创造出身临其境的感觉，既满足了浏览者搜集信息的需要，做到"轻轻一击、一目了然"，又提供了视觉、听觉的享受，增加了广告的吸引力。

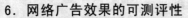

**6．网络广告效果的可测评性**

运用传统媒体发布广告的营销效果是比较难以测试和评估的，我们无法准确测度有多少人接收到所发布的广告信息，更不可能统计出有多少人受广告的影响而做出购买决策。网络广告效果的测定虽然也不可能完全解决营销效果的准确测度问题，但可以通过受众发回的 E-mail 直接了解到受众的反应，还可以通过设置服务器端的访问记录软件，随时获得本网站访问人数、访问过程、浏览的主要信息等记录，以随时监测广告投放的有效程度，从而及时调整市场营销策略。

以上特点决定了网络广告具有传统媒体无法比拟的优势，它所孕育的无穷无尽的商机，吸引着越来越多的企业加入到网络广告的行列，并进一步激发了网络广告的发展与成熟。网络广告正是凭借着得天独厚的优势，形成了与传统媒体相依共存、优势互补的关系。

### 三、网络广告的相关概念

随着网络广告的发展，一些与网络广告有关的新概念也相继涌现，无论是作为广告主还是目标受众，都需要对一些常用的网络广告术语有所了解，现将一些相关的新概念介绍如下：

（1）Ad Views（广告收看）　网络广告所在页面被用户浏览的次数，一般以时间为单位计算。

（2）Banner（旗帜）广告和 Button（图标）广告　Banner 广告一般称旗帜广告或标牌广告、标志广告，是指在其他公司网站上的广告工具中购买的广告空间所做的横幅图像广告。Banner 通常位于页面醒目处，色彩艳丽，常伴有动画效果，能给人留下较深刻的印象。设置 Banner 的目的是从流量较大的网站中分流出一部分目标顾客，将他们吸引到公司的站点中去。Button 有点类似于 Banner，但所占幅面及位置都不如 Banner。

（3）Hit（点击）　Hit 表示从一个网页提取信息点的数量。通常，某个页面上的文件被访问一次称为一次点击。网页上的每一个图标、链接都会产生点击，所以一个网页的一次访问可以产生多次点击，因此用点击数来衡量网站的访问流量和受欢迎程度是不准确的。

（4）Click Through（点击次数）与 Click Through Rate（点击率）　Click Through 是指网络广告被访问者点击浏览的次数；Click Through Rate 是指网络广告被点进的次数与被下载的次数之比。

（5）Impression（印象、曝光度）　Impression 等同于 Page View（页面浏览），用户浏览的网页的每一次更新显示就是一次 Impression。

（6）Visit（访问）　用户点击进入一个网站后进行的一系列点击为一次访问。它是衡量站点受欢迎程度的一个很好的统计量。

（7）Cost Per Action（每行动成本）　广告主只有在广告引起销售行为后，才按销售笔数付给广告站点费用。

（8）Cost Per Thousand Impression（千人印象成本）　以广告图形被播映 1 000 次为基准的网络广告收费模式。

（9）Cost Per Thousand Click-Through（千人点击成本）　以广告图形被点击并连接到

相关网址或详细内容页面 1 000 次为基准的网络广告收费模式。

（10）Log File（访客流量统计文件）　由服务器产生的、记录所有用户访问信息的文件。

（11）Unique User（单独用户）　Unique User 是指在单位时间内访问某一站点的所有不同用户的数量。一般由访问的客户机确认，因此通过一个服务器来的不同访问者都被认为是一个单独用户。

（12）User Sessions（访客量）　一个单独用户访问一个站点的全过程称为一个 User Session，在一定时间内所有的 User Session 的总和称为访客量。

## 四、网络广告的分类

网络广告按照不同的标准可以划分为不同的类型，主要有以下几种形式：

（1）横幅广告（旗帜广告）　横幅广告是最早的网络广告形式，是以 GIF、JPG、SWF 等格式建立的图像文件，定位在网站首页、栏目首页等各级页面或文本页面的最上方，浏览者将最先注意到这个位置的广告。它同时还可使用 Java 等语言使其产生交互性，用 Shockwave 等插件工具增强表现力。横幅广告的尺寸为 468×60 像素，主要投放在综合网的页眉位置，展现企业的形象及实力，是互联网广告最常见的形式，其信息量大，注意力高，适于品牌、形象宣传及促销等大型活动。

（2）全屏广告　这种广告是在主页打开之前全屏演示广告的内容，综合展示企业的形象和能力，会给受众造成极大的视觉冲击，留下深刻的印象。全屏广告的尺寸为 760×430 像素。

（3）按钮广告　按钮广告发布在首页、栏目等各级页面，表现形式小巧，费用相对较低，但同横幅广告一样可使用 Java 等语言使其产生交互性，可用 Flash 等增强其表现力。一般来说，网站提供 3 种尺寸的图标广告：220×118 像素、105×56 像素、120×50 像素，可以采用 SWF、GIF、JPG 等文件格式。

（4）文字链接　以文本形式放置在网页显眼的地方，长度通常为 10～20 个中文字，内容多为一些吸引人的标题，然后链接到指定页面。文本链接广告是一种对浏览者干扰最少，但却很有效果的网络广告形式。整个网络广告界都在寻找新的宽带广告形式，而有时候最小带宽、最简单的广告形式的效果却最好。同时，一个绝妙的文字创意可以吸引许多浏览者的眼球。

（5）弹出窗口广告　弹出窗口广告通常发布在网站首页、各栏目首页，在页面出现的同时弹出，可以吸引来访者点击，让来访者留下深刻的印象。弹出窗口广告的尺寸为 400×300 像素，可以采用 SWF、GIF、JPG 等文件格式。

（6）关键字（Keyword）广告　经常出现在搜索引擎类站点中，在用户输入关键字进行检索的同时，页面中的提示将指引用户查看和访问特定的内容。

（7）赞助式广告　赞助式广告的形式多种多样，通常是广告主根据其自身的产品特点，对于网站某个频道或专题进行冠名或者特约报道式的商业合作。在传统的网络广告之外，将网站的内容品牌与广告主的企业、产品形象有机结合，给予广告主更多的选择。

（8）富媒体（Rich Media）广告　一般指综合运用了 Flash、视频和 JavaScript 等脚本语言技术制作的，具有复杂视觉效果和交互功能的网络广告。富媒体广告的特点在于：富媒体广告通常尺寸比较大，通过视频或者交互的内容播放可以容纳更多的广告信息，甚至可以让受众不需要点击到广告主的网站就可了解广告主的企业及产品的详细内容；同时，富媒体广告自身通过程序语言设计，可以实现游戏、调查、竞赛等相对复杂的用户交互功能，可以为广告主与受众之间搭建一个沟通交流的平台。

（9）网络视频路演 网站利用自身的网络视频播放平台，为广告主的新闻发布会、新品发布会及其他一些地面活动进行网络视频直播或者录播。网络视频路演比电视台实况报道成本更低，传播范围更广阔，能够为广告主快速、生动地宣传其产品及营销活动。

（10）墙纸（Wallpaper）广告 把广告主所要表现的广告内容体现在墙纸上，然后作为网站礼品或纪念品供访问者下载。

（11）直邮（Direct Marketing）广告 它又称邮件列表广告，其利用网站电子刊物服务中的电子邮件列表，将广告加在读者所订阅的刊物中发放给相应的邮箱所属人，目前这一形式逐渐被邮件群发软件所代替。

（12）互动式游戏（Interactive Games）广告 在一段页面游戏开始、中间或结束的时候，广告都可随之出现，并且可以根据广告主的产品要求为之量身定做一个专门表现其产品的互动式游戏广告。

（13）分类广告（Classified Ads） 分类广告是报纸媒体的主要形式，网络分类广告具有数据库功能，能够按照要求迅速进行检索、显示，并能自动更新或转发到用户指定的邮箱，具备强大的优势。

（14）新广告形式——连播巨幅广告 连播巨幅广告是依据互联网的交互特性为广告客户量身定做的一种广告形式，通过浏览者与广告的主动交互，向浏览者传播比传统互联网广告更多的信息，产生更深的广告印象，由于将整体创意分为不同的文件来表现，能够容纳更多的创意素材，特别适合系列产品的介绍、调查用户的收集以及互动游戏等交互性强的推广内容。手动连播巨幅广告是指在同一网站页面中，网民点击巨幅广告中的"next"按钮后，会连续播放巨幅广告画面，每个画面均由独立的文件组成，这样将大大提高原有广告文件的大小限制，使广告更富内涵。自动连播巨幅广告是指当广告投放在同一网站后，系统会自动记忆网民的 Cookies，当网民浏览同一网站的不同页面时，系统将向网民展现同一广告主的不同广告画面。

（15）卷页广告 投放位置固定为频道首页的左或右上角，向中下方向翻卷，不随屏滚动。翻卷角上有明显的"关闭"按钮，可以让用户点击后将广告卷回；或者翻卷后自动播放若干秒再卷回。

（16）电子书籍广告 电子书籍广告尤其适合产品线、分公司颇多的用户，可用翻书的表现形式进行详尽的产品及公司介绍；电子书籍广告给读者较为直观的图文感受，尽显产品的专业性、条理性、美观性；电子书籍广告可以通过针对产品新闻事件、活动历程、历史回顾的报道为用户提供详尽的信息。

网络广告按照形态来分，还可以分为静态广告和动态广告。

## 五、网络广告的优势和劣势

网络广告逐渐成为网络上的热点，无论网络媒体还是企业，均对其充满冀望。于是各网络媒体的经营者纷纷改进经营方向，多元化发展，尽量多地吸引浏览人群及广告客户。我国 IT 业界也于 1997 年～1998 年间意识到网络广告的明朗前景，于是逐渐有网络广告出现在我国的网站中。目前，此趋势越来越明显，网络广告已成为各大网站的建设目标。

### 1．网络广告的优势

网络广告除了具有传统广告的特点外，还具有传统媒体无法比拟的优势。

（1）网络广告传播范围更加广泛　传统媒体有发布地域、发布时间的限制，相比之下，网络广告的传播范围极其广泛，只要具有上网条件，任何人在任何地点都可以随时浏览到网络广告信息。

（2）网络广告可直达产品核心消费群　传统媒体的目标受众分散、不明确，网络广告相比之下可直达目标用户。

（3）网络广告具有强烈的互动性　传统媒体中受众只是被动地接受广告信息，而在网络上，受众是广告的主人，受众只会点击感兴趣的讯息。而厂商也可以在线随时获得大量的用户反馈信息，提高统计效率。

（4）网络广告富有创意，感官性强　传统媒体往往只采用片面单一的表现形式，网络广告以多媒体、超文本格式为载体，图、文、声、像传送多感官的信息，使受众能身临其境般感受商品或服务。

（5）网络广告更加节省成本　在传统媒体做广告费用高昂，而且发布后很难更改，即使更改也要付出很大的经济代价。网络媒体不但收费远远低于传统媒体，而且可按需要变更内容或改正错误，使广告成本大大降低。

（6）网络广告可准确统计广告效果　传统媒体广告很难准确知道有多少人接收到广告信息，而网络广告可精确统计访问量，以及用户查阅的时间分布与地域分布。广告主可以正确评估广告效果，制定广告策略，把握广告目标。

### 2．网络广告的劣势

网络广告除了具有比传统广告明显的优势外，同时也无法避免地带来了它的劣势。

（1）访问者自身对网络广告的过滤　有些访问者根本就不想看到广告，更不用说要求他们有应答反应。这和其他媒体的处境是相似的，只有极少数的消费者会购买产品，但这就行了。关键是要能把广告信息传递给这部分消费者，网络广告的最大的难点在于选准目标市场，否则网络广告就很难促成最终的购买行为。

（2）网络技术对广告的过滤　网络本身一方面为广告提供了更多的空间、机会、工具，同时网络文化本身的起源又是厌恶商业的，所以又出现了一些软件和工具将网络广告作为网络文化的糟粕过滤掉。公司在做网络广告时，一定要检验目标市场是否有极端厌恶商业广告的倾向，是否使用了这些过滤网络广告的工具。

（3）缺乏表达力和营销技巧　网络广告的指导思想是信息促销，而不是印象劝诱，但是信息的表达和传递仍然需要表达技巧，以吸引消费者。所以，仅仅将产品的信息罗列出来，是绝对不能形成成功的网络广告的，传统广告中产生不可抗拒的印象和吸引力的表现技巧及营销技巧在网络广告仍然需要，甚至要求更高。对营销人员来说，如何在向消费者提供丰富的信息资源的同时又能对他们产生强大的吸引力，是一个巨大的挑战。

（4）网络广告对营销人员的要求比其他媒体都要高　网络广告几乎可以看成整个营销的一个缩影，它涉及到吸引顾客、与顾客互动等，这与传统广告的给顾客留下深刻印象的目标相比，已经走得很远。总之，网络广告要求营销人员综合运用传统广告的表现手法、营销技巧及网络工具进行软营销。

# 任务五　收集与整理网络商务信息

## 任务目标

掌握网络商务信息的概念和特点，掌握搜索引擎技巧并能熟练应用，熟悉网络商务信息检索的步骤，了解网络商务信息检索的困难及解决方法。

## 任务相关理论介绍

### 一、网络商务信息的概念和特点

信息（Information），广义地讲，它是物质和能量在时间、空间上定性或定量的模拟型或其符号的集合。信息的概念非常广泛，从不同的角度对信息可下不同的定义。在商务活动中，信息通常指的是商业信息、情报、数据、密码、知识等。网络商务信息限定了商务信息传递的媒体和途径，只有通过计算机网络传递的商务信息（包括文字、数据、表格、图形、影像、声音以及内容能够被人或计算机察知的符号系统），才属于网络商务信息的范畴。

相对于传统商务信息，网络商务信息具有以下显著的特点：

（1）实效性强　传统的商务信息由于传递速度慢、传递渠道不畅，经常导致信息获得了但也失效了的现象。网络商务信息则可有效地避免这种情况，由于网络信息更新及时、传递速度快，只要信息收集者及时发现信息，就可以保证信息的实效性。

（2）准确性高　网络信息的收集绝大部分是通过搜索引擎找到信息发布源获得的。在这个过程中，减少了信息传递的中间环节，从而减少了信息的误传和更改，有效地保证了信息的准确性。

（3）便于存储　现代经济生活的信息量是非常大的，如果仍然使用传统的信息载体，把它们都存储起来难度相当大，而且不易查找。网络商务信息可以方便地从因特网上下载到自己的计算机上，通过计算机进行信息的管理。而且，在原有的各个网站上也有相应的信息存储系统，自己的信息资料遗失后，还可以到原有的信息源中再次查找。

虽然网络系统提供了许多检索方法，但堆积如山的信息常常把企业营销人员淹没在信息的海洋或者说信息垃圾之中。在浩瀚的网络信息资源中，迅速地找到自己所需要的信息，经过加工、筛选和整理，把反映商务活动本质的、有用的、适合本企业情况的信息提炼出来，是需要相当一段时间的培训和经验积累的。

对于现代企业来说，如果把人才比作企业的支柱，信息则可看作是企业的生命，是企业不可须臾离开的法宝。网络商务信息，不仅是企业进行网络营销决策和计划的基础，而且对于企业的战略管理、市场研究以及新产品都有着极为重要的作用。

## 二、搜索引擎的应用

开展网络营销，无论是营销的经营者还是消费者，都需要在因特网上进行信息搜索。进行信息搜索的最强有力的工具是搜索引擎。下面主要介绍搜索引擎在网络营销中的应用。

### 1．经营者应用搜索引擎

网络营销的经营者应用搜索引擎可以进行以下查询：

（1）搜索企业潜在的客户信息，包括有哪些客户有可能成为企业的潜在客户，他们目前在企业所属行业的经营伙伴是谁等。

（2）搜索企业竞争对手的信息，包括竞争对手的所有动态，如开发了什么新产品、老产品有什么改进、采取何种促销活动、经营水平等。

（3）搜索企业所属行业的相关信息，包括本行业国内外发展状况、有什么新产品、本行业整体需求或经营状况等。

（4）搜索与企业有业务往来的企业或组织的信息，包括这些合作伙伴的经营状况等。

（5）搜索与企业相关的政策法规、新闻报道等。

实际上，如果企业有能力，应该去搜索更多的信息，对这些搜索的信息加以整理、分析一定会对企业经营策略的制订有所帮助。

### 2．消费者应用搜索引擎

作为网络营销的消费者，在决定要通过网上商店进行消费时，首先要做的就是上网搜索，利用因特网丰富的信息资源进行方便快捷的查询，充分做到货比多家。

消费者应用搜索引擎可以进行以下查询：

（1）查询所需购买的商品目前的技术水平、价位，对搜索所得的信息进行分析，将该商品分为上、中、下三个档次，根据市场价位和本人经济状况，初步确定本人购买的档次。

（2）查询网上经营本人所需购买商品的主要网上商店。搜索经营该商品的网上商店，可以对不同地区、不同类型的网上商店进行搜索。例如，对几个大城市和厂家的网站、网上零售商店、网上商务中心分别搜索，初步确定几个目标。

（3）对不同网上商店中，该产品的性能、质量、价格、服务以及退换货与维修的承诺进行查询、对比。

当然，还要考查网上商店的支付、物流配送的能力等。

### 3．网上搜索技巧

在网络营销中，不论对经营者还是消费者，都需要经常应用搜索引擎，因此应更好地掌握搜索引擎的使用方法。

下面介绍几种网上搜索的技巧：

（1）选择合适的关键词　在进行搜索时，选择充分体现搜索主题的关键词，可以使搜索引擎返回的结果明确清晰。应注意避免使用普通词汇作为关键词，并且尽量添加限定词。

（2）适当缩小查找范围　在使用搜索引擎进行信息查询时，由于与关键词相关的网页很多，所以往往反馈回大量不需要的信息。这时可以适当缩小查找的范围，缩小范围的方法有：① 输入带有修饰词的关键词，如"轿车"和"国产家庭轿车"，返回的结果会明显不同。② 加入一定的逻辑符号，如给关键词加一对双引号，就只反馈回网页中有与这个关键词完全匹配的网址。③ 利用网页上给出的搜索类别，限制搜索范围。

（3）适当扩大搜索范围　当搜索没有结果或搜索结果太少时，需要适当扩大搜索范围进行模糊搜索。采用模糊搜索的方法可以使搜索引擎将包括关键词的网址和与关键词意义相近的网址一起反馈回来。

（4）逻辑查找或高级搜索　不要满足于基本的搜索方法，应尽量应用布尔逻辑符或高级搜索。

（5）多种搜索工具同时使用　一个搜索站点的搜索引擎只能对有限的网页进行分类整理，不可能检索到所有的网站，实际上可能只有 30%甚至更低。因此，当搜索的结果没有达到要求时，可以在多个搜索站点进行搜索，充分利用它们各自的优点，以得到满意的查询结果。

（6）使用专业搜索引擎进行信息查询　专业搜索引擎针对专业进行优化，检索得来的信息基本上都是面向专业领域的，能比较集中、迅速、准确和全面地反映某一行业的技术和发展情况，对于资源的有效利用很有好处。

## 三、网络商务信息检索的步骤

为了及时、有效、准确、经济地获得网络营销决策所需的信息，企业应该遵循科学高效的检索程序，利用各类适用的检索软件，运用各种科学的检索方法和技巧，明确检索目标，缩小检索范围，获得理想的检索效果。

（1）确定检索主题　检索之前，首先要根据网络营销调研计划的要求确定检索的主题，即确定希望通过检索获得哪些方面的信息。

（2）明确检索目标　要完成一个有效的检索，还应当确定检索的目标，即希望通过检索获得主题信息的深度、广度、信度、效度、可靠度、准确度，以及成本和时间要求。也就是说，要明确在多长时间内、以多大成本搜集多么精细、多大范围、如何准确可靠、如何可信有效的信息内容。

（3）规划检索方法　不同的搜索引擎有着不同的特点与要求，掌握常用搜索引擎的特性，充分发挥它们各自的优点往往可以得到最佳及最快捷的查询结果。

（4）分布细化，逐步实现检索目标　多数搜索引擎都采用了关键字查找的方法。用户在输入框中输入想要查找的关键词，然后单击"搜索"按钮。搜索引擎便到自己的数据库中查找这些关键词，显示满足要求的 URL 列表，列表中的每一页都有自己的超链接，单击该链接就可以查看所匹配的网页。但每个搜索引擎都有自己的数据库并且有不同的特色和使用技巧，对同一关键词进行搜索，不同搜索引擎可能会得到不同的结果。搜索引擎的数据库内包括了已经整理好的由网址、关键词等组成的数量庞大的记录。这些站点设计了不同的算法来负责这些超大型数据库的维护管理，使其全天候接待来自全球各地的用户访问。在确定主题之后，应当列出一个与检索的信息有关的单词清单以及一个应当排除的单词清单；下一步，应该考虑使用哪一个检索软件来获得更有效的检索结果。如果主题范围狭小，不妨简单地使用两三个关键词试一试。如果不能准确地确定检索的是什么或检索的主题范围很广时，可以使用雅虎等分类搜索站点，尽可能缩小检索范围。

### 四、网络商务信息检索的困难及解决方法

因特网所涵盖的信息远远大于任何传统媒体所涵盖的信息。人们在因特网上遇到的最大的困难是如何快速、准确地从浩如烟海的信息资源中找到自己最需要的信息，这已成为困扰全球网络用户的最主要的问题。美国 Lycos 公司的调查显示，80%的被调查者认为互联网非常有用，但为了查找所需要的信息，他们必须花费大量的时间和金钱。很多人表示，在互联网查询信息时仍然需要专家的指导和帮助。对于我国用户来说，面临的问题比国外用户还要严重。我们除了和国外用户面临同样的问题之外，还有信道拥挤、检索费用高、远程检索国外信息系统反应速度慢、语言和文化障碍及大多数用户没有受过网络检索专业培训等多种困难。

在因特网上检索信息困难与下列几个因素有关：

（1）因特网信息资源多而分散　因特网是一个全球性的分布式网络结构，大量信息分别存储在世界各国的服务器和主机上。信息资源分布的分散性、远程通信的距离和信道的宽窄都直接影响了信息的传输速率。一些专家认为，由于发达国家使用互联网进行检索的费用比较便宜，使得大量用户在网上漫游，人为地造成了网络信道拥挤、系统反应速度慢，降低了信息的传输速度。在我国情况更严重，虽然以中国公用计算机互联网（ChinaNet）为首的 5 家网络互联机构（其他 4 家为：中国科技网（CSTNet）、中国教育和科研计算机网（CERNet）、中国金桥信息网（ChinaGBN）、中国联通互联网（UNINET））的主干网信道宽度都有大幅度的提高，但还远远不能满足我国互联网快速发展的需要，信息的传输速度依然十分缓慢。再者，5 家网络互联机构之间互不连通，也为用户带来极大的不便。还有通信资费虽然大幅下调，但与其他发达国家相比依然偏高。这些原因使得我国用户所花费的通信及检索信息的费用比国外用户要高得多。

（2）网络资源缺乏有效的管理　和网络飞速发展形成鲜明对照的是，至今还找不到一种方法对网络资源进行有效的管理。目前，对万维网的网页和网址的管理主要依靠两个方面的力量：一是图书馆和信息专业人员通过对 Internet 的信息进行筛选、组织和评论，编制超文本的主题目录，这些目录虽然质量很高，但编制速度无法适应 Internet 的增长速度；二是计算机人员设计开发的巡视软件和检索软件，对网页进行自动搜集、加工和标引。这种方式省时、省力，加工信息的速度快、范围广，可向用户提供关键词、词组或自然语言的检索，但由于计算机软件在人工智能方面与人脑的思维还有很大差距，在检索的准确性和相关性判断上质量不高。因此，现在很多检索软件都是将人工编制的主题目录和计算机检索软件提供的关键词检索结合起来，以充分发挥两者的优势；但由于 Internet 的范围和数量过大，没有建立统一的信息管理和组织机制，使得现有的任何一种检索工具都没有能力提供对网络信息的全面检索。

（3）网络信息鱼目混珠　因特网上的信息质量参差不齐。在西方国家，特别是美国，

任何人都可以在网上不受限制地发布自己的网页，在这种环境下，有价值的信息和无价值的信息，高质量的学术资料或商业信息与劣质、甚至违法的信息都混杂在一起。但目前，因特网上还没有人开发出一种强有力的工具对信息的质量进行选择和过滤。用户会发现大量毫无用途的信息混杂在检索结果中，大大降低了检索的准确性，浪费了用户的时间。

（4）各种检索软件检索方法不统一　各种检索软件使用的检索符号和对检索方式的要求不一样，给用户的使用造成了很大不便。如果用户希望检索"China"和"Economy"主题的文件，可以将检索式写为"China and Economy"，但不同的检索软件使用的符号是不一样的，如 Alta Vista 的简单检索用"＋"号，高级检索用"&"号；Lycos 用"."号；Excite 用"and"或"＋"号等。由于各种检索软件对符号的规定不同给检索带来了困难，在检索式的组成上，不同的检索软件也有不同的要求，如 Excite 要求用户在写检索的主题时尽可能详细，但 Magellan 则要求用户尽可能以简短的词表示查询主题，有些检索软件要求用户将人名和专有名词都大写，有些则大小写都可以。

面对上述困难，计算机专家和信息管理专家积极地探索和开发了一系列检索软件，并将其用于网络资源的管理和检索，取得了很大的进展。目前，全世界各个国家所开发的各类型检索软件已达几百种。我国以及新加坡都开发出了中文（GB 或 GB5）的检索软件，对推动网络信息的使用和传输做出了重要贡献。为了得到更准确的内容，更加充分地利用这些检索软件，必须使用一定的技巧（如多个关键词和布尔检索技术）来缩小检索范围。

（1）合理使用各种符号改善检索过程　为了使用户更方便有效地检索内容，许多检索网点允许使用布尔操作符。布尔操作符提供了一种包括或排除关键字的方法，以及检索引擎如何翻译关键字的控制方法。大多数检索引擎提供了如何使用引擎的提示，以及如何在检索中输入布尔操作符的相应词法，但它们一般都支持基本的布尔操作：AND（与）、OR（或）和 NOT（非）。检索时，通常不必输入大写的布尔操作符，但大写却能直观地分隔关键字和操作符，而且各个检索工具所使用的符号和格式也不尽相同。

（2）充分利用索引检索引擎　索引检索引擎（Metasearch Engine）是一种检索其他目录检索网点的引擎。索引检索引擎网点将查询请求格式化为每个目录检索网点能接受的适当格式，然后发出查询请求，最后索引检索引擎以统一的清单表示返回结果。索引检索会花费稍多一点的时间，但是由于它可以从许多不同的来源中检索出结果，最终会得到好的结果，故而从总体上讲是节省了时间。当使用索引检索引擎时，最好看一下例子或帮助，如果使用了错误的词法，检索时间将会延长，并且可能得不到想要的结果。

### 知识链接

搜狗（http://www.sogou.com）是由搜狐研发、于 2004 年 8 月 3 日面世的专业搜索网站。搜狗"购物搜索（http://shopping.sogou.com）"涵盖了上千家网上商城，在搜狗"购物搜索"中，用户可以进行商品的搜索和价格的比较，在查询某一商品时可以通过品牌、型号、商品名称等任意词汇进行查询，系统都会智能提示相关的主题，引导用户快速找到所需的信息。搜狗以搜索技术为核心，致力于中文互联网信息的深度挖掘，帮助中国上亿网民加快信息获取速度，为用户创造价值。

# 任务六　掌握博客营销

## 任务目标

掌握博客营销的含义，了解博客的基本构成，掌握博客营销的运用模式，熟悉企业博客营销的应用。

## 任务相关理论介绍

### 一、博客营销的含义

博客营销是一种基于个人知识资源（包括思想、体验等表现形式）的网络信息传递形式。从营销角度来说，商家和消费者之间的一切都是工具。我们把所有利用博客进行的各种产品、品牌、形象等的营销称为博客营销。开展博客营销的基础是对某个领域知识的掌握、学习和有效利用。

博客营销是以一种平等互动的方式传播知识价值，沟通并满足消费者对知识性产品的综合需求。在博客营销过程中，需要把品牌文化、产品价值、服务统一起来进行规划和促进。博客营销就是要向消费者传播知识和信息，让消费者接受产品的知识。博客营销就是要向消费者介绍体现知识价值的产品，就是要保障产品为消费者实现价值，就是要在完成向消费者提供知识价值的同时，实现自我价值。

### 二、博客的基本构成

企业博客的基本构成主要是：博客日志、评论、链接、嵌入式广告、RSS 定制服务及交叉互补应用各类网络营销方式。这些构建了企业博客的主体构架，也是博客营销实现过程的技术手段。

#### 1. 博客日志：软文

企业博客的主体是网络日志。网络日记也称为网络日记（简称为网志），英文单词为 Blog（Web 和 Log 的组合词 Weblog 的缩写），是指一种特别的网络出版和发表文章的方式，倡导思想的交流和共享。日志的发布比电子邮件、新闻群组更加简单和方便易用。企业的网络日志通常由简短且经常更新的文章构成，这些文章按年份和日期排列，通过网络传达实时的信息。

博客日志与其他网络营销工具相比的特点为：首先，博客是一个信息发布和传递的工具；第二，博客与企业网站相比，博客文章的内容、题材和发布方式更为灵活；第三、与门户网站发布广告和新闻相比，博客传播具有更大的自主性；第四、与供求信息平台的信息发布方式相比，博客的信息量更大；第五、与论坛营销的信息发布方式相比，博客文章显得更正式，可信度更高。

### 2．评论：互动

在企业博客网站中，来访者的评论是构建博客沟通的桥梁。一方面，来访者对于博客日志的评论是对于日志本身内容的反馈；另一方面，从评论的互动中，反馈了来访者对于产品、企业信息的态度。而来访者既包括了消费者，也包括了竞争对手和本企业的员工。从评论的内容来看，评论褒贬不一，且来访者的评论语言直接、无所避讳。评论是把双刃剑，既是一种沟通，有时却也会违背企业博客建立的初衷。

### 3．链接：扩散性传播

互联网信息传播的重要特性之一是扩散性，它是通过无限交织在一起的链接实现的。博客文章主要通过互联网传播，因此超级链接就成为博客文章的一大特色。实际上，合理的超级链接也是博客文章与博客营销的桥梁。

### 4．嵌入式广告：独特影响力

嵌入式广告是指将产品或品牌及其有代表性的视觉符号、服务内容策略性地融入媒介（如电影、电视、报纸、杂志、广播等）内容中，通过场景、人物、故事情节等方法再现，让阅听人留下对产品及品牌的印象，继而达到营销的目的。嵌入式广告分为三个层次：简单嵌入，如单纯的电视栏目冠名；整合嵌入，将品牌个性与某一栏目或事件进行深入捆绑；焦点嵌入，将品牌或产品带入某一热点、焦点事件。在传统媒体中，嵌入式广告在电影、电视剧中崭露头脚。在心理学上，嵌入式广告被称之为潜意识作用的广告。而在网络媒介——博客营销中，嵌入式广告与链接如同孪生姊妹，形影不离，且在博客营销中运用甚广，效果俱佳。

### 5．RSS 定制服务

现在，RSS 技术日益成为网络公司提示用户的一种有效手段。通过点击 RSS，用户可以方便快捷地得到最新的产品信息，如 Ask.com 推出的 Bloglines 和 Google 推出的 Google Reader 等。通过 RSS 技术，亚马逊、eBay 等电子商务公司加强了与客户的联系，推动了销售的增长。个人博客中到处都是 RSS 定制服务，其作为网络营销的新手段之一，企业自然也不会放过这个新的技术。

### 6．交叉互补应用各类网络营销方式

网络营销是借助一切被目标用户认可的网络应用服务平台开展的引导用户关注的行为或活动，目的是促进产品的在线销售及扩大品牌影响力。

在互联网 Web1.0 时代，常用的网络营销有：搜索引擎营销、电子邮件营销、即时通信营销、BBS 营销、病毒式营销；但随着互联网发展至 Web2.0 时代，网络应用服务不断增多，网络营销方式也越来越丰富起来，其中包括：博客营销、播客营销、RSS 营销、SN（Social Net）营销、创意广告营销。这些营销方式和博客营销之间通常是相互交叉的，互为相辅的。

目前，在企业博客营销中涉及的网络营销方式主要是标签营销、搜索引擎营销、SN营销、知识型营销。这些技术的应用彼此交织，有时不能完全分离，共同作用于企业博客营销。

（1）标签营销　标签就是一篇文章的关键词。企业博客营销中，可以为日志文章或

照片选择一个或多个词语（卷标）作为标记，这样一来，凡是博客网站上使用该词语的文章自动成为一个列表显示。添加标签的文章就会被直接链接到网站相应标签的页面中，这样浏览者在访问相关标签时就有可能访问到企业的文章，增加了企业博客文章被访问的机会。

（2）搜索引擎营销　搜索引擎营销分为两种：搜索引擎优化（SEO）与搜索引擎广告营销。搜索引擎优化是通过对网站结构（包括内部链接结构、网站物理结构、网站逻辑结构）、高质量的网站主题内容、丰富而有价值的相关性外部链接进行优化而使网站为用户及搜索引擎更加友好，以获得在搜索引擎上的优势排名，为网站引入流量。搜索引擎广告营销很好理解，是指购买搜索结果页面上的广告位来实现营销目的。各大搜索引擎都推出了自己的广告体系，相互之间只是形式不同而已。搜索引擎广告的优势是相关性，由于广告只出现在相关搜索结果或相关主题网页中，因此搜索引擎广告比传统广告更加有效，客户转化率更高。

（3）SN营销　SN是互联网Web2.0的特征之一。SN营销是基于圈子、人脉、六度空间等概念而产生的，即通过主题明确的圈子、俱乐部等进行自我扩充的营销策略，一般以成员推荐机制为主要形式，为精准营销提供了可能，而且实际销售的转化率偏好。例如，Google GMail邮箱即采用推荐机制，只有别人发给你邀请，你才有机会体验GMail；同时，当你拥有了GMail才又可以给其他人发邀请，用户通过邀请机制扩展了其社交网络。Google GMail通过用户的不断传递与相互关联，实现了品牌的传递，这也可以说是病毒式营销的升华，这对于用户认可产品的品牌起到了很重要的作用。

（4）知识型营销　知识型营销就像百度的"知道"，通过用户之间提问与解答的方式来提升用户粘性，你扩展了用户的知识层面，用户就会感谢你。试想企业不妨建立一个在线疑难解答的互动频道，让用户体验企业的专业技术水平和高质服务；或是不妨设置一块区域，专门向用户普及相关知识，每天定时更新。同样，现在很多IT企业也在其博客上推出技术支持、疑问解答的界面，通过这种方式拉近企业与用户的关系。

### 三、博客营销的运用模式

虽然博客营销对于不同领域、不同企业而言没有统一的模式，不过有关博客营销的基本思想是相通的，可以作为制订博客营销基本操作模式时的参考。对博客营销现状的研究认为，博客营销主要表现为三种基本形式：利用第三方博客平台的博客文章发布功能开展的网络营销活动；企业网站自建博客频道，鼓励公司内部有写作能力的人员发布博客文章以吸引更多的潜在用户；有能力运营、维护独立博客网站的个人，可以通过个人博客网站及其推广，达到博客营销的目的。根据企业博客的结构、内容及运用的形式，总结了目前博客营销的运用模式，主要有以下5个基本步骤：

#### 1. 建博客网站或者选择博客托管网站

国内主要的博客托管平台是企业博客网、天极、新浪企业博客。天极企业博客作为搜索排名较高的企业博客，它主要是提供IT类企业的博客，且以搜索排名的相关新闻为企业博客的主体，企业主动性较弱。此外，天极企业博客加强了互动部分，为每个企业博客专门下设 BBS 讨论区，给用户很大的反馈空间。每个博客会自动罗列企业的相关竞争对手、企业重大历史事件以及与行业相关的新闻报道。

对于在国际范围内营销的企业，一般来说，应选择访问量比较大以及知名度较高的博客托管网站。对于某一领域的专业博客网站，应在考虑其访问量的同时还要考虑其在该领域的影响力，影响力较高的网站，其博客内容的可信度也相应较高。如有必要，也可能选择在多个博客托管网站进行注册。

### 知识链接

访问量比较大以及知名度较高的博客托管网站，可以根据 Allexa（http://www.alexa.com）全球网站排名系统的信息进行分析判断得出。

#### 2．一个中长期博客营销计划

这一计划的主要内容包括从事博客写作的人员计划、写作领域选择、博客文章的发布周期等。由于博客写作内容有较大的灵活性和随意性，因此博客营销计划实际上并不是一个严格的"企业营销文章发布时刻表"，而是从一个较长时期来评价博客营销工作的参考。

#### 3．博客营销纳入到企业营销战略体系中

无论一个人还是一个博客团队，如果想要保证发挥博客营销的长期价值，就需要坚持不懈地写作，并采用合理的激励机制。

#### 4．组合利用博客资源与其他营销资源

博客营销并非独立的，它只是企业营销活动的一个组成部分，为使博客营销的资源可以发挥更多的作用，将博客文章内容与企业网站的内容以及其他媒体资源相结合的策略，是对博客内容资源的合理利用，也是博客营销不可缺少的工作。

#### 5．对博客营销的效果进行评估

与其他营销策略一样，对博客营销的效果也有必要进行跟踪评价，并根据发现的问题不断完善博客营销计划，让博客营销在企业营销战略体系中发挥应有的作用。博客营销的效果评价方法，可参考网络营销其他方法的评价方式来进行。无论哪种形式的博客营销，都存在如何将个人知识、思想与企业营销目标、策略相结合的问题，这也是现阶段博客营销中最为突出的问题之一。另外，博客营销以博客的个人行为和观点为基础，具有营销导向的博客需要以良好的文字表达能力为基础，企业的博客营销依赖于拥有较强的文字写作能力的营销人员。

### 四、企业博客营销的应用

企业博客营销的应用是综合的营销技术的应用，也是整合营销中的一个新环节。基于现有的营销应用，博客营销还主要集中在公关、产品推广等方面。

#### 1．企业公共关系管理

发起者无需花钱，在某种媒体上发布重要的商业新闻，或者在广播、电视中和银幕、

舞台上获得有利的报道、展示、演出，用这种非人员形式来刺激目标顾客对某种产品、服务或商业单位的需求。中国博客网首先推出的"公共企业博客"，它是企业深化品牌形象、拓展网络营销、加强客户关系、传播企业文化、培育公共关系的一个平等、开放、多元的信息交互和市场营销平台。企业博客可以在以下几个方面发挥作用：消费者沟通、品牌打造、市场调查、新产品测试、广告测试、售后服务、媒介关系处理、公关辅助等。

企业博客的公共关系管理分为三个层次：其一，是公共关系宣传，即通过各种传播手段向社会公众进行宣传，以扩大影响，提高企业的知名度；其二，是公共关系活动，即通过举办各种类型的公关专题活动来赢得公众的好感，提高企业的美誉度；其三，是公共关系意识，即企业员工在日常的生产经营活动中所具有的树立和维护企业整体形象的思想意识。在企业的经营活动中，公共关系管理经常与其他管理活动配合使用，以便充分发挥各项管理工作的整体效应，使企业经营管理工作的实施效果更好。公共关系管理是一种长期的活动，涉及的不是一种产品或一个时期的销售额，而是有关企业形象的长远发展战略。

### 2. 企业媒介关系管理

众所周知，传统媒体（如报纸、电视等）的传播模式是单向的，即传播者发信息给受众。即便有些大众传媒力争达到传播的双向性，通过开办读者"回音壁"等形式，使信息再次反馈到大众传媒那里，但如果与博客作一比较，就会发现真正完成信息反馈，能做到信息双向传播的还是博客。传统媒体所谓的信息反馈只能在一定程度上发生，因为在信息传播的层面上，大众传媒更多的是充当"把关人"的角色，也就是起筛选信息、设置议题、把握舆论导向的作用，受众的反馈极其有限，因此被采纳的建议就更少。

而博客的主要特征就是交互性和链接性，而且博客是互动的。面对上文中提到企业博客负面评论的问题，博客的媒介管理有着两种对策：选择如 Google 般，另设评论通道；直接正确处理评论。采用直接正确处理评论有以下几个步骤：

第一步，是确定批评是否合理。如果所言非虚，应该马上进行市场调查，搞清楚问题的现状和趋势，查明原因所在，有针对性地进行处理，把可能出现的危机消灭在萌芽状态，巩固和加强企业在消费者心目中的形象。同时，不要忘记感谢使企业认识到问题所在的博客用户，并鼓励其他的参与讨论者踊跃发言，贡献自己的真知灼见。这种类似"头脑风暴"的效果，可是花大价钱请咨询公司也不一定能得到的，这样也能够形成企业—受众反馈机制的良性循环。

相反，如果所讲的内容不实，企业可以选择沉默，因为回应反而会使错误的观点流传得更快、更广，并且看起来似乎更有道理。但是仍然要继续监测网上评论，特别是其他用户的反应，当对产品或服务有过直接经验的用户的认识与流传的这些负面观点不同时，他们会加入讨论并质疑这些评论，从而以消费者的立场告诉其他消费者真相。如果事态的发展不妙，消费者的误解有恶化的迹象时，就有必要做出适当的回应，但务必要谦恭而简短地解释事实和企业的观点，并举例支持。

第二步，是确定"评价结论"的来龙去脉。消费者在作出购买决策之前，往往通过博客等网络资源来快速寻找有关公司、产品或某个特定话题的相关信息。在购买行为之后，消费者还会通过博客把自己对产品服务的直接经验公布，或心满意足而鼓励其他观望者购买，成为免费的宣传员；或有不满、抱怨、疑问而加以宣泄，成为消费者信任危机的起源。这种消费者之间的口碑传播的威力是非凡的。博客是以网络日志的形式呈现的，内容不断累积并按照日期先后排列，信息传播不再稍纵即逝，信息资料得以储存，能够成为某一主题的资料库。这种积累不仅包括传播者的原始信息，更重要的是包括了不断加入进来的受众的反馈、补充和讨论，看看这些资料，企业就能够判定哪些评论是积极的，哪些是消极的，能知道消费者的衡量标准以及一些"评价结论"的来龙去脉。

博客媒介关系管理就是通过博客的形式，发布官方信息和意见，对用户信息和意见进行跟踪，对市场和投放效果进行调查以及发布专业评论。博客的商业应用涉及了包括从发布信息、处理公共事务到平衡媒介关系、促进投资者关系、辅助公共事务，再到企业形象的塑造等诸多公共关系领域。因此，博客的应用才真正可以为企业实现相当可观的有形和无形收益。

### 3．企业客户管理

客户关系管理（Customer Relationship Management，简称 CRM）的主要含义就是通过对客户详细资料的深入分析来提高客户的满意程度，从而提高企业的竞争力的一种手段。

企业博客中，无论是日志、评论、链接，还是 RSS 定制服务，都包含着 CRM 的理念。在企业博客营销中，企业的 CRM 为了坚持"让客户参与"的原则，就必须为客户创造更多的参与机会，因此企业就必须以一种互动的方式不断地与客户沟通，寻求问题的解决方案，而不是关起门来自己解决。而解决问题的关键就是站在客户的角度来考虑问题；另一个重要因素就是要不断地沟通。

### 4．口碑营销

随着第二代互联网（Web2.0）时代的到来，博客这种高度彰显自我的互动平台在中国变得炙手可热起来，博客广告也成为了一个焦点。美国与韩国的博客发展较中国更为成熟，并且已经开始应用博客进行有目的的口碑营销。

在博客中进行口碑营销有三点好处：首先，你要倾听消费者的声音；其次，朋友的话肯定比销售商的话可信度要高；第三，有时候客户的反馈还能给企业带来设计产品和解决问题的新理念。实际上，这就是为广告主节省了费用。

> ❖❖❖❖❖❖❖❖❖❖❖❖❖❖　知识链接　❖❖❖❖❖❖❖❖❖❖❖❖❖
>
> 有些公司的 CEO，他们有自己的像日志这样的交流平台。实际上，这种交流在影响着企业自身的销售，而且这种交流可以最大限度地降低不良口碑的传播。企业领导人如果有机会通过网络与直接消费者做互动，这对他的产品推广和销售会有直接的效用。在国内，网易在利用网络进行口碑营销方面做着积极的探索，并与品牌客户有着成功的合作。网易在网络营销方面突破了单纯的广告形式，结合不同行业状况和营销特征，开发出"广告＋公关"、"广告＋论坛"等多种形式，针对不同的内容用户开展行之有效的口碑营销，为提升品牌形象、促进产品销售起到了好的作用。网易部落也是国内三大门户中最早建立的博客频道，可以成为客户开展公关推广和品牌营销的重要博客平台。

### 5. 整合营销中的一个环节、一种媒介

整合营销已经成为全球市场的发展趋势，我们不仅要关注产品以及与顾客和潜在顾客的传播沟通等传统基础，更要重视顾客的认识、顾客的知识和我们提供知识的能力。用整合的观点把注意力集中于客户在做什么，而不是在细分的概念下关注客户是什么，是整合营销与传统营销的根本区别之一。其背后隐含的是，整合营销传播试图从财务价值角度来描述客户，在这种视角下，描述的词汇不再是客户的年龄、收入、性别、生活方式，而是收入流。也就是说，整合营销传播用购买行为来识别客户，并且通过测算不同购买行为给公司带来的收入流，把客户"换算"成可以用美元计算的单位。这样，客户成了具有财务价值的资产，那些管理客户信息的部门可以自豪地说，他们实际上管理着公司的资产，而且其数目相当可观。

博客营销中，无论是网上完美的技术解答，还是 Google 提供的最完备的服务支持平台，都在诠释着整合营销传播"以消费者为中心"的现代营销理念。

企业博客、口碑营销、客户关系管理、公共关系都是整合营销中围绕以客户为中心这一理念，综合运用的营销技术手段。无论是硬策略（中间层）还是软策略（外层），都紧紧地围绕在消费者的周围。信息通过相互之间的联结得到了传递，一致面向顾客，才能更加有效地控制消费的信息加工过程。

### 6. 价值传达：企业品牌文化营销的新阵地

美国营销协会（AMA）认为企业博客主要价值在于加强客户关系、深化品牌形象、测试产品概念和建立公共关系。而随着各个领域的创新营销，企业博客营销不仅是产品营销、品牌营销，更成为一种文化营销。

企业博客是典型的 Web2.0 应用，更加个性化，更具互动性。它和企业正式网站相比，能够让用户更亲密地接触到企业的文化，便于企业文化的快速建立和传播。

## 知识链接

博客最好是个性化的。从一开始，博客就是以个人日记的形式存在的，所以博客的内容也应该是个人化的。企业博客不必按上市招股书或者年度报告那种口气来写，个性化的博客完全可以嬉笑怒骂，搞搞无厘头，发发牢骚。越是展现个人风格的博客，越能吸引读者。博客作为很好的企业公关工具，可以说是进可攻、退可守。企业博客也都是个人写的，很多时候完全可以不必代表公司的立场，有时候自卖自夸一下或讽刺一下竞争对手都无伤大雅，写的时候也不必打草稿，写错了、写的不合适也没什么大不了。这样充满个人化的载体可以给一个企业带来很大的公关利益，聚集众人的目光，可以变成一个解释公司立场的场所。

## 示例

雅虎搜索日志并非正式的新闻平台，它由内部员工或外部特邀博客写手编写，内容只是雅虎关于搜索行业的点滴思考，这使用户感觉更加直接、生动，将有助于广大用户

及搜索爱好者形成更好的用户体验。虽然开通不久，但博客文章《纪念一搜》、《神奇的分布世界》等已经开始吸引住部分 IT 圈内人士和忠实用户。

"Google 黑板报"的口号是"走近我们的产品、技术和文化"，它侧重的是发布相关产品、技术和文化的新闻、报道或感悟，对外并不开辟评论留言功能。"雅虎搜索日志"强调发现、使用、共享、扩展，不但具备了信息发布功能，也开放了即时留言评论回复功能。

### 📋 分析提示

实际上，雅虎搜索日志的目的是通过帮助人们发现、使用、分享、拓展全人类知识来丰富人们的生活；谷歌搜索日志的目的是整合全球的信息，使其为每个人所用，让所有人受益。前者强调以人为本，后者更强调技术至上。因此，有评论认为，"Yahoo 搜索日志"与"Google 黑板报"实质上可以看作是一场企业理念的较量，是人力与技术的较量。

## 单 元 总 结

1. 网络营销的内容和特点及其与传统营销的关系。
2. 网络营销市场的细分、目标市场的定位以及网络营销策略组合。
3. 电子商务网站建设方法及站点推广技巧、方法。
4. 网络广告的概念、特点、分类以及优势和劣势。
5. 网络商务信息的概念和特点、商务信息检索的步骤、困难及解决方法。
6. 博客营销的含义、运用模式及其应用。

## 课 后 习 题

### 一、单选题

1. 网络营销产生的现实基础是（　　）竞争的日益激烈化。

   A. 商业　　　　　　B. 人才　　　　　　C. 国家　　　　　　D. 实力

2. 网络市场调研的优势不包括（　　）。

   A. 网络调研的及时性和客观性　　　　　B. 网络调研的便捷性和经济性

   C. 网络调研的生动性　　　　　　　　　D. 网络调研的互动性

3. 在网络营销中，（　　）是沟通企业与消费者的重要内容和手段，是整个信息系统的基础，也是网络营销市场调研定量分析工作的基础。

   A. 数据　　　　　　B. 信息　　　　　　C. 数据库　　　　　D. 数据库系统

4. 网络营销广告效果的最直接评价标准是（　　）。

   A. 显示次数　　　　B. 浏览时间　　　　C. 点击率　　　　　D. A 和 C

5. 网络营销广告的信息沟通运作模式中，它的主体不包括（　　）。

   A. 广告主　　　　　B. 广告受众　　　　C. 推销员　　　　　D. 网络

## 二、多选题

1. 影响网络营销价格的因素有（　　　）。
   A. 成本因素　　　　B. 供求因素　　　　C. 顾客因素　　　　D. 竞争因素
2. 站点推广的原则是（　　　）。
   A. 顾客之上原则　　　　　　　　　　B. 稳妥慎重原则
   C. 综合安排实施原则　　　　　　　　D. 效益/成本原则
3. 下列哪些商品适合在网上销售？（　　　）。
   A. 鞋帽　　　　　B. 图书　　　　　C. 软件　　　　　D. 钻石
4. 网络营销的主要促销形式是（　　　）。
   A. 关系营销　　　　B. 网络广告　　　　C. 站点推广　　　　D. 销售促进
5. 网络营销与传统营销的区别表现在（　　　）。
   A. 时空观念的变化　　　　　　　　　B. 信息沟通方式的变化
   C. 消费群体的变化　　　　　　　　　D. 消费行为的变化

## 三、简答题

1. 试述网络广告的优势、劣势。
2. 对于不同的消费者行为，请分别提出一个营销策略。
3. 简述网络营销与网上销售的区别。
4. 在网络营销环境下，消费群体的基本特征有哪些？

## 四、实践操作题

1. 结合本单元内容，登录电子商务相关网站，查询国内外电子商务的发展过程及现状，写出调查报告。
2. 登录亚马逊网上书店，了解网上书店与传统书店的异同点，分析电子商务与传统商务的区别。

## 五、案例分析题

**案例**

"可新"连锁便利店是一个具有600多家商店的传统企业，主要经营牛奶、面包、卷烟、休闲食品等。为进一步拓展市场，公司决定发展基于B2C模式的网上便利商店，将传统商务与电子商务进行整合。网上商品的合理定价是B2C电子商务网站营销的战略规划之一，目前网上商品定价的方法还没有统一的规律，各企业的定价战略因企业自身的销售模式而定。

问题：你认为"可新"网上商店应从哪几个方面考虑网上价格战略？为什么？

# 第七单元　学会网络采购

　　网上交易是电子商务中的一个极为重要的、关键性的组成部分。电子商务较传统商务的优越性，成为吸引越来越多的商家、个人上网购物和消费的原动力。网络采购已是大势所趋，无订单采购和无票据自动结算将是网络采购的最佳形式。无论是政府、企业，还是个人，都可以通过计算机网络完成采购任务。合理、正确地选择与评价供应商是网络采购十分重要的环节，同时，也要注意规范网络采购的业务流程。

## 任务一　掌握网络采购的基本方法

### 任务目标

　　掌握网络采购的基本含义，认识到它与传统采购比较所具有的优势，掌握网络采购的策略。

### 任务相关理论介绍

#### 一、传统采购概述

##### 1. 采购的含义

　　采购是指企业为了进行正常的生产、服务和运营，而向外界购买产品或服务的行为。它是企业生产经营活动的一个重要组成部分，连接着生产与销售等各个环节，对生产、销售以及企业最终利益的实现有着很大的影响。采购可分为直接采购和间接采购两种。直接采购是指与企业生产直接相关的原材料、零部件、生产设备等的采购。这类采购通常有固定的供应渠道，有采购供应商的选择、比较程序，在企业管理中处于重要地位，管理程序相对比较固定。间接采购是指企业日常用品和服务的采购，包括通信、资本性设备、计算机硬件和软件、广告、办公用品、差旅和娱乐性支出、办公设备、设备维修和维护、日常经营性商品等。

### 2．传统采购的弊端

（1）采购成本居高不下　在一般的工业企业中，物资采购的成本占到企业生产总成本的 70%以上，从事采购工作的员工的数量和日常支出也极为可观。

（2）采购周期冗长　传统企业采购的周期较为冗长，一般对国产原材料的采购需要一个月时间，进口原材料的采购周期要 3～6 个月。

（3）采购信息缺乏沟通与共享　传统的采购活动由于缺乏实时、动态、双向交互的信息沟通手段，使企业采购信息不能得到及时的沟通与共享。

（4）采购文档处理费时费力　传统的采购活动是建立在大量的纸面文件的基础之上的，从生产部门采购需求的提出到与供应商的各种联系，再到交货及资金的结算，整个过程产生了大量的纸质凭证，耗费了大量的人力。

（5）库存积压和物资短缺并存　在消费者需求越来越追求多样化和个性化的今天，如果有过多的库存成品，就必然会增加库存的成本，同时还会形成资金的积压，加大了销售的风险。

（6）采购范围受地理局限　采购部门选择供应商很大程度上受到地理位置的局限性，与外地的供应商联系，差旅费用、通信费用都较高。

（7）采购环节监控困难　在很多企业，特别是国有企业都或多或少存在着不规范采购的行为，如采购中的回扣现象、不按正常的程序采购、随意违反合同条款等。

（8）采购招标往往流于形式　采购招标是传统采购模式中比较科学和有效的采购方法，但由于受到地域、供应商资料及制度上的缺陷等条件的限制，不能使真正有实力和优势的供应商参与竞标。

## 二、网络采购概述

### 1．网络采购的含义

网络采购是指通过因特网发布采购信息、接受供应商网上投标报价、网上开标以及公布采购结果的全过程。网络采购的主要目标是对于那些成本低、数量大或影响业务的关键产品和服务订单实现处理和完成过程的自动化。

当前的网络采购正处在快速的成长阶段，许多企业和公司出于自身业务的急剧增长或竞争的需要，纷纷对网络采购进行了大量的投资，这些投资包括对企业原有的 ERP 系统进行改造或自行构建新的商务系统。网络采购是大势所趋，无订单采购和无票据自动结算将是网络采购的最佳形式。

**知识链接**

据 Jupiter Research 的分析师埃文斯称：到 2009 和 2012 年，美国网络零售额将分别增长到 1 660 亿和 2 150 亿美元，年均复合增长率约为 11%。根据 Jupiter Research 的预测，到 2012 年，网络零售额将占到全部零售额的 8%。2008 年，超过半数的网络采购商品种类仍然在以两位数的速度增长。照此速度发展下去，到 2012 年至少 50%的零售业务将受到网络影响，8%的零售额将通过网络实现。

### 2．网络采购与传统采购的区别

网络采购相对于传统的采购方式，最主要的区别就是网络采购采用现代计算机网络技术，特别是以因特网的应用为工具，把采购项目的信息公告、发标、投标报价、定标等过程放在计算机网络上来进行，采购相关的数据和信息实现了电子化方式。

### 3．网络采购的优点

网络采购作为一种先进的采购方式，其优势主要体现在：

（1）大大减少了采购需要的书面文档材料，减少了对电话、传真等传统通信工具的依赖，提高了采购效率，降低了采购成本。

（2）利用网络开放性的特点，使采购项目形成了最有力的竞争，有效地保证了采购质量。

（3）可以实现电子化评标，为评标工作提供方便。

（4）由于需要对各种电子信息进行分析、整理和汇总，可以促进企业采购的信息化建设。

（5）能够更加规范采购程序的操作和监督，大大减少采购过程中的人为干扰因素。

---

**知识链接**

政府采购正在成为政府有偿获取货物、工程和服务最通用的做法，也正在成为一种国际趋势。国外成功的政府网络采购具有以下主要特点：起步早、积极运用新的信息技术、前期比较注重规划、计划性好、尊重实效、注重程序、尊重企业的创造性、允许企业进入参与建设。国外的政府网络采购正处于积极发展的状态中，不少国家认定发展政府网络采购是提升和改造政府采购的重要举措，是未来的发展方向。

资料来源：国匙网.

---

## 三、网络采购的策略

网络采购的解决方案已成为众多计算机软、硬件厂商开发的热点问题，目前成熟的产品也已较为常见，这些方案对网络采购的各个方面进行了设计，使得采购工作程序化、自动化。但是，企业开展网络采购并不是选用某一公司的软件就万事大吉了，实际上网络采购不仅仅影响了企业采购的流程，还深入到整个企业的业务运作之中，将从根本上改变企业的运营方式。企业只有内外结合、软硬兼施，才能建立起一套运行良好的网络采购体系，才能充分发挥网络采购的优势。

### 1．逐步实现企业内部的信息化

网络采购的开展必须要有内部信息系统作为支持，只有企业内部实现了信息化，才能使网络采购发挥出更好的优势。当前，我国有一些企业把网络采购只当作一种尝试，偶尔为之。究其原因，一方面对网络采购的发展趋势还持怀疑态度；另一方面，因为没有企业内部信息化的配套条件，其作用很难发挥。因此，加快企业内部信息化建设已成为当务之急。通过建设企业内联网，应用 ERP 系统，把企业进货、销货、存货、生产以及财务、计划等各个环节通过网络连接起来，再把网络延伸到企业外部与网络采购系统对接，这样才能成为网络采购的真正受益者。

## 2. 设计开发符合企业自身特点的网络采购软件

企业开展网络采购，要求把采购请求形成、请购单填写、采购审批、订单下达等各项采购工作都通过网络并借助计算机软件来实现，因此网络采购软件的作用是十分重要的。目前，市场上这类成品软件十分丰富，但不同的软件其侧重点和出发点也有所不同，不同的软件各有自己的优势和劣势，这就要求企业需要根据自身的采购规模、周期等情况选用最符合自身需要的软件，不要盲目追求功能强大，也不应片面追求国外大公司的产品，必须坚持"最合适的才是最好的"的原则，避免产生花大钱办不成事的结局。

一般来说，网络采购软件必须建立在 Internet 基础之上，包括 CA 认证、咨询和支付等功能，根据企业的需要还应提供商业伙伴目录、定价服务以及集成功能，还要能与 ERP 和办公自动化等后台系统集成；另外，采购管理人员的工作界面必须友好、简单明了、易操作。当然，除购成品软件外，企业也可委托软件公司或企业计算机专业人员专门开发，真正设计出符合企业需要的采购软件，为企业更好地开展采购业务服务。

## 3. 加强对采购管理人员的培训

网络采购的有效实施离不开高素质的管理人员，他们应掌握专业的采购管理知识，同时还必须有较高的计算机和网络应用的知识，懂得电子商务的运作，能够充分利用网络这一先进工具为企业的生产经营活动服务。这样的人才在国内的传统企业中是十分缺乏的，因此，加强人员培训，提高现有管理人员的素质是一项十分重要的任务。当然，企业领导人的重视并身体力行，对推动企业信息化建设和员工素质的提高都有十分重要的影响。随着网络采购的深入实施，单纯意义上的采购员将不复存在，采购工作将会涉及到企业整个生产经营的全过程，几乎与每一位员工都有直接或间接的联系，有必要对关系较为密切的部门的员工进行网络采购的培训，让他们更好地了解企业内部的采购要求和规定，对企业的运作流程有一个系统的认识，提高他们参与网络采购过程的积极性、主动性和创造性。

## 4. 坚定不移地推进网络采购的实施

网络采购作为企业电子商务发展的基本应用，是企业电子商务实施的重要组成部分，也是对传统采购方式的一次革命。但是也应看到，对中国企业来说，采购业务部门是一个改革相对困难的领域，因为实施网络采购会涉及到许多人的既得利益，会使原来的一些"黑箱操作"透明化，会对不具有专业水平的采购人员带来很大的冲击，会使原来的岗位更加精简等。作为企业领导和采购管理人员，必须认清网络采购的发展趋势，认识到实施网络采购是在降低成本，提高效率，进而为提升企业竞争力起到重要的作用，必须坚定不移地推动企业网络采购的实施。

### 示例

解放军总后勤部卫生部部长在接受记者采访时说，全军从规范药材采购，确保质量安全，提高有限经费保障效益出发，率先与国内最大的医药网络公司联合建立了军队统筹专用平台，推行了新的采购模式，组织了全国范围内的药品网上集中采购，实现了直接交易、统一配送、现款现货、网上交易和结算，药品采购价格比全国最低采购价平均下降 20%以上。2007 年，军队统筹药材 138 种、574 个剂型、17 469 个产品，涉及国内外 2 200 多家生产企业，其中对 32 个品种试行网上集中采购，统筹药品 1 亿元，为部队节省资金 2 100 万元；2008 年，全军统筹项目采购价格比全国最低采购价格平均下降 20.6%。

### 分析提示

网络采购已应用于各行各业，尤其应用在政府采购和招标中，它不但可以简化流程、降低成本，确保采购工作公开、公正、公平，确保采购产品的质量，而且可以提高透明度，防止暗箱操作，同时还可以提高买卖双方的履约信用。

# 任务二　了解网络采购流程

### 任务目标

了解网络采购的模型，掌握网络采购协议的主要内容，掌握网络采购的保证措施。

### 任务相关理论介绍

#### 一、网络采购的模型

针对我国企业信息化基础较为薄弱的特点，我国企业应把网络采购的重点放在企业信息流和资金流的有效集成上，解决采购与财务结算中的瓶颈问题，以确保网络采购行为的正常畅通。网络采购模型通常包括采购申请、采购审批和采购管理三个功能模块。

##### 1．采购申请模块

企业要进行采购，一般需要相关部门提出采购申请，因而在设计采购申请模块时应考虑：

（1）接受企业关键原材料供应部门或生产部门提交的采购申请。

（2）接受企业 ERP 系统自动提交的原材料采购申请。

（3）公司员工提交申请或供应部门手工提交申请，都应通过浏览器登录网络采购站点进行，ERP 系统的采购单据则可根据数据交换标准自动传递。

##### 2．采购审批模块

（1）根据预定的审批规则，自动审核并批准所收到的申请。

（2）对于员工提交并自动审批通过的低价值产品的申请，仓库管理系统直接检查库存，如库存已有，立即通知申请者领用。

（3）对于被自动审批未获通过的申请，立即通知或邮件通知申请者，由于何种原因未获批准，请予修改。

（4）通过自动审批无法确定是否批准或否决的申请，邮件通知申请者的主管领导，由领导登录采购系统，审批申请。

（5）对于已通过的采购申请，邮件通知申请者。

（6）对于已通过的采购申请，提交给采购管理模块。

### 3. 采购管理模块

（1）采购管理部门制订年度或月份采购计划，制订供应商评估等业务规则。

（2）对所接受的采购申请，依据设定规则确定立即采购或累积批量采购。

（3）对需立即采购或已达到批量采购标准的采购申请，依据业务规则，放入竞标广场投标或立即生成订单。

（4）对放入竞标广场的申请单，根据竞标结果生成订单。

（5）对已生成的订单，依据设定规则立即发给供应商，或者留待采购管理部门再审批修改。

（6）所有订单，依据预设的发送途径向供应商发出。

（7）自动接受供应商或承运商提交的产品运输信息和到货信息，或者这些信息由采购管理部门手工录入。

（8）任何有权限的用户都可查询所提交申请的被执行情况。

（9）订购产品入库或服务完成后，系统自动生成凭证并提交，采购部门向财务管理部门提交有关单据。

（10）订购产品入库或服务完成后，系统自动通过邮件通知或采购管理部门通过电话通知申请者申请已执行完毕。

（11）依据设定规定，系统在发出订单时或者产品验收入库后，自动触发对供应商在网上自动付款系统，或者采购管理部门依据有关收货单据人工通知财务部门对供应商付款。

## 二、采购和付款业务循环与内部控制

### 1. 采购和付款业务循环流程

采购和付款业务循环包括为经营而获取商品所必需的决策和处理过程。这一循环一般是从提出采购申请开始到企业支付货款结束，它通常包括以下4个步骤：

（1）处理订单　商品采购人员提出采购申请并填制请购单是循环的起点。为了保证购入的商品符合要求，避免过量或不必要的购入，采购需要经过适当的授权批准。为了提高采购的效率，商业企业都设有专门的采购部门。在保证多供应渠道的条件下，采购部门应该集中订货以取得数量折扣，降低进货成本，根据实际情况计算出最佳经济批量。采购部门要根据批准后的请购单签发订单，订单上应注明求购的数量、价格和交货时间，并送交供应商处以表明购买意愿。

（2）验收订单　企业从供应商处收到商品是循环中的关键点。企业在其记录中确认有关应付款项。验收职能部门应检查收到的商品是否与订单上的详细项目一致，对采购商品的数量应通过计数、称量或测量来验证，并尽可能检验商品，包括检验有无装运损坏；在特殊情况下，企业还必须通过对商品的技术分析来确定其质量是否符合规定；此

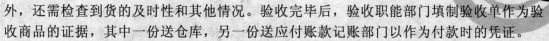

外，还需检查到货的及时性和其他情况。验收完毕后，验收职能部门填制验收单作为验收商品的证据，其中一份送仓库，另一份送应付账款记账部门以作为付款时的凭证。

（3）确认债务　正确确认已验收商品的债务，要求企业准确、迅速地对采购业务进行记录。初始记录对财务报表记录和实际支付有着重大的影响，因此应特别注意按正确的金额记录企业确已发生的采购事项。有的企业在商品验收后确认债务，而有的企业习惯于在收到卖方发票时才记录。无论哪种情况，会计人员在收到供应商发票时都应把发票上所列明的商品规格、价格、数量及运费等与订单、验收单的相关资料进行核对。发票经过审核入账后，这些采购业务再登记在采购日记账和应付账款明细账上。

（4）处理和记录价款的支付　多数企业的付款凭单在付款前由应付账款记账员掌管，付款通常采用支票方式进行，支票的签发要求有付款凭单、加盖"款已付讫"戳记的已注销发票和验收单等有效证明。为防止这些单据被重复处理，支票要由经过适当授权的人员签字。出纳人员根据签发的支票及时登记银行存款日记账。签发后，支票原件给供应商，副本与付款凭单和其他单据一起存档。

**2．采购和付款业务循环的内部控制**

在采购和付款业务循环内部控制中使用的文件有许多，但主要包括：

（1）请购单　由存货仓库、销售部门向采购部门提出商品采购申请并编制的单据。请购单需预先编号，并注明所需采购商品的种类、数量以及请购人。

（2）订单　由采购部门编制的、授权供应方提供商品的预先编号的文件。订单上包括供应方名称、采购项目、数量、付款条件、价格等，这一凭证常用于表明商品采购的批准手续，并将其送交采购方用作表明购买意愿。

（3）验收单　企业收到采购的商品时，由验收职能部门对商品进行验收，并据此编制有关收到的商品种类、数量、供方名称、订单号以及其他有关资料的凭证。验收单必须预先编号。

（4）卖方发票　卖方发票是由卖方送来的标明采购商品的种类、数量、运费、价格、现金折扣条件以及开票日期的凭证，它详细说明了由于某项采购业务而应付卖方的货款金额。

（5）借项通知单　借项通知单是反映由于退金或折让而减少向卖方付款金额的凭证。其格式常与卖方发票相同，用于证明应付账款借项记录。

（6）付款凭证　付款凭证是用来建立正式记录和控制采购的凭单，它是采购日记账中记录采购的基础，也是支付货款的依据。一般来说，付款凭单正本必须随附卖方发票、验收单和订单副本。

**知识链接**

在整个招标采购过程中，最重要的是标单的制定，理想的标单必须具备三个原则：具体化、标准化和合理化。一份理想的标单，应具备以下几项特性：① 能够制定适当的标购方式，不要指定厂牌开标。② 规格要明确，对于主要规格开列须明确，次要规格则可稍有伸缩。③ 所列条款务必具体、明确、合理，可以公平比较。④ 投标须知及合约标准条款能随同标单发出，内容定得合情合理。⑤ 标单格式合理，发标程序制度化、有效率。目前，一般招标所采用招标单的格式有三用式标单和两用式标单两种。所谓三用式标单，是指一份标单中包括招标单、投标单和合约三种。所谓两用式标单，指的就是使用上述的前两种标单。

### 三、采购协议的签订

与传统采购一样，网络采购也涉及到协议（合同）的签订，在协议（合同）签订过程中，尤其要注意条款的内容。一般网络采购中，条款的内容主要有：

#### 1．交货地点

交货地点的确定直接影响到采购商品价格的高低，也影响着交货时间的长短。运输中的危险性、付款验收的效率与方便性等都是事先需要考虑与确定的。

#### 2．包装及运输方法

包装是为了有效地保护商品在运输存放过程中的质量和数量要求，有利于分拣或环保，便于销售，而把货物装进适当容器的操作。包装条款的主要内容有：包装的标识与商标、包装尺寸与重量、包装方式方法、包装材料、填充物、包装成本等。运输主要是运输方式的选择和运输路线的选择，这些都会影响运输费用的大小、安全程度、运输时间的长短。

#### 3．付款方法

双方应在协议（合同）中确定付款方式，如资金充裕，可选择现金付款；如考虑安全性，且公司信誉较好的，可采用转账支票；如是紧俏商品，可采用预付订金的形式；如资金紧张的，可采用月结或其他形式；同时，也可在网上采用银行卡等电子支付的形式。

#### 4．采购标准

采购标准也称为品质标准，是物品所具有的内在质量与外观形态的综合标准。

#### 5．遇上不可抗力因素的处理

遭遇不可抗力的一方可免除合同责任。不可抗力的主要条款包括：不可抗力的含义、适用范围、法律后果、双方的权利义务等。

#### 6．违约责任

违约责任是指对于不履行合同的一方应承担的责任，是对不符合品质标准、交货延期、交货数量不足、服务水平低等违约行为的惩罚措施。

### 知识链接

目前，我国网络采购等电子商务的法律规范还不健全，所以采购方要有风险意识，特别要控制好付款和验货等环节。

### 四、网络采购的保证措施

#### 1．采购商品质量管理与控制的保证措施

（1）采购商品质量管理与控制的内容　为了提高采购商品的质量，加强采购质量管理与控制，必须明确采购质量管理与控制的内容，并确定有效的质量管理与控制措施。它有

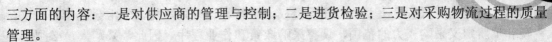

三方面的内容：一是对供应商的管理与控制；二是进货检验；三是对采购物流过程的质量管理。

（2）采购商品质量管理与控制的依据　由于质量在采购中的特殊地位，决定了采购质量管理与控制的重要性。一般来说，采购质量管理与控制的依据主要体现在以下两个方面：一是技术标准。技术标准是指衡量、评定产品质量的技术依据，是采购人员可以获得的直接信息。企业生产产品所需要采购的商品，都要符合现有的技术标准；二是市场标准。商品是为了满足消费者需要而采购的，能否满足消费者需求是采购商品质量的首要的、根本的依据和标准。技术标准和市场标准要相互参照、彼此兼顾。

（3）采购商品质量管理与控制的具体措施

① 选择合适的供应商。调查了解供应商的产品质量保证能力，尽量选择那些质量管理体系完善、设备先进、技术领先、服务好、交货及时的企业作为供应商。

② 确定在处理同供应商之间的关系中有关的质量标准。

③ 严格按技术规程、工艺文件认真选购。

④ 制定保证和验证供应商的产品质量的正式程序。

⑤ 建立双程多线交流沟通制度，参与供应商对产品质量控制的过程，共同探讨、分析和解决影响质量的各种因素，并制定各种严格标准，协助供应商改进和提高产品质量。

⑥ 规定查明差错和采取纠正措施的办法。

⑦ 建立采购质量档案、进货质量记录制度。

⑧ 对供应商进行质量监督和质量评级。

需要强调的是，在保证商品质量的同时，还要正确处理质量与成本、供应、服务等要素之间的关系：

① 正确处理好质量与成本的关系。最常用的办法是使用"性能价格比"来衡量质量与成本的关系。作为采购人员，应能根据性能、价格慎重地确定质量标准，应选择那些在满足需要的情况下价格便宜的商品，以便能正确地采购每一种商品。

② 正确处理好质量与供应的关系。对于采购大批量商品，如提出过高的质量要求，可能会导致供应商供应周期过长，严重时会导致缺货。

③ 正确处理好质量与销售服务之间的关系。由于企业商品的质量问题导致退货现象频繁发生，不仅有损企业形象，也会给企业的售后服务带来麻烦，增加服务成本。

④ 正确处理好质量与采购规格之间的关系。为了保证采购商品符合质量要求，企业采购部门在采购商品时，根据申购部门提出的具体质量要求和规格，编制采购质量文件，向供应商提出适当、明确、具体的要求，并让供应商充分地理解这些要求。"适当"就是既不能降低也不能提高申购部门对商品的要求。降低要求不能保证应有的质量，而提高要求会导致采购成本的上升。

**2．采购权力的规范和制约**

（1）采购权力的道德约束　从事采购工作的采购人员，在开始从事采购工作之前就应该懂得与之相关的法律，明确自己的权力和责任。一般来说，在采购职能高度集中的公司里，关于明示或实际代理权的条文常在书面政策中很好地给出了定义，而且也被相当严格地遵守。在非集中化的公司里，书面政策常常不太完整或有些过时，采购人员和他们的供应商在更大程度上要依赖相互授权。重新设计采购职能，常常会促使公司重新审视和重新定义采购权力的范围，调整采购政策和作业程序。因此，采购人员必须关心代理权力的两个方面。

1）明确权力范围：明确应该如何进行公司的采购活动，明确是否只有拥有明示采购权力的人才能进行采购，从而避免或减少"后门采购"。采用说明哪种工作头衔拥有采购权力的最新书面政策，为采购人员规定了实际或明示权力。除了正式政策，还必须有内部沟通程序，使公司的所有雇员都知道，并定期地提醒他们能做什么和不能做什么。

2）明确活动范围：在与供应商谈判时，确定协议的法律有效性的最好办法是警惕采购人员可能超越其权力范围的情况。当企业认为可能出现问题的时候，要求采购人员以书面形式明示出他能做的事，并将此内容包括在采购合同中。

随着企业赋予采购人员以权力或职权的同时，也给予了他们责任。采购人员不仅要服务于企业的利益，而且在代表企业实施采购行为的时候要在法律范围内行事并且真诚地对待第三方。无论代理关系是明示还是授权，上述责任都存在，它们是采购道德标准的核心。

（2）采购权力的法律规范　采购人员的多数日常活动都与《合同法》有关。采购人员和供应商之间的每一个合同，都要受到《合同法》的约束。在涉及国际合同的时候，采购人员会遇到相互开展贸易的不同国家的相关法律，但是为了促进业务的开展，许多国家通过合约联合在一起，制定了共同的合同原则——《联合国国际货物销售合同公约》来管理国际业务。各个国家必须自愿地决定是否受其约束。因此，当采购人员与其他国家的企业签订合同的时候，明确适用于什么法律以及法律的内容是十分重要的。

（3）防止暗箱操作的对策措施　虽然暗箱操作一直存在，企业不可能完全杜绝此类现象的发生，但至少可以采取措施减少此类现象的出现。下面介绍几种防止暗箱操作的方法。

1）三分一统："三分"是指三个分开，即市场采购权、价格控制权、验收权要做到三权分离，各负其责，互不越位；"一统"即合同的签约，特别是结算付款一律统一管理。商品管理人员、质量检验人员和财务人员都不能够与客户见面，实行严格的封闭式管理。财务部依据合同规定的质量标准，对照检验结果，认真核算后付款。这样可以形成一个以财务管理为核心，最终以降低成本为内制约的机制。

2）三统一分："三统"是指所有采购商品要统一采购验收、统一审核结算、统一转账付款；"一分"是指费用要分开控制。只有统一采购、统一管理，才能既保证需要，又避免漏洞；既保证质量，又降低价格；既维护企业信誉，又不致上当受骗。各部门要对费用的超支负责，并有权享受节约所带来的收益。这样，商品采购管理部门和销售部门自然形成了一种以减少支出为基础的相互制约的机制。

3）三公开两必须："三公开"是指采购品种、数量和质量指标要公开，参与供货的客户和价格竞争程序要公开，采购完成后的结果要公开；"两必须"是指在货比三家后采购，必须按程序、按法规要求签订采购合同。

4）五到位，一到底："五到位"是指每一笔采购交易都必须有 5 个人的签字，即采购人、验收人、证明人、批准人、财务审查人都必须在凭证上签字，才视为手续齐全，才能报销入账；"一到底"就是负责到底，谁采购谁负责，并且一包到底，包括价格、质量、使用效果都要记录在案，便于审计，在发现问题时方便找到相应的责任人。

5）全过程监督：全过程监督是指采购前、采购过程中和采购完成后都要有监督。从采购计划的制订开始，到采购商品使用的结束，其中共有 9 个需要进行监督的环节（即计划、审批、询价、招标、签合同、验收、核算、付款、领用）。虽然每一个环节都有监督，但重点在于对制订计划、签订合同、质量验收和结账付款 4 个环节进行监督。计划监督主要是保证计划的合理性和准确性，使其按正常渠道进行；合同监督主要是保证其合法性与公平程度，保证合同的有效性；质量监督是保证验收过程不降低标准，不弄虚作假，每一个入库产品都应符合要求；付款监督是确保资金安全，所有付款操作都按程序、按合同履行。

# 任务三　选择、评价供应商

## 任务目标

掌握调查、选择供应商的方法，了解供应商评价的考核指标。

## 任务相关理论介绍

在网络采购中，对供应商的选择与评价是重要的一环。对供应商进行全面、细致的调查，找到供应商间的差距及各自的优劣势，通过科学、合理的评价指标进行评价，是供应商管理的重要工作。

### 一、供应商的选择

#### 1. 供应商的调查

通过招标确定的采购项目一般是一次性的采购项目，更多的采购项目可能是具有某种特殊联系的企业之间的长期采购，企业之间是一种长期的合作关系。对于这样的采购，一个重要的工作就是对供应商开展调查。

（1）供应商调查的方法　对供应商进行调查的目的是对供应商的能力作出一种预测。一般方法是派出一组有资格的专门人员对供应商进行访问，这些人应着手了解供应商的硬件和软件，研究各种程序，同有关负责人交谈并搜集有关信息。通过这些工作，对供应商是否有可能交付质优、价廉、物美的产品作出预测。

1）对原有供应商进行调查：如供应商是企业的原有供应商，它要提供新产品时，企业可查询本企业对该供应商的评定资料。评定资料包括该供应商的质量供应能力、交货的及时能力、对质量问题处理的及时能力、财力状况以及其他相关信息。

2）对新供应商进行调查：如供应商是准备开发的新供应商。企业进行直接调查的同时，可查询与其合作的其他企业对供应商的报价资料，以获取供应商的开发实力及合作的优势等各方面信息。

3）进行直接调查：要使调查结果尽可能地反映实际情况，企业就要对调查的方法和内容做认真细致的考虑。总的来说，调查的方法要形式多样，调查的内容要力求全面，调查的重点要侧重于工序控制、员工培训和资历考核等方面；同时，调查要避免重复劳动，要善于利用社会性的数据库。

（2）调查表的主要内容　对供应商进行调查通常通过填写调查表来完成。一般来说，调查表的主要包括以下几个方面的内容。

1）经营管理总体情况：包括经营宗旨、质量方针、组织结构、企业规模、生产规模、主导产品、主要客户和合作意识等。

2）质量控制：包括质量控制方法的有效性、质量计划与试验等。

3）人员：包括人员技术水平、培训计划、培训内容以及执行情况等。

4）成果：包括质量管理方面的业绩、有声望的客户、被调查供应商的评价、通过的质量认证、获得的质量奖项、质量管理方面的论文及研究成果等。

调查表的内容应尽量全面、具体，尽量用数据或量值进行表达，同时调查内容应便于进行现场审核。表 7-1 为某公司对供应商情况的调查表。

### 表 7-1　某公司对供应商情况的调查表

| |
| --- |
| 1．材料供应状况<br>　产品所用原材料的供应来源<br>　材料的供应渠道是否畅通<br>　原材料的品质是否稳定<br>　供应商的原料来源发生困难时，其应变能力的高低 |
| 2．专业技术能力<br>　技术人员的设计制造能力<br>　技术人员的维护和加工控制能力<br>　其他专业技术能力 |
| 3．品质控制能力<br>　产品是否符合 ISO 标准<br>　品质管理的组织、制度是否健全<br>　检验仪器是否精密及维护是否良好<br>　原材料的选择及进料检验标准是否规范<br>　品质异常的追溯是否程序化<br>　统计技术是否科学以及统计资料是否详实 |
| 4．机器设备情况<br>　机器设备的名称、规格、厂牌、使用年限及生产能力<br>　机器设备的新旧、性能及维护状况<br>　机器设备操作者的技能及环境安全性 |
| 5．财务及信用状况<br>　每月的产值、销售额<br>　来往的客户<br>　经营的业绩及发展前景 |
| 6．管理规范制度<br>　管理人员水平<br>　管理制度是否系统化、科学化<br>　工作指导规范是否完备<br>　执行的状况是否严格 |
| 7．供应商发展前景<br>　产品开发战略<br>　销售战略 |

（3）审核内容 对供应商的审核主要包括以下几个方面的内容。

1）设计资格审核：根据供应商设计出来的样品进行试验，以判断供应商的能力或资格。制造能力是管理、技术、加工方法等各种能力的综合，因此制造资格审核就是到供应商的制造现场进行调查、实地考察，对供应商的能力作出评价。审核内容根据企业情况的不同而不同，大体上包括管理能力、技术能力、运用质量控制工具和手段的能力。

2）供货质量的审核：通过查阅以往的供货质量情况，审核该供应商的商品质量保证能力。具体做法是查验该供应商供应商品的记录和有关产品质量的记载，走访使用单位，了解商品的使用情况。若连续向该供应商进货，均未发现和发生质量问题，说明该供应商提供商品的质量保证能力较好，可以依赖。

3）供应商的质量管理体系以及质量控制能力的审核：对已经通过 ISO9000 标准的质量认证或其他质量认证的供应商进行审核，可到现场了解其运行和落实情况，审查其质量管理文件，并应着重关注其反映持续改进状况的管理评审、内审、纠正（预防）措施和试验等过程。如这些方面处理得好，表明该供应商具有较完善的质量管理体系，可作为企业的供应商。供应商未通过 ISO9000 标准的质量认证或其他的质量认证，并不意味着其没有质量管理体系，只要企业对关键要素和过程控制良好，产品质量能达到要求，也能成为企业的供应商。供应商的质量控制能力的审核主要是了解其控制的有效性和完整性。

4）样品、小批量试用的鉴定与审核以及供应商的确定：如果一个供应商的样品质量高，但是其小批量质量低，这个供应商就不能成为企业的供应商。

① 样品鉴定与审核。样品鉴定应符合技术规范的要求，遵循技术标准。该标准可直接采用国际标准、国家标准或行业标准；同时，该标准应在开发样品前经双方认可，应和加工标准一致或相容。当产品的技术规范要求与供应商的相关标准存在差异时，企业认证人员有责任向设计人员提出合理的、不影响产品质量的改动。如供应商在产品技术规范要求上有一定的实现难度时，其要参与供应竞争就必须进行质量整改，企业认证人员及质量管理人员和供应商一起研究并实施质量改进措施。企业认证部门应组织质量小组对供应商进行审核，直到达到技术规范要求为止。

② 小批量试用鉴定与审核。样品的质量符合要求，并不代表小批量的质量符合要求。因此，确定样品合格后，可先进行小批量试用，试用合格后再批量供货或正式使用。小批量试用不但验证了供应商产品质量和技术要求的一致性，还验证了供应商满足企业产品工艺要求的能力以及供应商供应质量的稳定性程度。

③ 供应商的确定。经过质量调查、论证、开发样品、小批量试用等过程的选择，符合企业质量要求的即为备选的供应商，但是供应商的选择除了考虑质量要求以外，还要考虑价格、信用、管理水平等因素。另外，同一商品的供应商数目应根据商品的重要程度和供应商的可靠程度而定，一般可以保持 2～3 个，以保证供应的可靠性和形成竞争，有利于商品质量的持续改进和提高。

在对供应商进行调查之后，企业会得出一个决策点。根据一定的技术方法选择供应商，如果选择成功，则可开始实施供应链合作关系。在实施供应链合作关系的过程中，市场需求将不断变化，企业可以根据实际情况的需要及时修改供应商评价标准，或重新开始评价、选择供应商。在重新选择供应商的时候，企业应给予原有供应商以足够的时间适应变化。

**2．供应商选择的阶段**

（1）内部需求分析阶段

1）确认业务需求。由企业内部需求部门提出，并经过分析与研究，确认业务需求的商品。

2）用户需求确认。

3）利用网络工具进行采购信息的收集，以产生潜在供应商列表。

4）准备和发布 RFP（建议要求书，用于采购方要求供应商提供问题的解决方案的建议）。

5）为投标人举办会议。企业应召集投标人，召开招标会，将企业的需要详细、完整地陈述出来。

6）发表 RFP 附录与补充。

（2）供应商选择阶段

1）将内部需求和企业要求与市场上相关供应商的能力相对照。

2）评估供应商的回应。

3）分析必要的需求。

4）建立最佳候选名单。

5）详细的供应商分析和 RFP 分析。

6）确认最终名单。

（3）谈判和选择阶段

1）准备谈判阶段。

2）确定合同的重要条款。

3）谈判策略。

4）合同条款的确认。

5）选择最后的供应商。

6）合同处理。

7）实施所选产品。

## 二、供应商的评价

### 1．供应商评价的目标

现代企业处于一种动态的环境中，必须随时根据外在环境的变化调整其行动方略。企业从选择供应商开始就必须将其纳入整个企业管理系统之中。在今天，供应商的交货、商品质量、库存水平等对企业的影响越来越大，并直接影响到采购的效率。因此，企业需要对供应商的开发、控制、评价、评定及重新确定双方合作关系等多方面进行跟踪，保证企业供应链系统的稳定和高效运作。

供应商评价的目标包括：

（1）获得符合企业总体质量和数量要求的商品和服务　每一个采购方企业都会有一整套的战略规划和方针。企业在选择供应商时，必须充分考虑该供应商与本企业的发展方向是否一致，它所提供的商品和服务能否满足本企业的质量及数量要求。

（2）确保供应商能够提供优质的服务、商品和及时的供货　双方的供需关系确立后，企业必须将优质的服务、商品和及时的供货作为评价供应商的根本原则。

（3）力争以低的成本获得优良的商品和服务　企业总是以追求最大利润为根本目标，因此在供需关系确立后，采购方也会采取多种措施来降低自己取得最优商品和服务的成本，能够提供最大供应价值的供应商是所有采购方都希望与之合作的。

（4）淘汰不合格的供应商，开发有潜质的供应商　采购方与供应商之间并非是从一而终的既定关系，双方都会不断地审视和衡量自身利益是否在和对方的合作中得以实现，不符合自身利益的合作伙伴最终会被摒弃。

（5）维护和发展良好的、长期稳定的供应商合作关系　越来越多的企业意识到，同供应商发展战略伙伴关系更加有利于企业自身的长远发展。采购方谋求的应该是同供应商的长期的伙伴关系。

### 2．供应商评价的主要内容

对供应商进行评价的基础是确定评价的内容和方法。基于供应商在企业供应链条中的地位和作用，可以从以下几个方面考虑：

（1）供应商是否遵守公司制定的供应商行为准则　供应商行为准则是企业对供应商最基本的行为约束，也是二者保持合作关系的基本保障，这是进行供应商评价的首要内容。

（2）供应商是否具备良好的售后服务意识　采购商品在装配使用和运输过程中可能因为质量问题或使用方式不当等原因而导致损坏。

（3）供应商是否具备良好的质量改进意识和开拓创新的意识　随着市场竞争的加剧，企业的技术创新、商品创新层出不穷，尤其是在高新技术企业中，商品更新换代的速度日新月异。企业的创新意识离不开供应商的支持，有时供应商的创新甚至是推动企业创新的原动力之一，它为企业提供了更大的利润空间。

（4）供应商是否具备良好的运作流程、规范的企业行为准则和现代化企业管理制度　管理混乱、行为规则不健全的供应商是很难在激烈的竞争中生存和发展的，因为这些问题的存在不利于和采购方建立长期稳定的合作关系。

对供应商进行评价的内容涉及许多方面，不同企业对此有各自的具体要求和期望。对于大型企业尤其是跨国集团来讲，供应商选择的成功与否关系到整个系统的正常运作，因此它们对供应商进行评价时有更多、更严格的标准和广泛的内容。而中小型企业对供应商的要求则相对较为宽松。另外，就评价内容而言，有些方面是可以量化的，有些则只能由企业在长期的运作中通过观察来得到。许多企业根据自身的规模和运作情况，形成了对供应商进行考评的指标体系。

供应商评价指标体系是企业对供应商进行综合评价的依据和标准，是反映企业本身和环境所构成的复杂系统的不同属性的指标，是按隶属关系、层次结构有序组成的集合。不同行业、企业在不同商品需求和环境下的供应商评价应是不一样的，但不外乎涉及到以下几个可能影响供应链合作关系的方面：供应商的业绩、人力资源开发、质量控制、成本控制、技术开发、消费者满意度和交货协议。

企业必须建立一个专门的小组来控制和实施供应商评价，这个小组的组员以来自采购、质量等与供应链合作密切的部门为主。这些组员必须有团队合作的精神，而且还应具有一定的专业技能；另外，这个评价小组必须同时得到采购方企业和供应商企业最高领导层的支持。一旦企业决定实施供应商评价，评价小组必须与初步选定的供应商取得联系来确认它们是否愿意与企业建立供应链合作关系，是否有获得更高业绩水平的愿望，所以企业应尽可能早地让供应商参与到评价的设计过程中来。然而，企业的力量和资源毕竟是有限的，只能与少数关键的供应商保持紧密的合作，所以参与的供应商应该是最有希望成功合作的。

评价供应商的一个主要工作是调查、收集有关供应商生产运作等全方位的信息。在收集供应商信息的基础上，企业就可以利用一定的工具和技术方法对供应商进行评价。

### 3. 供应商评价的考核指标

采购人员通常从价格、品质、交期交量和配合度几个方面来考查供应商，并按百分制的形式来计算得分。

（1）价格　根据一定时期市场上某种材料或产品的最低价、最高价、平均价、自行估价，结合企业自身的情况，然后选择出一个较为标准、合理的价格作为依据。

（2）品质　衡量材料或产品的品质一般有三个指标：批退率、平均合格率和总合格率。批退率是指在某一固定时间内退批次数占总供货的次数。例如，三月份某供应商交货 60 次，退货 4 次，其批退率为 $4 \div 60 \times 100\% \approx 6.67\%$。批退率越高，表明其品质越差。平均合格率是根据每次交货的合格率，计算出一段时间内合格率的平均值来判定品质的好坏。例如，某厂家第四季度交货 5 次，其合格率分别为 92%、95%、89%、90%、96%，则其平均合格率为：$(92\% + 95\% + 89\% + 90\% + 96\%) \div 5 = 92.4\%$。合格率越高，表明品质越好。总合格率是根据某固定时间内总的合格率来判定品质的好坏。例如，某供应商 2008 年共交货 20 000 个，总合格数为 19 998 个，则其总合格率为：$19\,998 \div 20\,000 \times 100\% = 99.99\%$。总合格率越高，表明品质越好。

（3）交期交量　交期是指采购订货日至供应商送货日之间的时间长短；交量是指交货数量与定购数量的关系。交期交量一般可用准时交货率和逾期率来衡量，准时交货率＝准时交货数量÷订购数量×100%，逾期率＝逾期批数÷交货批数×100%。

（4）配合度　配合度应配备相当的分数，服务越好，得分越多。

综合考虑以上得分，计算出总评得分，以此来考核、评价供应商。

### 📝 示例

在供应商准入方面，中国石油通过"能源一号网"的会员管理，建立起严格的考查、评价、核准进入的管理制度，并通过网络采购的实际情况对各供应商进行考核，对那些不积极参与网上交易、用户评价不高、产品质量出现过投诉、售后服务不及时的供应商给予警告和清退的处罚。此外，物资采购管理部还建立了质量管理小组，对采购过程中的质量管理进行集体领导，采用一票否决制度，有效地保证了供应商准入的质量。

### 📋 分析提示

如何实现供应商管理的科学、有序、高效，是物资采购管理的重要命题。物资采购管理部门必须建立起完整的供应商管理流程和严格的管理规范,供应商管理是管理工作的核心。供应商的准入应与选择和监督共同构成供应商管理的完整链条和逻辑顺序。没有严格的准入机制,就不能真正保证进入采购名册的供应商都是最优秀、最有实力的。

资料来源:中国石油新闻中心.

## 单元总结

1. 网络采购的基本含义以及网络采购的策略。
2. 网络采购的流程。
3. 网络采购协议的签订。
4. 供应商调查与选择的方法。
5. 供应商评价的考核指标。

## 课后习题

### 一、单选题

1.（　　）是用来反映由于退金和折让而减少向卖方付款金额的凭证,格式常与卖方发票相同。

　　A. 请购单　　　　B. 订单　　　　C. 借项通知单　　　D. 付款凭单

2. 在整个招标采购中,最重要的是（　　）。

　　A. 选择供应商　　B. 标单的制定　　C. 确定报价　　　D. 评标

3. 目前,国际贸易中最普遍的报价采购类型是（　　）。

　　A. 条件式报价　　　　　　　　　B. 确定报价
　　C. 可以先销售的报价　　　　　　D. 买方同意后的报价

4. 下列对企业采购和付款业务循环流程,描述正确的是（　　）。

　　A. 处理订单、确认债务、验收订单、处理和记录价款的支付
　　B. 验收订单、确认债务、处理订单、处理和记录价款的支付
　　C. 处理订单、验收订单、确认债务、处理和记录价款的支付
　　D. 验收订单、处理订单、确认债务、处理和记录价款的支付

5. 网络采购中,采购人员通常从（　　）方面考查供应商。

　　A. 价格、品质　　　　　　　　　B. 价格、品质、配合度
　　C. 价格、品质、交期交量　　　　D. 价格、品质、交期交量、配合度

### 二、多选题

1. 为防止企业采购过程中的暗箱操作现象,有多种方法可以采用,其中包括采用

全过程、全方位的监督制度。该制度监督的环节包括（　　　）等。

  A．计划    B．审批    C．招标      D．签合同

2．在采购和付款业务循环内部控制中使用的主要文件包括（　　　）。

  A．订单     B．验收单   C．借项通知单  D．合同

3．所谓三用式标单，是指一份标单中包括（　　　）。

  A．招标单    B．投标单   C．订单    D．合约

4．对供应商进行直接调查，调查表的主要内容包括（　　　）。

  A．财务         B．经营管理总体情况和质量控制

  C．人员         D．成果

5．在对供应商的考核指标中，（　　　）是衡量材料或产品的品质的指标。

  A．批退率   B．逾期率   C．平均合格率   D．准时交货率

6．网络采购的优势包括（　　　）。

  A．提高采购效率，降低采购成本

  B．有效地保证了采购质量

  C．促进企业采购的信息化建设

  D．大大减少了采购过程中的人为干扰因素

## 三、简答题

1．供应商评价的主要内容有哪些？

2．网络采购与传统采购的区别是什么？

3．网络采购模型通常包括哪些功能模块？

## 四、实践操作题

1．浏览中国采购与招标网（http://www.chinabidding.com.cn），了解网络采购与招标的一般程序与方法。

2．访问中国政府采购网（http://www.ccgp.gov.cn），了解政府采购网站的建设情况，了解供应商选择与评价的方法。

## 五、案例分析题

### 案例

2008年2月，财政部部长助理张通首度对外公开透露，中国政府正计划用3年左右的时间，全面推进政府采购制度改革。为实现这一目标，加大电子化采购平台建设，建立统一的政府采购管理交易系统就是一个强有力的手段。如何将电子化手段与政府采购制度很好地结合起来将成为一个重要课题。新制度与新技术有着共生的特点，人类每一次的重大进步都与技术进步有着紧密的联系。

目前，中央国家机关政府采购中心建设了中央政府采购网的执行操作平台，实现了网上采购、协议供货、信息发布、信息统计、档案管理、在线服务等功能。中央国

家机关政府采购中心采购一处处长吴正合说："以前采用传统采购方式时，如果通过纸质询价，3家以上的报价就要花费很多时间，再加上采购人员的需求五花八门，传统方式的低效率遭遇了尴尬。采用电子化采购平台后，符合条件的厂商都可以在网上报价，公开透明。采购人员提交需求并发布到网上，供应商只需在截止时间前上报价格和性能，采购人员就可找到符合需求的产品，按最低价成交，轻松快捷，并且堵住了一切腐败的可能。"

资料来源：电子化大势所趋　网络采购初见成效，eNet-IT 经理频道.

问题：

（1）为什么说利用电子化手段实施政府采购是一个方向，也是一种趋势？

（2）在政府采购中，如何利用电子化手段？

# 第八单元　了解电子商务法律

伴随着电子商务的迅速发展，其在法律上存在的瓶颈问题已日趋明显，这些法律纠纷用传统的法律法规已很难解决，其对我国现行的电子商务法提出了极大的挑战。

## 任务一　初识电子商务法

### ▶ 任务目标

了解电子商务法的含义，掌握电子商务法的特征。

### ▶ 任务相关理论介绍

#### 一、电子商务引发的法律问题

电子商务的发展之所以引发了空前规模的社会、法律问题，与电子商务本身的特点有很大关系。计算机技术和电子商务的特点突破了现有的商务和法律关系，以及人们对这些关系的理解。

##### 1. 电子商务实现了信息化、无纸化贸易

在电子商务的交易中，传统记载交易者交易内容的纸张被电子信息这一新的介质所代替，这些电子信息可以借助计算机硬件工具和网络方便地读取。传统交易中，订立合同的形式受到挑战，这就要求法律来确定电子商务中通过数据传递来订立合同这一新的合同形式的法律地位及其作为证据时的证据种类和证据效力。同时，通过这一新的形式进行交易，交易双方是不直接接触的，如何进行身份确认也需要法律来规范。

##### 2. 信息技术的发展使得信息复制与传递更容易

网络与信息技术的快速发展，一方面降低了信息传递的成本，提高了信息传递的速度，从而提高了交易的效率；但另一方面拥有著作权的作品可以在很短的时间内被复制，并传递到各个角落，传统的知识产权保护在电子商务的环境下变得更加困难。

利用计算机与网络技术可以轻而易举地收集各种信息，一些经济组织为获得更多的利益收买消费者的各种私人信息，于是出现了一些利用自己掌握的信息或未经允许收集来的关于消费者或厂家的信息获利的网站。这就出现了如何保护个人隐私、收集或利用这些信息是否侵害消费者的权利、个人对自己的私有信息拥有哪些权利、个人对其他企业或组织又有哪些访问权等问题，这些都需要法律来界定。

### 3．电子商务跨越时间和空间的局限性

从空间概念上看，电子商务所构成的新的空间范围是以前不存在的，这个依靠Internet 所形成的空间范围和领土范围是没有地域限制的。从时间概念上看，电子商务没有时间上的间断。这种新的竞争形式使在跨国范围内如何协调税收问题及司法管辖问题变得更加困难和复杂，这就需要新的国际立法和国际合作。即使在一国之内，不同地区之间的税收和司法管辖也需要新的法律进行规定。

### 4．电子商务构造了一个虚拟的商业环境

电子商务广泛采用先进的网络通信技术作为营销手段，可以将各种商业活动所需要的信息完整地再现出来，完成意思的传递、合意的达成、货币的支付以及除实体交付外的部分物流的转移等商业活动。因此，经济学界认为电子商务构造了一个异于现实社会的虚拟商业环境，成为虚拟商业。在虚拟环境中出现了不同于实体世界的内容（如虚拟财产），应如何看待这些事物及应如何保护或规范它们是需要法律来确定的。

## 二、电子商务法的基本概念

由于电子商务活动的发展变化异常迅速，而人们对它的认识需要有个过程，因而还没有形成关于电子商务法的一个普遍被接受的定义。

### 1．广义的电子商务法

广义的电子商务法，是与广义的电子商务概念相对应的，它包括了所有调整以数据电信方式进行的商事活动的法律规范。其内容极其丰富，至少可分为调整以电子商务为交易形式的和调整以电子信息为交易内容的两大类规范。前者，如联合国的《电子商务示范法》；后者，如联合国贸法会的《电子资金传输法》、美国的《统一计算机信息交易法》等。

### 2．狭义的电子商务法

从便于立法和研究的角度出发，可以认为电子商务法是调整以数据电信为交易手段而形成的，因交易方式所引起的商事关系的规范体系。从这个角度来看，电子商务法不是试图涉及所有的商业领域去重新建立一套新的商业运作规则，而是将重点放在探讨因交易手段和交易方式的改变而产生的特殊的商事法律问题。

## 三、电子商务法的特征

根据计算机技术和电子商务的特点，电子商务相关法律需要具有以下特点：其一，它以行业惯例为其规范标准；其二，它具有跨越国界和地域的、全球化的天然特性。

电子商务法作为商事法律的一个新兴领域，除了具有上述特征之外，还存在着一些

具体的特点，大致有以下 4 个方面：

（1）程式性　电子商务法作为交易形式法，它是实体法中的程式性规范，主要解决交易形式的问题，一般不直接涉及交易的具体内容。电子交易的形式，是指当事人所使用的具体的电子通信手段；而交易的内容，是指交易当事人所享有的利益，表现为一定的权利义务。在电子商务中，关于以数据信息作为交易内容（即标的）的法律问题复杂多样，需要由许多不同的、专门的法律规范予以调整，而不是电子商务法所能胜任的。例如，一条电子信息是否构成要约或承诺，应以合同法的标准去判断，即有关数据电信是否有效、是否归属于某人，电子签名是否有效、是否与交易的性质相适应，认证机构的资格如何，它在证书的颁发与管理中应承担何种责任等问题。

（2）技术性　电子商务是现代高科技的产物，它需要通过 Internet 来进行，而规范这种行为的电子商务法必须要适应它的这种特点。所以，有关电子商务的法律规范也必须以技术性为其主要特点之一。传统的民商法由于不具有技术性的特点，所以对电子商务的签名技术、确认技术及加密技术等技术问题束手无策。而应运而生的电子商务法将传统法律与现代网络技术结合，对电子商务的有关技术问题作出合理的规定；另外，关于网络协议的技术标准，当事人若不遵守，就不可能在开放环境下进行电子商务交易。所以，技术性特点是电子商务法的重要特点之一。

（3）开放性　从民商法原理上讲，电子商务法是关于以数据电信进行意思表示的法律制度，而数据电信在形式上是多样化的，并且还在不断发展之中。因此，必须以开放的态度对待任何技术手段与信息媒介，设立开放型的规范，让所有有利于电子商务发展的设想与技巧都能容纳进来。目前，国际组织及各国在电子商务立法中大量使用开放型条款和功能等价性条款，其目的就是为了开拓社会各方面的资源，以促进科学技术及其社会应用的广泛发展。它具体表现在电子商务法的基本定义的开放、基本制度的开放以及电子商务法律结构的开放这三个方面。

（4）复合性　这一特点是与口头及传统的书面形式相比较而存在的。电子商务交易关系的复合性源于其技术手段上的复杂性和依赖性，它通常表现在当事人必须在第三方的协助下来完成交易活动。例如，在合同订立中，需要有网络服务商提供接入服务，需要有认证机构提供数字证书等。实际上，每一笔电子商务交易的进行都必须以多重法律关系的存在为前提，这是传统口头或纸面条件下所没有的，它要求多方位的法律调整以及多学科知识的应用。

### 示例

短短几年间，电子商务在我国呈现出了惊人的发展势头。然而，电子商务活动的基础与核心——网上商业数据的采集、生成、传输、交换、修改过程，至今缺乏基本的规范和标准，网上商业数据的保护仍处于法律的空白地带。

在 2008 年 4 月 18 日第十一届中国国际电子商务大会上，商务部副部长蒋耀平透露，随着电子商务正在逐步成为外贸、能源、制造、金融等行业业务发展的重要途径，商务部也在加紧对网上商业数据进行法律保护，以规范网上商业数据的采集与使用。2008 年 6 月，商务部制定的《网上商业数据保护办法》颁布实施。

**分析提示**

一方面，企业在参与电子商务活动中产生了大量的网络商业数据，以各种形态存在于网络空间；另一方面，大量的企业商业数据同时也在不断地数字化、网络化，在无尽的互联网空间被不断地以各种方式为各种主体所利用，进而形成新的信息形式甚至权利形态。这无疑向以传统文书为基础而制定的一系列法律提出了挑战，虽然这些数据可以用文字或符号的形式表现出来，但技术上的数据电文的每一次显示均是数字 0 和 1 的组合，而且如果这些数字遭到第三者恶意破坏或修改，就无法与实体书面文件一样显出修改的痕迹，电子商务的安全就会受到极大威胁。而且，新的商业数据衍生出的新名词、新的权利形态、商业数据的证据力、数据的发送与接收、数据的完整性与可靠性，这一系列问题令传统的法律、法规难以招架，近年来，由电子商务领域交易行为产生的违约和侵权纠纷也日益增多。

《网上商业数据保护办法》的核心就在于通过网络商业数据的确认、保护和充分利用，加强网上商业数据的保护与管理，规范网上商业数据的使用行为。通过立法保护网上商业数据，有利于切实保护企业在网络上的各种权利，有助于电子商务、企业信息化、电子政务等发展，其也是电子签名法确认数据电文的基本法律地位后，数据电文在商务领域保护的自然延伸，是未来电子交易行为规范的基础之一。

资料来源：法制日报．

# 任务二　学会电子商务中的知识产权保护

## 任务目标

掌握电子商务中知识产权的主要特点，掌握电子商务中建立与完善知识产权保护制度的具体措施。

## 任务相关理论介绍

知识产权是指人们对其创造力的智力成果依法享有的专有权利。知识产权包括著作权、商标权、专利权，既包括相关的人身权，又包括经济权利。随着网络信息流量的不断加大，网络知识产权的法律保护越来越成为人们的关注焦点。

### 一、电子商务中知识产权保护的特点

知识产权具有与有形财产不同的一些特点，如垄断性（专用性）、地域性、时间性、无形性、政府确认性等。其中，又以垄断性和地域性更为特别。如果知识产权不能保证

权利人专有，知识产权制度就不能发挥出应有的作用，其权利也就成了一种摆设。

电子商务活动在互联网上"公开"而"无国界"地进行。"公开"为"公知"提供了前提，也为"公用"提供了方便；"无国界"又使得地域性的知识产权受到了严峻的挑战，并且使得管辖权问题、证据问题更加突出。

传统的知识产权纠纷案件在法院管辖上，多采用被告所在地或者侵犯行为地法院管辖，而且通常以诉讼地法律为准。但是互联网上的侵权行为，难以确定具体的行为地点和受害地点，难于确定管辖法院和适用法律。

由于电子商务中具有行为主体难以确定、行为地点难以界定、行为的跨时空性、行为的跨国性等特点，对传统的诉讼程序也产生了影响。在网上侵犯他人的知识产权也就比传统的侵权方式隐蔽得多，也容易得多，因此在刑事犯罪和民事欺诈上，"不在场"、"没有作案时间"等传统的判定方法难以奏效。

另外，现实世界中要求证据必须是原物。而在电子商务活动中，电子数据存储在计算机内，其打印出来的书面形式只是一种复制品，因此要求原件是困难的。如果要和其他证据配合才能使用的话，那么电子商务中的数据就不是一个单独的证据了。

网络上流动着的信息是否要求服务商必须保存所有的数据、法院是否有权对服务商的所有数据进行调查等一系列问题不仅涉及到案件程序的问题，也直接影响到案件的实质性审理，而且还要考虑到社会的现实操作可能性问题。

## 二、电子商务中涉及到的主要知识产权

### 1. 著作权

目前，国内网络传播的作品中绝大部分未征得著作权人的同意，也没有向著作权人支付稿酬。传统的作品附着于一定的有形媒体上，表现得实实在在；而互联网可以将任何作品转换成二进制代码进行存储和传播，一件作品可以在极短的时间内传播到全球每一个角落，这对著作权的保护带来了严重的威胁。作品的数字化过程属于机械性的自动代码变换，该过程不会对作品赋予新的创造性内容，进而不会产生新的作者和新的著作权，其著作权仍然属于原作者所有，所以未经他人同意或没有法律依据而将他人的文字资料、图片、声音等信息数字化以及传输的过程即属于复制，构成对著作权的侵犯。将他人的作品上传到网上就属于此类。

在著作权主体的认定方面，根据著作权法规定，如无反证，在作品上署名的人为作者。这种规定完全适用于网络上署名作品的作者身份的认定。但是由于网上直接创作的作品未留下任何书面的原稿证据，对于使用笔名、假名的作品在认定方面就存在很大的困难，而且保护的起算时间也难以确定。

链接是互联网上快速传递和获取各种信息的一种技术手段。如果链接的内容涉及到侵犯他人著作权的情况，链接本身是否构成侵权？从司法实践的角度分析，设链接者往往不承担侵权的法律责任，侵权责任由刊登侵权内容的网站承担。理由有：一，设链接的行为既不是复制行为，也不是传播行为；二，设链接的行为本身在于引导，提供一种浏览的便捷手段，如提供高速的运输工具；三，按照诚实信用的一般要求和本着促进发展互联网业的目的，对网络服务商不适宜要求过高。

## 2．专利权

在传统的专利制度中，一旦授予某人一项专利权，则意味着在本地域内不能授予其他人相同的专利权，而且该专利所产生的专有权使得他人没有合法原因不得使用该技术。近年来，互联网专利成为人们关心的一个热点问题。互联网专利又被称为商业方法专利，是对利用计算机或网络做生意的方法给予专利保护的一种专利。

网络技术中的专利问题，如网络的通用技术能否作为授予专利的客体，这种技术是否具有创造性，如果给予专利保护的话，保护的时间是否与一般的专利一样。可以设想，一旦授予某项网络技术专利权，则意味着在一定的时间内以其为基础的网络技术将得不到及时的更新。因此，有专家认为对于将简单的商业方法从现实世界转移到网络世界的行为属于智力活动规则，不能够授予专利；而对于针对网络这一特殊载体的发明才能授予专利。

网络环境下，判断专利的新颖性也是难题。专利法对于新颖性的判断一般以申请目前没有同样的专利以及没有在出版物上公开发表、没有在国内公开使用过为标准，而网络技术使得一项技术早于申请日在节点上可以被访问的情况成为可能。但是要判断在某个节点上出现上载该技术的时间是相当困难的，另外明确界定节点上的技术成为"公知"技术是更困难的。

## 3．域名

域名，是指识别和定位互联网络上计算机的层次结构式的字符标识，与该计算机的互联网协议地址相对应。它是公司在 Internet 上的位置和标记，选择并注册域名已成为一项重要的企业决策。域名已在实际上作为商家及至商号的一部分受到了保护，并作为无形资产被交易着。然而，我国信息产业部审议通过的《中国互联网络域名管理办法》（2004 年 12 月 20 日起施行）并没有禁止以他人的商标和商号抢注域名的行为。目前，国际上的一些条约中也仅仅规定"国际知名商标"的所有人有权禁止他人以自己的商标抢注域名，而非驰名商标及商号与域名的矛盾则是在权利产生的程序上。这是因为商标权多是经官方行政批准注册产生，商号权却是依实际使用产生，而域名专用权是经域名注册管理机构和域名注册服务机构产生。由于现有技术上没有找到解决冲突的出路，使域名与在先商标权、在先商号权的冲突解决非常困难，同时域名与企业名称权等其他权利也存在着法律冲突。

---

### 知识链接

《中国互联网络域名管理办法》于 2004 年 9 月 28 日通过，于 2004 年 12 月 20 日起施行。其内容主要包括：总则、域名管理、域名注册、域名争议、罚则、附则。《中国互联网络域名管理办法》主要适用于在我国境内从事的域名注册服务及相关活动。

---

## 三、知识产权保护制度的建立与完善

在互联网中，要不断建立与完善知识产权的保护制度，具体措施有：

### 1. 建立自律机制

加强网络自律是解决电子商务侵犯知识产权问题的最根本办法。尊重他人的知识产权，是体现诚实信用原则的要求。人类文明发展的过程实质上就是自律、追求权利实现、尊重他人权利之间协调平衡的一个过程。没有了自律就会出现秩序的混乱，仅依靠最后的防线——法律是根本不够的。建立起适应时代要求的著作权、标记权、专利权、商业秘密权、反不正当竞争等一系列的自律制度显得尤为必要。

### 2. 完善电子商务及知识产权立法

电子商务在不断发展，仅靠自律也是不够的，要构筑最后一道防线对权利人和守法者给予法律的保护，将知识经济时代新发展的要求反映到知识产权法律制度之中，尽量减少漏洞。因此，将电子商务活动纳入法律管制的范畴，制定专门性的电子商务操作规范性法律，强调电子商务过程中对知识产权的法律保护，使合法与非法行为有一个明确的界定，减少新形势下出现的知识产权的权利不稳定及"游离"状态。

### 3. 加大执法力度，强调一体化保护手段

我国司法机关通过司法解释，逐步完善了对网络条件下的知识产权的法律保护。因此，基本上已经解决了"无法可依"的问题。例如，最高人民法院颁布的《关于审理涉及计算机网络著作权纠纷案件适用法律若干问题的解释》明确了"网络服务提供者通过网络参与他人侵犯著作权行为，或者通过网络教授、帮助他人实施侵犯著作权行为的，人民法院应根据民法通则第一百三十条规定，追究其与其他人或直接实施侵权行为人的共同侵权责任"。对电子商务中知识产权的法律保护，关键还在于加强执法和实现一体化的综合保护手段。一体化保护，不但要求行政执法机关的协调，也要求在运用法律规定方面实行综合处理。国际一体化还有相当长的路要走，还有许多障碍需要克服，还有十分艰巨的工作需要做。

### 示例

原告匡威公司创建于 1908 年，拥有商标"CONVERSE"的注册商标专用权，经过90 多年的发展，"CONVERSE"已经成为世界运动鞋类和服装领域的著名品牌，在全球 90 多个国家通过约 9 000 家经销商向顾客销售，在中国各大中城市先后建立了 190 多家专卖店和专柜。被告北京国网信息有限责任公司抢先于 2000 年 2 月 23 日注册了"http://converse.com.cn"并使用了该域名，但被告使用该域名的网站为网络类，与服装运动鞋类无关。

### 分析提示

我国与美国均属《保护工业产权巴黎公约》的成员国，在其正当权益在中国受到侵害时，匡威公司有权依照该公约规定向中国法院提起诉讼，中国法院将依据有关法律和公约的规定进行审理。匡威公司是中国注册的"CONVERSE"商标的权利人，其对该商标享有的注册商标专用权应受中国法律保护。

资料来源：中国电子商务法律网．

# 任务三　学会电子商务中的消费者权益保护

## 任务目标

了解电子商务引起的消费者权益保护问题，掌握消费者隐私权保护的主要内容。

## 任务相关理论介绍

在电子商务中，由于交易方式发生了根本变化，所以在现代电子商务环境中出现了许多以前未曾出现的消费者权益保护问题。

### 一、电子商务引起的消费者权益保护问题

#### 1．信息安全问题

信息安全问题是电子商务中最重要的、最关键的问题。作为一个安全的电子商务系统，必须有一个可靠的通信网络，以保证交易信息能够迅速传递。但目前现状是，计算机病毒破坏、黑客侵袭以及内部人员作案使网络中的敏感数据有可能被泄露、窃听、伪造、篡改以及拒绝服务、攻击、行业否认等问题时有发生，甚至出现网络瘫痪。这些问题都可能给消费者造成损害，如信用卡密码被盗造成资金流失、个人隐私泄露、把钱付给商家而收不到货等。互联网存在着欺诈的风险，它可以使欺诈行为人掩盖其欺诈行为，使欺诈行为快速准确地到达受害者，欺诈行为人通过匿名的方式躲避调查，并通过寻找没有法律调整或者执法不严的地区使执法者束手无策。

#### 2．信息不完整及保密问题

信息交易是电子商务中的重要内容，信息供应商可能提供不完整信息或利用信息进行欺诈，使消费者的合法权益受到损害。BBS作为一种向网络用户提供信息服务的方式，在网上影响范围很广，由于其经常不对用户传输的信息内容和范围加以控制，所以使通过BBS销售假冒伪劣商品等欺诈行为变得更容易。

Internet具有惊人的整理信息并进行分类的能力，在线消费者的信息随时都有被收集和扩散的危险，从而对传统的隐私价值产生了新的潜在的威胁，而一般消费者对此可能不太清楚。在我国，一些网站为了获取用户信息，要求用户在注册时提供通信地址、家庭地址、E-mail、联系电话、所购物品等详细信息，而网站对这些信息又不加以保护，随意公开，甚至出卖，这些都引发隐私权保护问题。

#### 3．网上广告问题

广告是消费者网上购物的重要依据，消费者的许多购物决定是根据广告文字和图像来进行判断的。因此，虚假不实的广告会误导消费者，引起纠纷。另外，夸大、虚假、

误导的网上宣传或者广告难以控制，因为当有人开始注意他们的非法活动时，不法行为人可以立即关闭或转移站点。

（1）网上广告的法律问题　与传统方式的广告相比，网上广告具有互动性、快速反应、使用便利、分类鲜明等特点，同时网上广告还有形式新颖、变化快速、锁定族群、大量传送等优势，所以网上广告的法律问题主要包括以下两方面：一是，网上广告能否适用以往广告法的问题；二是，对新形式的网上广告如何调整规范的问题。

**知识链接**

为网上广告与电子邮箱中的一些法律问题，美国先后提出了《电话消费者保护法修正案草案》、《网络公民保护法草案》、《电子信箱保护法草案》、《未经请求电子商业广告筛选法草案》等。1998 年 5 月，将上述法案整合并修订了 1934 年的《美国电信法》，规定电子邮件中信头来源的主题信息必须明确，邮件内容必须提供真实的联络渠道，收件人要求时，邮件系统必须将之从邮件名单中清除。

（2）网上广告的法律适应问题　就总体而言，网上广告应能适用广告法，但究竟如何适用，还会涉及许多非常具体的问题，主要包括：其一，在网上广告中，广告主、广告经营者和广告发布者在一些情况下是混合的，一个网站很可能自己既发布广告，又到别的网站去登广告，同时也制作广告。这些都带来了广告法在调整对象上的混淆，同时也在资格审查方面造成一定的混乱。其二，在网上，尤其是在纯虚拟环境下达成的广告协议，广告双方一般都无法亲自去进行审查与验证，所以就带来如何有效地审查的问题，也给许多虚假广告发布者带来可乘之机。其三，在广告法中，对于隐性广告是严格禁止的，但在网上，许多隐性广告又以许多新的形式出现，并且在认定上往往也比较困难。

（3）对网上广告规范调整的难点　针对新形式的网上广告如何规范调整的问题，目前主要存在三个方面的难点：一是如何对待未经许可的电子邮件广告，在我国，可能有许多网民都有接收到莫名其妙的商业广告邮件的经历；二是隐含在关键字中的广告，如在关键字中故意放入许多与自己网站无关的又是非常热门的字眼来骗取网民的点击率；三是关于插播式广告的问题，即在打开网页时突然出现一幅带有广告性质的网页。其可能是全屏的，也可能不是；可能是可关闭的，也可能反之。

4．管辖权问题

电子商务实现了由现实的三维空间向计算机的第四维空间的商贸交易方式的转变。它冲破了一切国家的地域、管辖权的限制，没有地理和时间的限制，以全新的时空优势和计算机网络为依托，与任何一个国家、任何一个网站的用户进行交易，并克服国家之间语言、文化、地理、法律等方面的差异。在实际交易活动中，有时一笔电子商务交易可能涉及到几个国家或地区，而消费者合法权益保护问题可能受到立法差异、管辖权限制和地方保护主义等方面的阻碍。消费者熟悉保护其权益的国内法及其适用情况，不熟悉其他国家的法律，如果进行网上跨国消费，往往对销售方所在国的法律一无所知，一旦发生纠纷，可能得不到任何救济。这种网上跨国消费的法律救济需要通过双边协议、多边协议甚至国际公约等国际合作方式来解决。

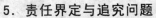

### 5．责任界定与追究问题

电子商务的完成需要涉及生产者、销售者、配送机构等多个主体，经过商品信息沟通、网上支付、货物配送等多个环节。任何一个环节上出现问题，都将损害消费者的合法权益。仅就商品配送环节来说，可能要经过仓储、多种交通工具的运输和交接，若货物受损而各方互相推诿，消费者必然陷入困境。一旦出现侵害消费者权益的行为，就难以确认责任主体，因为网络只是信息的载体和交流工具，网站的经营者、商品或服务的中间提供者和最终提供者可能并不是同一主体。例如，拍卖公司与网络公司联手进行拍卖活动，应属拍卖公司在网上提供拍卖服务，而由于网站的技术原因导致网上竞买者权益受损害，网站应如何依据《中华人民共和国消费者权益保护法》承担责任尚缺乏法律依据，而这方面的纠纷已经发生。另外，由于网络内容更新迅速、便捷，在网上购买商品或服务时留下的资料短暂易逝，网上的产品信息大多易修改、复制，这导致商家就产品质量作虚假陈述时其资料容易销毁，消费者难以取得证据；而网络经营者因其控制网络，容易获得证据，但其证据的可信性又会受到怀疑。

在电子商务中必然会发生交易双方关于商品质量纠纷的问题，其中有多种情况：一是消费者的理解出现歧义；二是由于地域不同或习惯不同而作出的不同判断；三是商品受损或假冒伪劣等。电子商务中的各种纠纷采用什么手段界定，界定后采取什么手段追究和处罚，这些对于保护好消费者的合法权益是十分重要的。

## 二、电子商务中消费者隐私权的保护

### 1．侵犯隐私权的行为

在电子商务活动中，侵害消费者隐私权的主要行为有：

（1）非法收集、利用个人数据　这类行为包括利用网络跟踪软件非法跟踪用户，大量收集用户喜欢访问哪些网站、在哪些网站停留及时间长短等信息，从而掌握用户的习惯，建立起庞大的用户个人信息数据库，再把数据库用于自身的营销战略或贩卖给其他商家，从中获取巨额的利润。例如，美国最大的信用机构之一 Equifax 公司，收集了 1.6 亿个用户的信息记录并将其贩卖给 5 万家企业使用等。

（2）非法干涉、监视私人活动　这类行为包括截获和篡改个人电子邮件，使收信人看到的不是真正的发信人发来的内容；利用电子监控系统监视他人在网上的言行等。

（3）非法侵入、窥探个人领域　这类行为包括侵入他人计算机，进行浏览、下载、更改、删除、窃取等破坏活动；向个人电子邮箱投放垃圾邮件等。

（4）擅自泄露他人隐私　这类行为包括未经他人许可，在网上公开他人个人资料的行为。

### 2．消费者隐私权保护的主要内容

在电子商务活动中，消费者隐私权保护的主要内容包括三个方面：

（1）个人资料的隐私权保护　消费者被纳入保护范围的个人资料主要包括：特定个人信息、敏感性信息、E-mail 地址、IP 地址、用户名（包括账号）和密码。经营者收集以上个人资料必须取得资料主体的同意，使用合法的手段收集。经营者未经同意，不得将资料用作收集目的说明以外的利用。经营者对个人资料的披露和公开也必须经过资料主体的同意。

（2）通信秘密与通信自由的保护　通信秘密与通信自由是公民享有的宪法权利。E-mail 是网络世界最常见的通信手段，其内容的安全取决于邮件服务器的安全、邮件传输网络的安全以及邮件接收系统的安全。因为电子邮件的安全与上述方面密切相关，保护电子邮件的安全更加复杂和迫切。除了采用技术手段（如加密等），采用法律手段制约经营者和黑客的窥探行为就至关重要了。

（3）个人生活安宁的保护　以电子邮件广告促销商品，因成本低廉而日益泛滥。大量不请自来的商业性电子邮件已成为消费者的沉重负担，耗费时间和金钱下载、清理，而且占用邮箱空间影响正常信件的传送，这已构成对消费者个人生活安宁的侵害。对这些垃圾邮件的治理，除了行业自律外，还需要使用法律手段进行限制。

### 3．现行我国隐私权的法律保护

我国关于隐私权至今没有相应直接的法律来进行保护。对隐私权的保护，散见于一些法律、法规、规章中。我国民法作为最基本的保护公民各项人身权利的法律，没有将隐私权作为公民的一项独立的人格权加以保护，而只是简单地规定了与公民的隐私权有关的肖像权、名誉权。而事实上，隐私权、肖像权和名誉权同属于人身权中不同性质的权利，这样所带来的结果是法律保护隐私权的实际效力的减弱，隐私权寻求法律保障的实际可诉性、可操作性的降低以及不利于受害者请求司法救济。

---

**知识链接**

我国《计算机信息网络国际互联网安全保护管理办法》第七条规定：用户的通信自由和通信秘密受法律保护。任何单位和个人不得违反法律规定，利用国际互联网侵犯用户的通信自由和通信秘密。

---

# 任务四　学会域名保护

## 任务目标

理解域名的特征及域名权的法律特征，了解域名的法律保护问题，理解并掌握我国司法对域名权保护的现状及对策。

## 任务相关理论知识介绍

### 一、域名的含义

在网络中，各式各样的网站浩如烟海，用户要想迅速地找到、使用网站的信息就必须知道每个网站在网上的地址。在网络世界中这个地址是 IP 地址，它是由一组数字组成的。为了使 IP 地址便于记忆，人们就给每一个网站地址起了个俗名，这就是我们所说的域名（Domain Name），又称网址，是表征登录到互联网的用户主机所在位置的一组字母数字串，如 http://www.sohu.com 直接指向搜狐网站。随着国际互联网在经济生活中的地位日益提高，域名权保护的现实意义也日益重大。国际互联网产生的初期主要为科研、教育和政府部门服务，随着用户的增多，各种商业、金融机构、产业部门纷纷上网传送或获取商业信息，国际互联网已越来越多地被运用在商业领域，一个全新的网络经济时代已经到来。随着网络商业活动的发展，网络域名已不仅仅是简单的网络门牌号，其已具有重要的识别功能。无论域名的注册者在该域名内是从事网上商务活动，还是提供信息服务，该域名均带有较大的商业价值，成为其自身重要的商业标识。例如，商标注册人可以通过域名体现其本身的巨大的价值，并借助其域名的良好商业声誉在网上网下获得可观的商业利益。

## 二、域名的特性及域名权的法律特征

### 1. 域名的特性

域名具有唯一性、专有性、识别性、无形性、全球性和稀缺性。唯一性，是指任何一个域名都是唯一的，不可重复的；专有性，是指任何一个域名仅属于该域名登记者，具有排他性；识别性，是指任何一个域名都是域名登记者在互联网上的识别标记，这也正是域名的功能所在；无形性，是指域名存在于虚拟世界，无法物理性接触；全球性，是指由于互联网的全球性，域名的全球性也就是很自然的；稀缺性，是指由于记忆力的限制，普通人对域名长度的容忍程度是有限的，而在有限长度内，域名所含的字母数字组合也是有限的，具有真实表面含义的组合日益稀少（据统计，权威的《韦氏辞典》中95%的英语词汇已被注册为域名）。

> **知识链接**
>
> 尽管有关国际组织正在研究增加新的顶级域名，但人们对以".com"为代表的顶级域名的偏爱未有些许退减。这些都造成了可用域名的稀缺，因此法律必须赋予域名注册人以域名权。所谓域名权，是指国际、国家及地区的机构、组织、部门以及个人对自己在国际互联网上依法注册登记的域名所享有的专用权，它具有版权和工业产权的双重权利属性。

### 2. 域名权的法律特征

（1）专用性（或称排他性）　域名权的专用性主要有以下两方面内容：一方面，域名权的权利人对域名享有独占的所有权，有权排斥与域名相同的商标或商号的不同持有人使用，也可以排斥第三人使用；另一方面，域名权的专用性是绝对的，它不需要任何法律"保护"，国际互联网本身排斥同一域名以同种表现形式存在，即同一域名在国际互联网上有且只有一种，不论法律主体所从事的业务属何种类，也不管其是否分别处于不同的国家，均不能获得相同的域名注册。域名权的这种特点与商标权不同的是，商标权的专用性是相对的。商标权人只在相同或相似的商品上享有专用权，并且当不同法律主体所生产或经营的商品根本不同时以及不同国家的不同法律主体就相同商标都可以分别享有商标权。

（2）无地域性　域名权的这项权利突破了传统知识产权法有关地域性的限制，这是因为域名权的运行载体（即互联网）不受地域限制。互联网具有国际性，其权利的产生也就不受地域性限制。域名权虽无地域性，但它要受到国际关系的影响，国际关系的好坏直接影响着域名权能否得以延续或者灭失。

（3）依附性　域名权是一种依附载体运行机制而存在的权利，这一点与商标权是相同的。这是因为域名权只是应用在国际互联网上的一项特殊权利，这种特殊权利是版权、工业产权或工业版权在特定物质载体（即互联网）上的一种特殊形式的体现，它有可能随着物质载体的消失而消失。

（4）权利互换性　域名权依附于互联网，若将它从互联网上复制下来，则该域名权即灭失。例如，将商号作为域名进行注册后，再将该域名从国际互联网上复制下来，复制后产生的就不再是域名权，而是该域名的原权利，即商号权。

### 三、域名的法律保护问题

域名通常都是按照"登记在先"的原则进行登记的，一旦有人先对某个名字进行了注册，其他人就不得再使用该名字来命名其网址。我国的《中国互联网络域名注册暂行管理办法》明确规定，按照"先申请先注册"的原则受理域名注册。企业往往选择与企业名称或与主要产品名称有关的名字来命名网址，有的干脆以公司产品或服务的商标来命名，从而非常有利于自己企业的发展。但在申请域名时会出现恶意抢注的问题以及同一商标的不同合法所有人在用该商标申请域名时的矛盾问题，对商标所有人的利益会产生不良后果。

对于企业用户而言，域名是企业向网上各个用户展示自己的标志，域名采用与企业名称或与产品、服务有关的名字甚至直接采用商标来命名，便于识记，起到宣传的作用。如果某企业的名称或者商标被他人抢注，该企业只能用别的与自己企业名称或者商标无法联系的名字命名域名，因此网络用户就可能访问不到该企业站点，而是访问到抢注者的站点，对该企业十分不利。也就是说，抢注者想要借助于被抢注者的良好名誉而得到网络用户的访问，一旦抢注成功，网络用户将无法访问到该域名真正代表的被抢注企业的站点，而是访问到抢注者的站点。目前，国际上囤积域名和抢注驰名商标作为域名等现象日益严重，例如，瑞士一家公司就抢注了包括英国广播公司（BBC）、法国《世界报》、瑞士军刀和印度航空公司等在内的数十个域名进行囤积；我国的红塔山、全聚德等许多驰名商标也被一些海外机构恶意抢注。

商标法允许同样的商标被不同的商品和服务的销售者使用，只要这些不同的商品和服务在市场上不会引起混淆，而与此相反，因特网由于其全球性的特点，仅仅允许一个主体使用一个特定的域名。因此，使用同一商标的不同商品和服务的销售者在申请域名时，都希望以这一商标作为自己域名的名称，这样就有可能发生冲突。

### 四、我国司法对域名权保护的现状及对策

#### 1．我国司法对域名权保护的现状

我国国内出现大量知名企业名称、驰名商标和其他特定称谓被他人抢注成网络域名的

现象。关于抢注其他企业的名称和商标名称作为域名的禁止性限制在《中国互联网络域名注册暂行管理办法》已经进行了规定，即不得使用他人已经在中国注册过的企业名称或商标名称注册域名。同时，在司法实践中，法院也已经开始做出维护被恶意抢注人的权利的判决或裁定。1998 年 3 月，被广东某制衣厂抢注其英文商标"KELON"作为域名的科龙集团向北京市海淀区人民法院提出诉讼，请求法院确认该制衣厂的抢注行为属于恶意侵权行为，令其承担相应的法律责任。这是我国第一例域名纠纷案，最后法院裁定该制衣厂注册"KELUN"域名行为属于非法，该制衣厂自知理亏，已向中国互联网信息中心提出申请，要求注销其注册的"http://kelon.com.cn"域名，并交回了注册证书。这说明我国已经认识到域名抢注行为的不良后果和保护名称和商标权利人利益的决心。但对于抢注别国企业名称或者商标名称的行为，我国法律尚未对此作出规定，由于 Internet 是全球性的，域名的唯一性也是在全球范围内的，因此对这种行为也应该作出规定。

我国的商标法只规定可受保护的标识为"文字、图案或其组合"，而没有把在网上出现的某一动态过程作为商标来保护。在网络环境下的商业活动已使人们感到用"视觉可感知"去认定，比起用"文字、图案"认定商标更能适应商业活动的发展的需要。当前在我国最突出的问题是，在网络环境下域名注册与商标权的冲突。

### 2. 我国司法对域名权保护的对策

2001 年 7 月 24 日，最高人民法院审判委员会会议通过并实施《关于审理涉及计算机网络域名民事纠纷案件适用法律若干问题的解释》，对公众关注的域名纠纷案件的案由、受理条件和管辖，域名注册、使用等行为构成侵权的条件，对行为恶意以及对案件中商标驰名事实的认定等，都作出了规定。这项司法解释的公布实施，标志着我国在计算机网络这一新的领域里已设置了对商标特别是驰名商标、商号以及合法公平竞争、域名等民事权益的司法保护和权利义务关系的司法调整机制，是对域名中使用他人注册商标是否属于侵权问题争论的明确回答。

认定被告实施的网络域名注册、使用行为是否构成商标侵权或不正当竞争，是依法正确审理域名纠纷的关键。这项司法解释明确规定了行为人注册、使用域名行为构成商标侵权或不正当竞争的 4 个条件：一是，原告请求保护的民事权益合法有效；二是，被告域名或其主要部分构成对原告驰名商标的复制、模仿、翻译或音译，或者与原告的注册商标、域名等相同或近似，足以造成相关公众的误认；三是，被告无注册、使用的正当理由；四是，被告具有恶意。当被告注册、使用域名等行为同时具备这 4 个要件时，法院应当认定其构成商标侵权或不正当竞争。

针对网络域名纠纷发生的实际情况，最高人民法院的司法解释还列举了 4 种最为常见的恶意情形：一是，为商业的目的将他人驰名商标注册为域名的；二是，为商业目的注册、使用与原告的注册商标、域名等相同或近似的域名，故意造成与原告提供的产品、服务或者原告网站的混淆，误导网络用户访问其网站或其他在线站点的；三是，以要约高价出售、出租或以其他方式转让这个域名获取不正当利益的；四是，注册域名后自己不使用也未准备使用，而有意阻止权利人注册这个域名的。只要涉及其中一种情形，法院就可以认定被告主观上具有恶意。根据这项司法解释的规定，法院认定域名注册、使用等行为构成商标侵权或不正当竞争的，可以判令被告停止侵权、注销域名，或者依原告的请求判令由原告注册使用这个域名，给权利人造成实际损害的，可以判令被告赔偿损失。

### 示例

交通银行（以下简称交行）拨出专款，通过注册机构厦门中资源网络服务有限公司一次性注册了包括"交行.cn"、"交行.中国"在内的上百个中文域名。交行注册域名的大手笔，成为国内企业重视保护中文网络品牌的表率。在交行首批注册的中文域名中，由于"交通银行.cn"、"交通银行.中国"和"太平洋卡.cn"、"太平洋卡.中国"等几个最为关键的域名已被人注册，当时并未能一次性注册完成。

### 分析提示

随着网络假银行事件频频爆出，网络安全问题日益突出，流失在外的"交通银行.cn"等域名已不只造成品牌流失的危机，还极有可能给交行和用户带来巨大的经济损失，因此交行委派专人持续追踪这几个域名的注册动态。通过信息收集，交行最终成功地拿回了"交通银行.cn"、"交通银行.中国"和"太平洋卡.cn"、"太平洋卡.中国"等几个关键的中文域名。现在，当用户需要登录交行网站获得在线服务时，只要在地址栏输入"http://交通银行.cn"或交行注册的其他中文域名，就可以直达交行网站。

在域名经济的发展过程中，一直进行着一场"投资与保护"的博弈。根据国际通行法则，域名注册遵循"先注先得"的原则。一旦企业域名被人先行收入囊中，企业唯有通过仲裁、诉讼或高价赎买的方式才能取回域名。无论采取何种方式，企业都将费时费力，甚至支付高额赎金。与其如此，还不如先行注册，永绝后患。然而，由于我国很多企业的域名保护意识并未建立，稍不注意就陷入域名缺失的危机之中。

资料来源：中华工商时报.

# 任务五　　了解电子商务税收

### 任务目标

了解电子商务税收中的法律问题和我国解决电子商务税收问题的对策。

### 任务相关理论介绍

#### 一、电子商务税收中的法律问题

电子商务的出现给税务部门带来许多的方便与机会，但也带来了新的挑战。

### 1. 电子商务税收的管辖权问题

世界各国实行的税收管辖权并没有一个统一的标准，按照税收控制要素（住所、机构及收入来源），有实行三种管辖权的，有实行两种管辖权的，也有只实行一种管辖权的，但不管实行怎样的管辖权，都坚持收入来源地管辖权优先的原则。但从电子商务出现以后，各国对收入来源地的界定发生了争议，网络空间的广泛性和不可追踪性等原因，使得收入来源地难以确定，其管辖权也难以界定。由于大多数国家都并行行使来源地税收管辖权和居民税收管辖权，就本国居民的全球所得以及本国非居民来源于本国的所得课税引起的国际重复征税，通常以双边税收协定的方式来免除。也就是说，通过签订双边税收协定，规定居住国有责任对于国外的、已被来源国课税的所得给予抵免或免税待遇，从而减轻或免除国际重复课税，但是电子商务的发展必将弱化来源地税收管辖权。

国际电子商务使得各国对所得来源地的判定发生了争议。这促使美国财政部认为居住地税收管辖权较来源地税收管辖权为优，倾向于加强居民税收管辖权而不是来源地税收管辖权。但是，居民税收管辖权也面临自身独特的挑战，虽然居民身份通常以公司的注册地标准判定，但是许多国家还坚持以管理和控制地标准来判定居民身份。随着电子商务的发展，公司更容易根据需要选择交易的发生地，其结果是电子商务的交易活动将会普遍转移到管辖权较弱的地区进行。

### 2. "常设机构"原则受到挑战

"常设机构"原则是当今国际税收领域的通行原则，它是联合国和经合组织（国际经济合作与发展组织）为了协调各国税法上关于营业所得来源地的判别标准不统一而设定的原则。电子商务使得非居民能够通过设在来源国服务器上的网址进行销售活动，此时该非居民拥有常设机构吗？如果该网址不用来推销、宣传产品和提供劳务服务，它是否能被认定为非常设机构而得到免税待遇呢？即使上述问题解决了，常设机构的概念似乎也不能为电子商务的来源国税收管辖权提供足够的保证。因为一旦由于某设备的存在而被认定为常设机构从而需要纳税，那么该设备马上就会搬迁到境外。

除此之外，还涉及到有关代理商的争议。关于常设机构的判定，经合组织范本和联合国范本一般引入"以人的因素构成常设机构"来判定，即对非居民在一国内利用代理人从事活动，而该代理人有代表该非居民经常签订合同、接受订单的权利，就可以由此认定该居民在该国拥有常设机构。对于电子商务，多数国家都希望网络服务提供商符合独立代理商的定义，从而可以将其视为常设机构，行使税收管辖权。

### 3. 所得税的性质难以界定

在多数国家的税法中，对有形商品的销售、劳务的提供和无形资产的使用区分为经营所得、劳务所得、投资所得等，并且规定了不同的课税依据。然而，在电子商务环境下，对以数字形式提供的数据和信息应视为提供服务所得，还是销售所得就很难判断了。例如，原来通过购买国外报纸而获得信息的顾客，现在可以通过上网服务获得相同的信息。在传统的信息渠道下，来源国政府能从报纸的销售中取得税收收入，但是现在来源国政府却不能对网上销售征收流转税从而取得税收收入。如果仍将网上销售视为销售产品，那么这种销售是在未使用来源国任何公共设施的情况下取得收入的，此时能说外国人逃避税收吗？也许将网上销售视为提供劳务更为合理，但是又该如何判断劳务的提供地呢？电子商务打破了劳务的提供地与消费地间的传统联系,虽然劳务的消费地在本国,但劳务的提供地并不在本国,这同样也限制了将网上销售视为劳务来征税。

#### 4．电子商务给税务管理带来的问题

在税务管理方面,电子商务这一新事物也给税务征收管理带来许多新的问题：

（1）由于来自电子的贸易有很大的流动性,对经营者从某国家市场获得收入的能力难以预测,对可能不断增加的交易也较难追踪。

（2）如果认定计算机服务器构成一个常设机构,是否应申报纳税报表？如需申报,哪些所得应归属于这个常设机构？哪些所得可以减除？

（3）电子商务的无纸化交易和纳税的无纸化申报,使账簿、凭证无纸化,而这些电子凭证又可以不留痕迹地被轻易修改。随着电子银行的不断发展,一些非记账的电子货币可以在税务机关毫无察觉的情况下完成纳税人之间的付款结算业务,这就使传统的纸制凭证为根据的税收征管失去了基础。所有这些给税收征管和稽查增加了难度。

（4）利用 Internet 进行的产销直接交易,导致了商业中介作用的削弱,从而使依赖中介代扣税款的作用也随之减弱。

## 二、我国解决电子商务税收问题的对策

我国电子商务市场刚刚启动,但发展非常迅猛。我国电子商务的税收政策,既要促进电子商务的发展,为电子商务创造一个宽松的外部环境,又要采取措施,防止企业通过 Internet 偷漏税款。借鉴国际先进经验,结合我国国情,应采取以下对策：

#### 1．制定相关税收对策的原则

现在世界各国普遍认为,税收中性原则应是处理电子商务税收政策的基本指导原则,即不能由于征税而阻碍新技术的发展,税收应该公平对待同一类收入,无论它是通过电子商务途径取得的,还是其他传统的商业渠道取得的。与西方发达国家相比,Internet 在我国的发展时间较短,国内对网上交易的税收问题还没有明确的解决方案。从理论上说,西方国家对网上交易和传统交易在税赋上应保持公平的原则是符合我国税收政策的；但是,如果我国对网上交易不制定出适合我国国情的税收政策,而是完全赞同美国等发达国家的态度,那么我国的经济利益将会受到严重的损失。最好的中性不是对网络交易开征新税和附加税,而是通过对一些概念、范畴的重新界定和对现有税制的修补来处理电子商务引发的税收问题。

#### 2．适当优惠原则

适当优惠原则,即对目前我国电子商务暂时采用适当优惠的税收政策,以促进电子商务的发展,开辟新的税源。电子商务作为一种新的贸易方式,具有传统商务所无法比拟的优点,但是由于我国科技水平和生产力发展的限制,电子商务在我国正于萌芽期,因此我国更应采取适当的税收优惠,以促进更多的企业上网交易,促进电子商务在我国的进一步发展。

考虑到网上交易在全球的发展,特别是如果世贸组织成员国对 Internet 采取零关税的政策持续下去的话,对发展中国家而言,则意味着保护民族工业最有效的手段之一——关税保护屏障将完全失效,市场将受到严重的冲击。因此,为了推动我国网上交易的发

展，使其增强世界范围内的竞争力，我国应对从事网上交易的企业实行优惠税率征税，但必须将通过网络提供的服务、劳务及产品销售等业务单独核算。如果没有单独核算的企业，一概不能享受税收优惠。

### 3. 居民管辖权和地域管辖权并重原则

在 Internet 实行零关税后，发展中国家的国门不再是保护国内企业的屏障。如果放弃地域管辖权，发达国家可以通过网上交易绕开发展中国家的关税壁垒，使发展中国家的关税丧失保护作用。我国如果许诺地域管辖权将造成税收收入的大量流失，这在实践上应引起高度重视。

在税收管辖权问题上，考虑到我国及广大发展中国家的利益，应坚持居民管辖权与地域管辖权并重的原则，再结合网上交易的特征，在我国现行的增值税、消费税、所得税、关税等条例中补充对网上交易征税的相关条款。具体到劳务提供的税务处理上，对网上提供劳务的税收问题，应采取特定的税率分成的方法，在居住国和收入来源国之间划分。此外，我国应该密切关注智能服务器的发展，保留对来源于智能服务器的所得征税权利，随着智能服务器业务范围的扩大，适时地采取相应的税收政策。

### 4. 加快实施电子征税

电子征税利用现代化设计和网络技术，以电子方式进行申报、纳税，有着传统纳税方式不可替代的优势。同传统缴税方式比，电子征税首先提高了申报的效率和质量，降低了税收成本。对纳税人来说，电子方式申报不受时间和空间的限制，方便、省钱；对税务机关来说，电子方式纳税不仅减少了数据录入所需的庞大的人力、物力，还大幅度降低了输入、审核的错误率。其次，由于采用现代化计算机网络技术，实现了申报、税票、税款结算等电子信息在纳税人、银行、国库间的传递，加快了票据的传递速度，缩短了税款在途滞留的环节和时间，从而确保了国家税收的及时入库。

# 任务六　学会虚拟财产的法律保护

## 任务目标

了解电子商务中的虚拟财产的界定和虚拟财产纠纷的表现形式，掌握虚拟财产的保护方面的知识。

## 任务相关理论介绍

随着网络游戏的不断发展，许多网络游戏的提供商提供虚拟财产（如游戏币等）用以标识用户在网络中的财富值。这引发了许多关于虚拟财产的法律问题。

## 一、虚拟财产的法律界定

### 1．虚拟性

虚拟财产首先要满足虚拟的特性，这就意味着虚拟财产对网络游戏虚拟环境的依赖性，甚至在某种程度不能脱离网络游戏而存在，当然也正是这一特征使得按照现行的法律难以对其进行调整与规范。

### 2．价值性

虚拟财产要成为法律上财产的一种，就必须具备财产的特性。财产应该凝结着某种体力或脑力劳动，并且具有稀缺性，有价值和使用价值。网络游戏中的一些虚拟角色、虚拟物品等的获得有两种方式：其一是通过不断的"练级"得到；其二是通过支付对价货币从其他玩家那里购得。因此虚拟角色等具有经济学上的价值的特点，而且这种价值在玩家这一特定的群体之间得到了普遍的认可和接受，这种虚拟财产应该成为法律意义上的虚拟财产。

### 3．虚现实性

虚拟物品或虚拟财产如果仅仅发生在虚拟空间里，也不能成为法律意义上的虚拟财产，只有与现实社会发生了某种联系，才有可能被界定为法律上的虚拟财产，这就排除了纯粹产生并存在于虚拟空间的所谓的"财产"，如大富翁游戏里的楼房、股票等，对于玩家而言，在虚拟世界里是有一定的意义的，但这不能作为法律意义上的虚拟财产。判断这种联系的一个重要的衡量标准就是，这种虚拟的物品或虚拟财产能否在现实中找到相应的对价，而且能否实现虚拟和现实间的自由转换。

### 4．合法性

这一特征主要是指虚拟财产获得方式的合法性，而不包括非法获得的虚拟财产，因为目前我国法律尚未明确将虚拟财产纳入法律上财产的范畴。通过非法方式获得的财产包括：通过使用外挂获得的虚拟财产、通过玩私服而得到的虚拟财产、通过玩非法游戏积累的虚拟财产以及通过非法途径入侵游戏程序修改虚拟物品属性而得到的虚拟财产等。例如，此类的虚拟财产对于特定范围内的玩家而言或许有一定价值，也可能发生了真实的交易关系，甚至这种交易存在的范围比较广，但这种虚拟财产不能被界定为法律上的虚拟财产。这是基于打击私服、外挂等网游顽症，维护虚拟世界的公平秩序的立法价值取向。

### 5．期限性

如果虚拟财产不具有期限性，那么会对网络游戏运营商带来一个难以估量的影响，意味着运营商倒闭或破产之时必须解决玩家财产损失的赔偿问题。因为一旦承认了虚拟财产的合法性且虚拟财产的所有权没有期限的限制，当因运营商的原因网络游戏无法继续运营时，虚拟财产的所有权将受到侵害且往往无法回复原状，那么运营商就应对此进行赔偿。而游戏中虚拟财产往往数额巨大，运营商难以赔偿或将背上沉重的包袱，尤其是当运营商运营情况不景气申请破产时，这将对网络游戏产业的发展带来很大的负面影响。

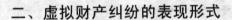

## 二、虚拟财产纠纷的表现形式

因虚拟财产而引发的或者与虚拟财产有关的纠纷主要有以下几种情形：

（1）虚拟财产被盗引发的玩家与盗窃者之间、玩家与运营商之间的纠纷。虚拟财产一旦被盗，玩家查找盗窃者往往比较困难，或者虽能找到但难以举证，因此一旦发生虚拟财产被盗，玩家往往会请求运营商协助提供证据。更多的是，玩家直接以运营商没有尽到应尽的安全义务为由将运营商告上法院。

（2）虚拟物品交易中欺诈行为引起的纠纷。虚拟物品交易已经非常普通，因利益驱使也滋生了大量的欺诈行为。例如，一方支付价款，而对方不履行移交虚拟物品的义务，或者虽然履行该义务，但与对方支付的对价不相符等。

（3）因运营商停止运营引发的虚拟财产方面的纠纷。运营商停止运营的原因很多，多数是因经营不善而终止运营，也有恶意终止运营的。不管哪种情况都会使得玩家的虚拟财产失去存在的依据和价值，因此往往会引起玩家和运营商之间的纠纷。

（4）游戏数据丢失损害到虚拟财产而引起的纠纷。数据的丢失，有的并不对虚拟财产带来影响，但也可能会引起有关服务质量方面的纠纷。在此谈及的是数据丢失对虚拟财产产生影响的情形，这种影响可以表现为虚拟物品属性的更改，进而影响到虚拟物品的价值；也可表现为虚拟物品的丢失使得玩家的虚拟财产化为乌有等。这些都可能引发玩家和运营商之间的纠纷。

（5）因使用外挂账号被封引起的虚拟财产的纠纷。使用外挂一般而言属非法行为。如果运营商有权对使用外挂的行为予以惩罚，那么这种惩罚能否延及玩家合法获得的虚拟财产呢？事实上的做法是，一旦玩家使用外挂，那么账号将被封，与之相连的用户的虚拟财产也等于被完全查封了，因此往往会引起有关的纠纷。还有一种情况就是运营商因判断错误而误封玩家的账号，这也会引起纠纷。

## 三、虚拟财产的保护

### 1．合同方式保护及其局限

有关虚拟财产的纠纷，在某种程度上都可以采取合同方式解决，但都有局限性。例如，虚拟财产被盗之前，运营商可以通过与玩家签订合同的方式约定彼此的权利和义务，这使得一旦发生纠纷，双方就按照合同约定来处理，操作比较简便，但是合同中运营商的义务比较难以界定。

### 2．计算机安全法保护及其局限

对于盗窃他人游戏账号，不论是采取何种手段，在目前我国民法没有明确保护虚拟财产的情况下，是可以通过计算机安全法来解决的，可根据我国的《计算机信息网络国际互联网安全保护管理方法》第六条第一款和第二十条来解决。这是在目前情况下对利益受到侵害的玩家比较可行的救济方法，但是这种救济方法的范围还是非常窄的，对于其他几种纠纷往往难以适用。

### 示例

喜欢网络游戏的张小姐，近日被盗号者弄得非常懊恼。她倾注了不少时间、精力的网络游戏账号被别人给盗了，盗号者不仅拿走了游戏中的装备，甚至连游戏密码也改了，她只能眼睁睁看着对方继续游戏，甚至高价叫卖她辛苦得来的装备。"我前几天才往游戏里充值了15元的点卡，盗号者就是花着我的钱在玩游戏的，根本没办法阻止。"张小姐说，这个游戏她从2005年就开始玩了，为了保证正常的游戏，她经常要购买点卡进行充值。

### 分析提示

虚拟财产本身价值难以通过估计系统进行评估。例如，在游戏迷心里，某种装备值500元甚至更高，但在普通人看来，或许一文不值，网民的受害程度也因此难以判断，这使得对后续工作的开展产生了一定的难度。按现行法律，Q币、QQ号、游戏装备等虚拟财产不属于法律保护的财产，因此申诉困难。针对日益严重的网络虚拟财产"流失"现象，目前司法界已有人士撰文呼吁网络虚拟财产应属于无形财产，法律应承认这种财产利益，其应受到法律的保护。

资料来源：中金在线网.

## 单 元 总 结

1. 电子商务法的含义及特征。
2. 电子商务中知识产权保护的特点及保护制度的建立与完善。
3. 电子商务引起的消费者权益保护问题。
4. 域名的含义及其法律保护问题。
5. 电子商务税收中的法律问题及我国解决电子商务税收问题的对策。
6. 虚拟财产的保护。

## 课 后 习 题

### 一、单选题

1. （　　）是指识别和定位互联网络上计算机的层次结构式的字符标识。
   A．IP 地址　　　　　B．域名　　　　　C．网址　　　　　D．HTTP
2. 网站随意公开或出售顾客填写的个人资料，主要涉及（　　）问题。
   A．知识产权　　　　　　　　　　B．信息不完整
   C．隐私权保护　　　　　　　　　D．网上广告欺诈
3. 电子商务税收中采取中性原则应（　　）。

A．开征附加税

B．通过对一些概念、范畴的重新界定和对现有税制的修补来处理电子商务引发的税收问题

C．新开征税

D．对电子商务免税

4．下列不属于虚拟财产保护的是（ ）。

A．存入电子银行保护 B．知识产权保护

C．计算机安全法保护 D．合同方式保护

5．电子商务使得非居民能够通过设在来源国服务器上的网址进行销售活动，这使得电子商务税收的（ ）受到挑战。

A．中性原则 B．管辖权原则

C．免税 D．"常设机构"原则

6．电子商务法的调整对象是电子商务交易活动中发生的各种（ ）。

A．经济活动 B．经济关系 C．社会活动 D．社会关系

## 二、多选题

1．从本质上讲，电子商务仍然是一种商务活动，因此电子商务法需要涵盖（ ）。

A．电子商务环境下的合同、支付、商品配送的演变形式和操作规则

B．交易双方和政府的地位、作用和运行规范

C．交易安全的问题

D．某些现有民商法尚未涉及的特定领域的法律规范

2．电子商务法的目的是（ ）。

A．从技术角度来处理电子商务关系

B．创立尽可能安全的法律环境

C．有助于电子商务各参与方之间高效率地开展贸易活动

D．促进电子商务的普及

3．电子商务法的特点包括（ ）。

A．程式性 B．技术性 C．开放性 D．复合性

4．对于电子商务中存在的知识产权，解决办法正确的是（ ）。

A．建立自律机制 B．加大执法力度

C．立即制定电子商务知识产权法 D．完善电子商务与知识产权立法

5．网上广告规范调整的难点主要包括（ ）。

A．如何对待未经许可的电子邮件广告 B．隐含在关键字中的广告

C．关于插播式广告的问题 D．网上广告的大小问题

## 三、简答题

1．为什么链接侵权时，设链接者往往不承担法律责任，而刊登侵权内容的网站承担责任？

2. 在电子商务活动中，哪些行为属于侵犯消费者隐私权的行为？

3. 何为虚拟财产？其发生纠纷的表现形式有哪些？

4. 为什么说电子商务给税务管理带来了许多问题？

## 四、实践操作题

1. 结合本单元内容，登录中国互联网络管理中心网站，查看《中国互联网络域名管理办法》全文，了解我国关于域名的管理办法。

2. 上网查看《中华人民共和国电子签名法》全文，了解电子签名法的内容。

## 五、案例分析题

**案例一**

网上仿冒域名和仿冒银行网站事件的发生会给企业带来不可估量的负面影响，许多跨国公司，如松下、大众等，为防止这种现象的发生先后注册了上百个相关的 CN 域名。例如，2005 年 3 月 14 日，松下注册了 102 个 CN 域名，其中包括含有北京、上海等地名缩写的 CN 域名。它们纷纷启动了在中国的域名保护战略。

问题：

（1）企业为什么要进行域名保护？可通过何种手段进行保护？

（2）我国国内企业目前域名的保护意识怎么样？

**案例二**

原告 Leslie Kelly 拍摄了许多美国西部的照片，这些照片有的放在 Kelly 的网站上，有的放在其授权的网站上。被告 Arriba Soft Corp.是搜索引擎经营商，该搜索引擎是以小的图片形式来显示搜索结果，被告通过采用链接和视框技术展示原告完整图片，用户通过点击任何一个被称为"拇指"的小图片，就可以看到一个和原来的图片一样大的图片，被告在展示图片的网页上还注明该图片的来源。当原告发现他的照片是被告搜索引擎图片数据库的一部分时，就向法院提起了侵权诉讼。法院认为被告虽完整地复制了原告的图片，但这些图片是以"拇指"图片形式存在的，因此其起到与原告原始图片完全不同的功能，被告的使用并不是替代原告的使用，因此其在搜索引擎中对"拇指"图片的制作和使用是一种合理的行为。

问题：根据案例，你认为 Arriba Soft Corp.的行为是否构成侵权？为什么？

# 第九单元　分析电子商务案例

随着信息技术的快速发展，电子商务正在发生着深刻的变化，各种商务模式均有较为广泛的发展与应用。本单元主要通过几个典型的案例来介绍电子商务。

## 任务一　研究 Dell 直销模式

### 任务目标

通过案例分析，了解 Dell 为实现网上直销所采取的网站架构和网络营销策略。

### 任务相关理论介绍

戴尔公司于 1984 年由企业家迈克尔·戴尔创立，他是目前计算机业内任期最长的首席执行官。他的理念非常简单：按照客户要求制造计算机，并向客户直接发货，使戴尔公司能够更有效和明确地了解客户需求，继而迅速地作出回应。

这种革命性的举措已经使戴尔公司成为全球领先的计算机系统直销商，跻身业内主要制造商之列。目前，戴尔公司是全球名列第一、增长最快的计算机公司，全球有超过 40 000 名雇员。在美国，戴尔公司是商业用户、政府部门、教育机构和消费者市场名列第一的主要个人计算机供应商及最大的服务器供应商。

#### 一、网站背景

戴尔公司设计、开发、生产、营销、维修和支持从笔记本电脑到工作站等一系列的计算机系统。每一个系统都是根据客户的个别要求量身订制的。戴尔公司通过首创的革命性的直线订购模式，与大型跨国企业、政府部门、教育机构、中小型企业以及个人消费者建立直接联系。戴尔公司是首个向客户提供免费直拨电话技术支持，以及第二个工作日到场服务的计算机供应商。这些服务形式现在已成为全行业的标准。

戴尔公司与技术开发人员、网站缔造者建立的一对一直接关系，为客户带来更多好处。直线订购模式使戴尔公司能够提供最佳价值的技术方案：系统配置强大而丰富，性能表现物超所值。同时，也使戴尔公司能以更富竞争力的价格推出最新的相关技术。

从每天与众多客户的直接洽询中，戴尔公司掌握了客户需要的第一手资料。戴尔公司提供广泛的增值服务，包括安装支持和系统管理，并在技术转换方面为客户提供指导服务。通过戴尔集成项目，戴尔公司设计并订制产品及服务，销售包括外围硬件和计算机软件等在内的广泛的产品系列。

今天，戴尔公司利用互联网进一步推广其直线订购模式。戴尔公司在 1994 年推出了http:// www.dell.com 网站（见图9-1），并在1996年加入了电子商务功能，推动商业向互联网方向发展。该网站销售额占公司总收益的40～50%。

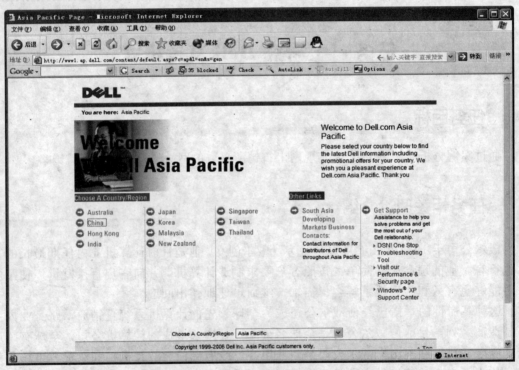

图9-1　戴尔公司亚洲网站主页

戴尔公司在全球 34 个国家设有销售办事处，其产品和服务遍及 170 个以上的国家和地区，其总部位于德克萨斯州。戴尔公司还在以下地方设立地区总部：中国香港，负责亚太区的业务；日本川崎，负责日本市场业务；英国布莱克内尔（Bracknell），负责欧洲、中东和非洲的业务。

## 二、网站建设

戴尔公司的网络业务小组的一个主要目标就是创建一个在访问量增加时可以很容易

伸缩容量的站点。戴尔公司采用了分布式方案，使用 Cisco 的分布式控制器在各个服务器之间平衡负载。这些服务器的内容彼此镜像，在网站访问量急剧上升时，戴尔公司可以在一个小时内增加需要的硬件容量来满足技术服务高速运转的要求。这个方案同时保证客户可以以最少的等候时间得到他们正在查找的数据，如价格和样品信息。

戴尔公司中国网站的主要栏目包括：

（1）"关于 Dell"栏目中有三个部分，如图 9-2 所示。一是"公司概览"，介绍公司发展的历史。二是"新闻办公室"，主要刊登戴尔公司新闻办公室关注的事件。在戴尔公司的网站上，可以方便地找到近三年来戴尔公司的各项活动和有关公司发展的重大财务事项。三是"事业"，主要是发布戴尔公司的招聘信息。

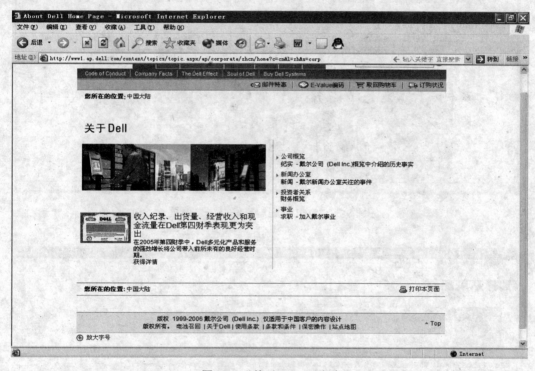

图 9-2　"关于 Dell"网页

（2）"网上购买"栏目。它分别按"Dell 家庭与家庭办公（见图 9-3）"、"小型企业"、"大中型企业"和"政府、教育与医疗机构"进行产品的介绍，并按计算机的类型，分别开设了"笔记本电脑"、"台式机"、"服务器、存储器及网络设备"、"打印机及墨盒"和"显示器、软件及外设"等产品的网上自选商店。客户可以选择戴尔公司的配套产品，也可以根据自己的需要，在网页上进行"自选配置"的操作，如图 9-4 所示。

（3）"订购状况"栏目，如图 9-5 所示。如果客户订购了戴尔公司的产品，就可以在这里了解到所订购的产品的进展情况，即从订单被接受的那一刻起到戴尔公司把机器运送到客户手里为止，客户都可以随时跟踪订单。即使是没有订购戴尔公司产品的网站浏览者，也可以了解产品生产的过程。

（4）"戴尔中文技术支持"栏目，如图9-6所示。其中主要包括技术方面的支持、常见问题和故障排除解答、驱动程序下载等。

图9-3 "Dell家庭与家庭办公"网页

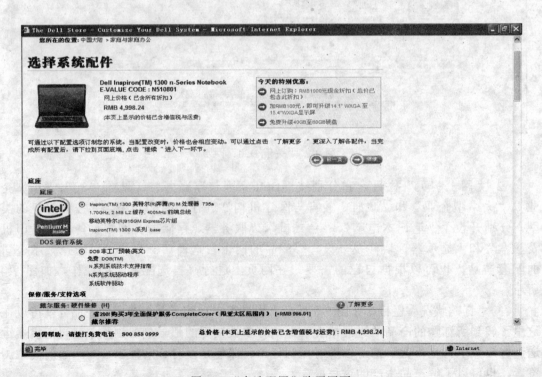

图9-4 "自选配置"购买网页

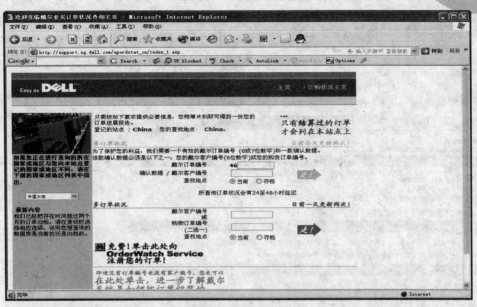

图 9-5 "订购状况"网页

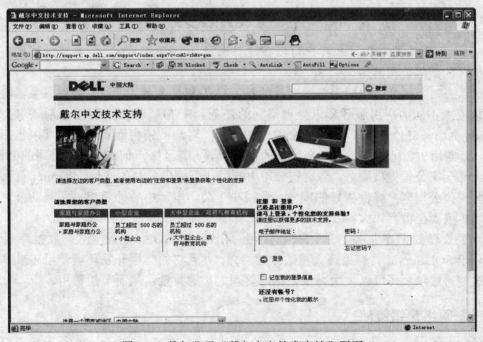

图 9-6 戴尔公司"戴尔中文技术支持"网页

（5）"选择付款方式"栏目，如图 9-7 所示。戴尔网站目前提供的支付方式包括网上支付、银行转账和信用卡在线支付，其中网上支付可以采用"支付宝"或者中国银联的银行卡等支付工具。

图 9-7  戴尔公司"选择付款方式"网页

（6）"站点地图"栏目。客户可以在这里选择一个国家或地区，并登录到相应的国家或地区的戴尔公司网站。

戴尔公司大部分的前端服务器存放的是 HTML 格式的静态页面，前端服务器将客户的需求流入不同的应用服务器以处理不同的任务。HTML 静态页面中包括戴尔公司的 Premier 页面（SM）服务。这种页面是专门为公司客户的销售而设计的。其中包括订购信息、订购历史、已经被公司客户认可的系统配置、甚至账户信息。戴尔公司的 Premier 页面向几千家公司提供服务，为这些公司中的每一个提供单独的网址。Premier 页面帮助戴尔公司为公司客户提供更好的服务，这减少了公司电话中心的负担，并帮助公司将它的市场扩展到全世界。大约 30%的 Premier 页面是为海外客户服务的。

为了处理数据库业务，戴尔公司采用 Microsoft SQL Server 作为数据库引擎。Microsoft SQL Server 具有处理大量数据的能力，并且它的应用开发环境使用起来非常简单，这使得戴尔公司可以大大减少数据库管理人员的数量，从而节约费用。

### 三、网络营销策略

戴尔公司主要通过自己的网站开展销售。戴尔公司的客户在登录到网站后，可以根据自己的需要提出系统配置要求，也可以选择以信用卡的形式购买产品。提交订单后，客户可以通过网站跟踪订单的处理进程，包括订单人的情况、产品的制造过程、装运环节等。产品装运以后，戴尔的网站与承运商保持联系，由承运商对每件产品设定提单号码，以便客户跟踪产品的配送情况。除了购买功能外，网站还保存着完整的服务和技术支持数据。

其中，光是疑难解答方面的资料就占了 35 000 个网页，并且戴尔公司指定了 12 名销售代表，专门为网上交易的客户提供服务，同时公司还指定了 2 名订单处理员负责处理网上订单。

客户通过因特网将订单发送给戴尔公司以后，公司网站的订单处理员负责接收订单，并按其市场细分进行归类，然后发送到相应的业务部门的电子邮箱中。在具体的业务部门，订单处理和销售代表团队的成员会对订单进行审核。如果订单完整，就会被输入到销售订单处理系统并发送到装配工厂，由工厂进行组装。

戴尔公司大部分的网上订单来自消费者和小企业部门。客户在登录网站后可以提交电子化订单，包括产品信息、订单执行情况和产品技术支持等。在戴尔公司的网站，客户对各种产品配置进行评估，获取实时报价，从而可以根据自己的预算和性能要求，配置最合适的电脑系统。戴尔公司的开发团队不断将网站更新，使之易于操作。例如，当客户登录到网站以后，可以选择进入不同的市场细分，如家庭或家庭办公室、小企业、大中企业和政府、教育系统等。然后，网站将客户引导到那些最适合他们使用的产品类别。同时，系统仍然保留先前的基本功能，包括根据客户的系统配置和价格要求列出参考产品，提供网上购买服务等。客户的自我细分为戴尔公司的机制带来了许多方便。例如，客户的订单现在无需经过细分处理环节，可以直接发送到具体的业务部门的电子邮箱中，从而加快业务流程。

## 知识链接

戴尔公司通过目标市场细分，将客户大致分为"交易型"和"关系型"，针对二者提供不同的服务，"交易型"客户的支付是通过公司采购订单、信用卡、租借合同等方式实现的，同时对"关系型"中的大客户，戴尔公司还提供主页服务，使得接受戴尔公司主页服务的客户平均进程缩短了一周，订单处理和配送流程也更加流畅。

### 四、技术和营销服务

戴尔公司认为，把技术服务和售后服务搬到网上，不但拉近了与客户的关系，还能收集客户的信息，降低销售成本。为此，戴尔公司主要做了三方面的工作：第一，通过网站提供产品的信息和知识，方便客户获取所需的资料，特别是技术资料；第二，设立在线客户反馈，方便客户及时寻求帮助；第三，编制客户邮件列表，方便客户了解产品的最新动态和注意问题。

戴尔公司成功的最大关键在于它对客户需求的快速反应和与个人计算机的新需求相应的发展策略。从每天与约 200 000 个客户的直接洽询中，戴尔公司掌握了客户需要的第一手资料。戴尔公司提供广泛的增值服务，包括安装支持和系统管理，并在技术转换方面为客户提供指导服务。戴尔公司灵活地使用它的 PowerEdge 硬件和微软产品来处理客户的信息请求、购买请求和发货请求，以及站点内容的开发和发布。在前端，分布着许多戴尔公司的部门级的 PowerEdge 服务器，它们负责管理整个网站。

戴尔公司为客户设计了完善的服务功能。戴尔公司的客户可以自己配置计算机，选择合理的价格，然后购买。客户通过建立一个 Premier 页账户就可以看到基于特定合同的目录和价格。这些事务通过集成在商业服务器的订单处理管道，从商业服务器发送到戴尔公司的订单数据库，客户可以回到站点并查询直接由戴尔公司的生产部门更新的订单状态。一旦客户提交了订单，他们可以登录到网站并且查到他们的一个或多个订单状态。这些状态信息是从戴尔公司的订单维护系统和分销商那里提取到的，然后通过因特网信息服务器反馈给客户。那些不喜欢经常检查他们订单状态的客户，可以使用订单查看窗口，输入一个订单号和一个 E-mail 地址，一旦订购的货物发出，系统就会自动地给客户发送一个电子邮件通知。

戴尔公司使用分析功能来处理日志文件和关于站点使用情况的报告文件。戴尔公司现在正在研究如何最好地使用分析后得到的数据，以将其和客户的个人爱好结合起来，使公司不但知道客户最喜欢访问哪些页面，而且能知道为什么。有了这些信息，销售人员就能更好地对客户情况作出报告，这对于公司向客户提供他们需要的产品和服务以及创建更有效的网站大有裨益。

# 任务二　　研究网上书店

## 任务目标

通过当当网的案例，了解当当网的特点，掌握当当网在电子支付方面的具体策略。

## 任务相关理论介绍

### 一、网站背景

当当网上书店成立于 1999 年 11 月，其所属公司从 1997 年就开始从事收集和销售中国可供书的数据库工作。当当网上书店是全球最大的中文网上书店，它由美国 IDG 集团、卢森堡剑桥集团、日本软库（Softbank）和中国科文公司共同投资，面向全世界的中文读者提供 20 多万种中文图书及超过一万种的音像商品。当当网上书店的使命是以世界上最全的中文图书使所有中文读者能获得启迪、得到教育、享受娱乐。2000 年 10 月，当当网上书店荣获"最佳购物网"的称号。2001 年 7 月，当当网上书店的日访问量就已超过 50 万，成为国内最繁忙的图书、音像网上店。当当网上书店为自己的定位是，要成为消费者心目中更多选择、更低价格的网上书店。

现在，当当网的销售额与西单图书大厦不相上下，而且更令人吃惊的是当当网每年保持着 80% 的增长速度，而传统书店却至多以 5% 的年增长率增长。当当网在短短的几年时间里就被缔造为全球最大的中文网上图书音像城，其所拥有的图书品种占大陆图书市场图书品种的 90%。当当网上书店主页，如图 9-8 所示。

图 9-8 当当网上书店主页

## 二、当当网特点分析

当当网上书店与国内的网上书店同行相比，它具有以下的特点：

（1）商品种类较多 当当网上书店经营 20 万种以上的图书（占中国大陆可供书总量的 90%）、上万种的 CD / VCD / DVD 音像商品以及众多的游戏、软件、上网卡等商品，它是目前国内经营商品种类最多的网上零售店。

（2）购物较方便 当当网上书店采用较先进的商品分类法，设置智能查询，并有直观的网络导航和简洁的购物流程，甚至还可以为初次购物者进行购物演示，这使消费者有了一个较为轻松、愉悦的购物环境，在一定程度上提高了成交量。

（3）配送系统较完善 当当网上书店在诸如北京、上海、广州、深圳、福州、杭州等 12 个大中型城市开通上门送货服务，并可采取货到付款、现金交易的支付方式，较好地体现了"以顾客为中心"的原则，从而能够更好地满足顾客的需求。

（4）促销措施多样 设立团购业务，对一次性购物 1 万元以上或订购同一品种图书 100 册以上的顾客按团购方式实行优惠措施；所有图书均采取折扣策略，并标明原价、售价及优惠率等，让顾客一目了然；设有特卖场，有针对性地将部分图书按 2～6 折不等进行特卖，提高销售量；对购书满 30 元顾客免运费，购音像满 30 元顾客返还 5 元等。

（5）注重社会关系与交流，扩大影响 当当网上书店设有"媒体看当当"、"我要评论"等互动性较强的栏目，通过与媒介的合作、与顾客的交流来达到扩大影响的目的。例如，当当联合总裁俞渝女士就曾亲自到新浪网与广大读者沟通交流；另外，被称为中国最美丽的城市电影、最新锐的探索电影的《那时花开》也选择当当网上书店为其网上首发商。

## 三、当当网上书店的电子支付方案

在当当网上书店购书时，一般要经过选书、查看购物清单和决定购买、选定收书地点和发书方式、选择交款方式、等待确认配货情况通知及等待发送图书、顾客退货和换货几个步骤，由于篇幅所限，在这里只重点介绍其选择交款的几种方式。当当书店提供网上和网下多种结算方式，顾客可以根据自己的情况选择适合自己的结算方式订购图书。

### 1. 网上支付

如果顾客选择的是网上用银行信用卡结算，则订单提交后将进入信用卡认证界面，在此顾客需选择信用卡种类和输入自己的信用卡号码等必要信息，然后提交给当当书店的认证中心。

目前，当当书店已经开通了以下银行的网上支付：

（1）招商银行一网通，适用于全国，实时结算。

（2）中国银行长城电子借记卡，适用于全国，实时结算。

（3）中国银行长城信用卡，适用于全国，实时结算。

（4）中国工商银行牡丹信用卡、存折账户。其中，信用卡适用于全国，北京 48 小时、其他地方 7~10 天完成结算；存折账户适用于北京地区，3 天内完成结算。

（5）浦东发展银行存折账户、东方卡，均限于北京地区，3 天内完成结算。

（6）建设银行存折、龙卡信用卡、储蓄卡，适用于北京。

（7）VISA 卡、Master 卡，适用于全球，3 天内完成结算。这两种信用卡可供外币用户进行货款结算，其结算价换算均依据新华社当日公布的外汇牌价现钞价执行。

（8）中国银行长城国际卡，适用于全球，实时结算。

当然，使用网上支付时，顾客必须进行安全认证，以确保网上通过信用卡直接进行书款划付时的有关信用信息，如账号、密码、身份证号码等，是经第三方安全机构提供的软件加密后进行传输的。如果顾客是第一次使用网上支付方式，还应在所用计算机中安装相应的安全认证软件，以保证网上购物过程中支付信息的安全传输。安全认证软件通常由顾客认证的安全机构提供，顾客购物时输入的信用卡资料将通过安全系统直接向认证系统提交，除了顾客和认证系统，包括当当网上书店在内的任何人都无法获知，所以顾客尽可放心输入。

例如，招商银行一网通卡的网上支付操作方法：顾客选购完图书并确认后，使用鼠标单击主页中的"一卡通付款"栏目，顾客就会进入招商银行的网站并进入支付程序。顾客在其中依次输入网上支付卡的卡号及网上专用密码，卡号的 10 位数字之间不能加空格；然后单击"支付确认"按钮，发出支付指令。如果此次支付申请没有成功，系统会给出提示信息；如果成功，货款当即从顾客账号划转到当当网上书店的账号。招商银行一网通卡每次网上支付金额最高为人民币 2 000 元，每日累计交易额最高为 5 000 元。顾客可随时通过招商银行网页"支付卡理财"专栏，查询订单是否已被确认，如有疑问，可与当当网上书店的客户服务部联系。

### 2. 网下支付

除了网上支付方式外，顾客还可通过银行转账、银行汇款、邮局汇款等多种非网上直接划付方式支付购书款。国内顾客可以通过邮局将书款汇到当当网上书店。网上订购时，当当网上书店确认顾客的订单后会发给顾客一个订单序号，所以顾客汇款时一定要在汇款单中注明自己的订单序号，以便当当网上书店对单发货。通过银行转账，国内单位用户可电汇到当当网上书店的银行账户。单位用户完成电汇后，还要发 E-mail 将转账日期、金额、户名、开户行、账号等告诉当当网上书店，或者将电汇回单传真给当当网上书店，以便其发货时核实。另外，国内个人用户也可以通过银行将书款汇入当当网上书店的账户。

### 四、当当网上书店的总结

分析国内大部分的网上书店，目前来说，它们至少在以下几方面还存在较大的不足：

（1）网上书店可供书数量小，网页更新速度慢，新书上架速度慢　网上书店应该是一个无限伸展的书库，它可以容纳无限的图书或图样，并且对内容的检索和查询不应受时空的限制，这样才能发挥网上书店的最大优势。

（2）部分网上书店不支持多种检索途径，图书信息不够详细，检索速度慢，检索效率极低　有些书目的查询，不但都没有结果，检索速度还非常的慢。而且就算检索到图书产品，也没有详细的出版信息来提供参考，这容易令顾客无所适从，从而直接导致网上选书效率的降低。

（3）货物配送系统效率低，价格也没有优势，不能使顾客达到省时省钱的目的　现在，就算采用全国性连锁店和可以借助全国性快递公司送货的网上书店，也最多是在大中型城市开通送货上门服务，其他业务基本上只能通过邮寄来实现。而且网上书店的价格比传统门市的价格并不便宜，再加上由顾客自己承担的送货费用，还远远没有就近实地购书来得实惠，这根本就不能体现网上购物省时省钱的目的。因此除了要价格适度外，货物的配送也是成功实现网上购书的瓶颈问题。

（4）网上交易不够安全，网上支付系统也不健全　从 2004 年的《中国互联网络发展状况统计报告》来看，顾客认为目前网上交易存在的最大问题是：安全性得不到保障占 23.4%；产品质量、售后服务及厂商信用得不到保障占 39.3%；付款不方便占 10%；网上提供的信息不可靠占 6.4%。这说明顾客普遍认为网上购物是不安全的，包括个人信息无法保密、产品质量和售后服务得不到保障等，这也是为什么大多数顾客选择货到付款（现金结算）的结算方式的主要原因。当然，对于支付这个瓶颈问题，与目前的网络和金融状况有很大的关系，如顾客持卡不普及、金融系统不健全、个人信息保密性低等。

# 任务三　分析阿里巴巴的网上交易

## 任务目标

了解阿里巴巴网站的构建，掌握其采用的网络营销策略。

## 任务相关理论介绍

传说中的阿里巴巴以一句"芝麻开门"打开了藏宝洞，网站设计者希望网络时代的

阿里巴巴网站成为全球商人获取商业机会的宝库，通过阿里巴巴的网络贸易，开启财富之门。阿里巴巴网站是目前世界上最大的网上贸易市场之一，提供来自全球186个国家（地区）的最新商业机会信息和一个高速发展的商人社区。每天注册成为阿里巴巴的商人会员超过1 000名，从1999年3月开创至今，网站已经汇聚了全球45万用户。阿里巴巴是国际贸易领域最大、最活跃的网上市场，库存买卖类商业机会信息超过30万条，每天新增买卖信息达1 500条左右，平均每条信息会得到3个反馈。

## 一、网站背景

阿里巴巴公司于1999年3月10日由中国互联网商业先驱创立，总部设在香港，以杭州为研究开发基地。阿里巴巴公司成立一周年之际，在上海设立中国公司总部。1999年10月，以美国著名投资公司高盛（Goldmen Sashes）牵头的国际财团向阿里巴巴注入500万美元的风险资金；2000年1月，日本互联网投资公司软库（Softbank）以2 000美元与阿里巴巴结盟。软库公司首席执行官亲自担任阿里巴巴首席顾问。

阿里巴巴公司有中国第一批IT人，也有刚刚加盟的新鲜血液；有归国创业的技术及管理精英，也有来自不同国家的外籍员工。整个队伍年轻、团结、朝气蓬勃，兼容并蓄。

## 二、网站建设

### 1．阿里巴巴目前成功运作了三个相互关联的网站

（1）覆盖全球国际贸易的英文站点 http://www.alibaba.com，如图9-9所示。

图9-9　阿里巴巴公司英文网站首页

（2）立足于中国大陆市场的简体中文站点 http:// china.alibaba.com，如图9-10所示。

图 9-10　阿里巴巴公司简体中文网站首页

（3）针对日中贸易的日文站点 http://www. alibaba.co.jp，如图 9-11 所示。

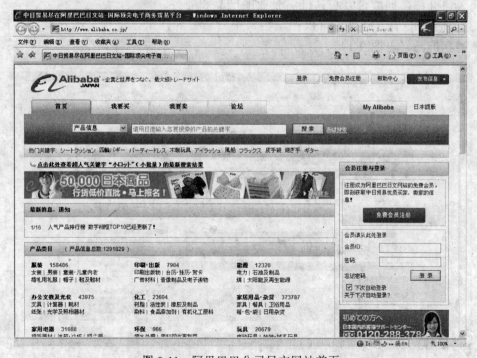

图 9-11　阿里巴巴公司日文网站首页

## 2. 阿里巴巴中文网站的主要栏目

（1）"我要采购"栏目 供买家登录的页面（见图9-12），可以在该栏目中查找卖家，发布求购信息，并通过"贸易通"与卖家在线洽谈，最终与卖家达成交易。

图 9-12 "我要采购"网页

（2）"我要销售"栏目 供卖家登录的页面（见图9-13），可以在该栏目中发布供应信息和公司介绍，向数百万买家推广企业的产品和业务。

（3）"阿里助手"栏目 可以在该栏目中查看商业往来，进行交易管理，并管理自己的商铺和产品（见图9-14）。

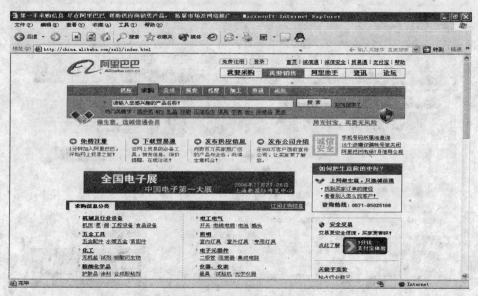

图 9-13 "我要销售"网页

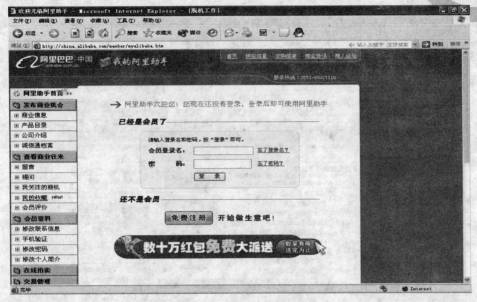

图 9-14　"阿里助手"网页

（4）"商业资讯"栏目　给交易双方提供化工、塑料、石油、橡胶、钢材等 24 个行业的商业信息，还有各种经营实务供用户参考（见图 9-15）。

（5）"商人论坛"栏目　用户进入该栏目（见图 9-16），可以登录按商务综合、行业商经、海阔天空等分类的各个社区，用户注册成功后可以在论坛社区中浏览意见、发表意见和回复。

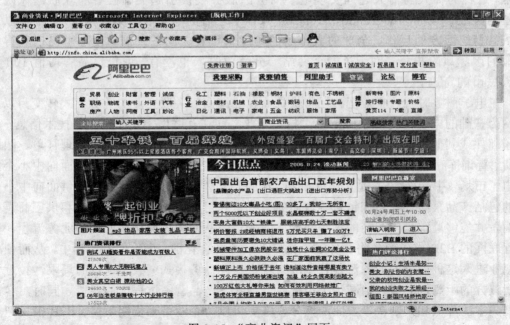

图 9-15　"商业资讯"网页

图 9-16　"商人论坛"网页

### 三、网络营销战略

阿里巴巴的理念是可信、亲切、简单。公司创立伊始，创始人就根据他们在互联网上的经验明确了其发展方向，即为商人建立一个全球最大的网上商业机会信息交流站点，这种为商人与商人之间实现电子商务的服务很快引起美国硅谷和互联网风险投资者的关注，被成为继 Yahoo、Amazon、eBay 之后的"互联网第四模式"。公司以东方的智慧、西方的运作、全球的大市场的角度来设计公司的发展，使阿里巴巴获得了巨额的国际风险投资，创造了一个网站一分营业收入也没有，而每日品牌增值 100 万元人民币的奇迹。

在电子商务时代，企业把自己与供货商、经销商等关联企业的业务模式转变为以互联网为基础的电子模式（网上模式）。相关企业之间在互联网上发布产品和技术信息，以电子邮件或其他基于互联网的通信方式进行交流，在网上寻货、订货、处理订单、跟踪供货、查询库存和销售情况等。阿里巴巴所独创的 B2B 模式实际上是主要面向中小企业的电子市场（中介网），它是由中介机构（阿里巴巴网）进行网站架构，提供面向中小企业的包括产品采购、信息和销售等方面的服务，它可以协助企业采购人员和供应商直接见面，并能够追踪供应商品的种类和价格的变化，从而大大简化企业间的业务流程。基于互联网的 B2B 电子商务将商务过程推广到一个社会化的、廉价的系统当中，从而使中小企业进入这种简化的业务流程领域成为现实。此商务模式突破了地域的局限，拉近了买卖双方的距离，并极大地减少了传统商务模式下产品营销过程中的耗费。同时，客户管理成本的降低和采购决策方面的充分参考更可以为企业带来长期效益。B2B 模式把企业及供应商、制造商和分销商紧密联系在一起。

# 任务四 分析携程旅行网的业务模式

## 任务目标

通过对携程旅行网的分析，了解其作为旅游类电子商务网站成功的几大关键因素，掌握其网站的业务模式，重点掌握其盈利模式。

## 任务相关理论介绍

### 一、网站概况

携程旅行网创立于 1999 年，总部设在中国上海，目前已在北京、广州、深圳、成都、杭州、厦门、青岛、南京、武汉、沈阳 10 个城市设立分公司，拥有员工 7 000 余人。作为中国领先的在线旅行服务公司，携程旅行网成功整合了高科技产业与传统旅行业，向超过 1 900 万会员提供集酒店预订、机票预订、度假预订、商旅管理、特约商户及旅游资讯在内的全方位旅行服务，被誉为互联网和传统旅游无缝结合的典范。凭借稳定的业务发展和优异的盈利能力，携程旅行网于 2003 年 12 月在美国纳斯达克成功上市。携程旅行网首页，如图 9-17 所示。

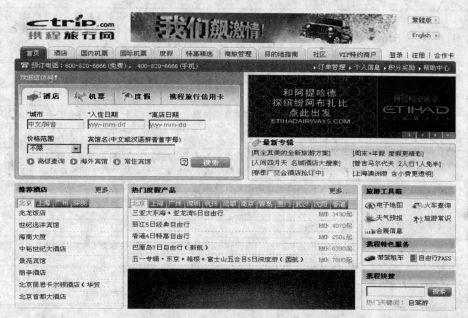

图 9-17 携程旅行网首页

网站立足于中国的实际情况，采用 3C 模式（Content：内容；Community：社区；Commerce：商务），即通过以旅行者为中心，将内容（旅游指南）、社区（网上咨询、交流）和商务（预订服务）三者有机融合。3C模式的成功运作使携程旅行网现已成为极富吸引力的旅游专业电子商务网站。携程旅行网现拥有全国各地2 000多个自然人文景观的综合旅游信息，涉及到吃、住、行、游、购、娱等多个方面，为旅游者提供多方面的预订服务，机票、酒店甚至旅行团都可以以优惠的价格预订。例如，旅游者通过执行简单的网上查询就可以获得28 000多家酒店的资讯情况，并可以3～7折优惠预订全球134个国家和地区的5 900余个城市的多家宾馆；此外，还有覆盖191个城市的7 600多条国内外航线信息可供查询和预订；网站还新增了"特惠精选"，提供了预订特惠酒店、特惠机票及特惠度假的服务。

## 二、业务模式分析

携程旅行网在充分借鉴美国的成功旅游服务网站的基础上，立足于中国的实际情况，设计出了3C旅游电子商务模式，简单地说就是以预订获得收入，奠定网站运营基础，以旅游指南、优惠价格吸引客户上网，并以网上旅行社区巩固上网客户。

### 1. 商务服务
携程旅行网提供的商务服务，见表9-1。

表9-1　携程旅行网提供的商务服务

| 客　户 | 商务服务 | 内　　容 |
|---|---|---|
| 大众客户 | 在线机票预订 | 确保客户在国内主要城市轻松享受订票、送票服务 |
| | 酒店预订 | 在中国大陆及港澳地区已有1 000多家各种星级/档次的签约酒店，由专业人员对每一家酒店进行认真地考察，以确保为客户提供酒店的品质。网站还有3 000多家的酒店信息可供查询，为客户商务旅行或周游各地提供服务 |
| | 旅行线路预订 | 各地排名前10位的旅行社为携程旅行网的客户提供了精选的旅游路线，可提供完善的旅游地安排及导游等服务。客户还可以根据自己的需要，自己设计线路，预订机票、宾馆等，实现轻松自助旅行。携程旅行网提供了各种可选的支付方式，可以是信用卡支付、银行转账，也可以是现金支付 |
| | 内容服务 | 携程旅行网有覆盖中国及世界各地旅游景点的目的地指南频道，其信息涉及吃、住、行、游、购、娱以及天气等诸多方面。同时，中文繁体版和英文版也极大地方便了港、澳、台地区及海外的客户 |
| | 旅游社区服务 | 携程社区为客户提供了交流和获取信息的场所，这里有许多融趣味性和实用性于一体的栏目，如"结伴同游"、"有问必答"和"游记发表"等。携程俱乐部已经在一些主要城市与当地一些著名的户外活动或体育俱乐部合作，开展了各种特色旅行活动 |
| 商旅客户 | 按企业的需求定制 | 公司可以按照企业特殊的出差政策、结算方式、服务要求来量身定制，携程旅行网推出的企业商务旅行管理系统已成为企业客户差旅管理一站式预订服务平台 |
| | 有效的出差费用管理 | 企业可以通过商务旅行管理系统，实时获得整个公司全面详细的出差费用报告，并可进行相应的财务分析，从而有效地控制成本，加强管理 |
| | 随时随地享受服务 | 通过因特网或800电话、400电话，企业客户在旅途中或在家里可以享受7*24h的便捷优质服务 |
| 休闲旅游者 | 完全个性化服务 | 利用携程旅行网不同价位的产品数据库，客户可根据自己的旅行嗜好，定制出一个称心如意的行程安排 |
| | 信息实用全面化 | 客户可以找到真正实用的旅游信息，做到出行前胸有成竹，出行中随时得到帮助 |
| | 旅行、交友、娱乐并重 | 客户在网上可和其他网民交流心得，还可寻找旅伴或导游 |

### 2. 盈利模式
旅游商务网站的盈利模式是指网站相对稳定的和系统的盈利途径和方式。盈利模式是否与目前的市场相符合，直接关系到网站的利润与效益，因此也是检验网站与传统资源结合效果的一个有效途径。

目前国内 B2C 旅游电子商务所面临的问题，有一些是不依赖经营者的主观意志所能迅速解决的，如市场、观念、体制和技术的普及等，这些因素都需要一段时间来逐渐改变。面对这样的市场环境和体制环境，旅游互联网企业只有在与传统旅游企业整合的基础上，调整和确立自身的盈利模式，才能生存并发展壮大。

携程旅行网的盈利模型主要由网站、上游旅游企业（如目的地酒店、航空票务代理商、合作旅行社等）和网民市场构成，其目标市场以商旅客户为主，同时也将观光和度假游客列为其重要的目标市场。酒店和机票预订是网站的主营业务，同时携程旅行网还将酒店与机票预订整合成自助游和商务游产品。对于商旅客户，携程旅行网还提供差旅费用管理咨询等相应服务。在与其他旅行社合作的情况下，携程旅行网也推出了一些组团线路，不过大多是出境游，而且数量有限。此外，携程旅行网还建立了目的地指南频道和社区频道。有效的信息沟通和良好的环境营造是盈利流程中不可或缺的辅助因素。

携程旅行网的收入主要来自以下几个方面。

（1）酒店预订代理费。这是携程旅行网最主要的盈利来源，虽然携程旅行网也明确了网上支付与前台支付的区别，但是大多只提供到目的地酒店前台支付房费的办法，所以携程旅行网的酒店预订代理费用基本上是从目的地酒店的盈利折扣返还中获取的。

（2）机票预订代理费。这是从顾客的订票费中获取的，等于顾客订票费与航空公司出票价格的差价。

（3）自助游与商务游中的酒店、机票预订代理费。其收入的途径与前两项基本一致。

（4）线路预订代理费。携程旅行网通过与其他一些旅行社的合作，经营一些组团的业务，但这不是携程旅行网的主营业务。

除了酒店预订大多采用酒店前台支付的办法，对于其他三项的交易而言，顾客既可以选择网上支付，也可以选择线上浏览、电话确认、离线交易的办法。虽然携程旅行网也采取积分奖励的办法来鼓励网上支付，但是大部分交易还是离线完成的。

就网站的功能而言，作为一个整合了传统企业资源的 B2C 旅游电子商务网站，携程旅行网的目的简单而明确，就是通过网络实现盈利。因此，其服务功能是围绕预订而设立的，包括了在线和离线交易、信息咨询和社区环境建设；就网站的主营业务而言，携程旅行网原本就是以酒店预订为主，在购并了国内规模较大的订房中心运通公司之后，携程旅行网在酒店预订方面的实力得到了进一步的加强。由于缺乏强有力的旅行社作为传统资源支撑，虽然携程旅行网也经营一些线路，但是无论从数量上还是价格上，都显示不出竞争优势。

因此，携程旅行网的盈利模式很简单，即机票和客房的差价。它的核心竞争力可归纳为：① 规模。拥有先进的网络资源和业内最大的呼叫中心，实行大规模集中化处理方式。② 技术。自行开发客户管理系统、呼叫排队系统、订单处理系统、电子地图查询系统等。③ 系统的流程。打破传统小作坊模式，通过系统化规范，将整个运作过程通过合理的分工进行流水化操作，使得错误发生概率极小，从而使整个服务质量达到最优。④ 理念。重视对服务人员理念的强化，定期进行相关的培训。

### 三、成功因素分析

携程旅行网虽然成立时间不太长，但是在很多方面做了很多有益的创新，取得了巨大的成功。可以说，携程旅行网的成功很大原因在于携程旅行网的创新，其主要体现在如下三个方面。

#### 1．服务模式的创新

在以前，可能没有任何大规模的酒店愿意为单个客户提供先预订再住酒店的服务。因为对于单个客人来说，事先付款再住酒店会带来许多麻烦。例如，客人早退房或者晚退房，这些会牵扯到退押金、增补房费的问题，给酒店和客人都会造成麻烦。

一些旅游服务企业认为改变传统旅游服务模式比较困难，因为就传统旅游模式来说，客户除了参加旅行社的组团活动会考虑先付款，很少有以个人名义住酒店的客户会采取先付款再住酒店的方式，但是随着互联网的发展，传统模式的旅游服务已经不能满足客户的需求。携程旅行网正是看到了传统模式的服务行业在这一方面有很多需要改变的地方，所以携程旅行网利用机票、自助游等一系列服务手段的创新将这种新鲜的服务模式进行发展，形成一种新的商业模式。

市场上充斥着大量机票预订需求，但是传统的旅游服务模式是不能便捷快速地满足这类需求的。例如，商务客户需要在北京订一张从杭州到上海的机票，利用传统的旅游服务模式是做不到的。携程旅行网在机票预订服务方面做了很大的探索，和40多个供应商联手打造了一个全新的运营模式，这种模式推出之后，携程旅行网的机票预订服务以单家的票务公司来说已经成为全国最大的。另外，携程旅行网也在推广自游行的概念，虽然在携程旅行网之前也有企业在做自助游，但是没有形成一个新的服务模式。携程旅行网花了很多教育市场的成本，立志把自游行这个概念变成很多白领出行的首选方案。

#### 2．服务渠道的创新

传统的旅游服务企业是很少借用外力（如互联网）来进行宣传，也很少和一些强大的公司联手打造新的营销渠道。而携程旅行网是旅游业电子商务公司，与传统旅游服务公司有很大的不同。它除了有比较好的网站之外，还将很多旅游服务公司加入到携程旅行网的门店中，实现双赢、多赢，把别人的渠道变成自身产品推广、服务理念推广的渠道。

携程旅行网近几年借助外力强强联合，不仅同银行合作推行了含保险等众多增值服务的联名卡，还和电信运营商共同推出一些预订服务，并且携程旅行网和国内的各大航空公司几乎都有合作的协议，为各大航空公司的常客提供后序服务。这些是使携程旅行网成为行业领头羊的重要因素。

#### 3．技术手段的创新

一般观点认为服务企业都是没有什么技术含量的，而事实上，把一个企业推进成为一个现代服务企业，非常重要的一个核心竞争力就是企业的技术手段。

在携程旅行网成立之前，中国传统的服务企业还没有真正意义上的大规模服务业的呼叫中心。携程旅行网在客户服务方面开了很多先河，例如：客户在第一次使用携程旅行网的呼叫中心后，以后再使用就可以被自动识别，非常方便；客户在携程旅行网做过一次信用卡担保，第二次只需报出卡号，携程旅行网就可以为客户做机票担保。

携程旅行网的呼叫中心包含了网站的很多技术框架，每个客户的需求以及投诉都可以追踪，不论何时打电话进行相同问题的咨询，呼叫中心的服务人员都可以把需要咨询的问题查找出来。携程旅行网还运用高新科技将客户的资料以及员工的操作动作进行记录，用以测评分析，用量化的结果评估工作。

# 单 元 总 结

1. 戴尔公司的网络营销策略。
2. 当当网在电子支付方面的具体策略。
3. 阿里巴巴公司的网络营销策略。
4. 携程旅游网的盈利模式。

# 课 后 习 题

## 一、单选题

1. 戴尔公司的主要销售模式是（　　）。

   A．直接销售　　B．间接销售　　　C．经销商销售　　　D．代理商销售

2. 戴尔公司采用（　　）作为其数据库引擎。

   A．PB　　　　　B．Oracle　　　　C．Access　　　　　D．Microsoft SQL Server

3. 戴尔公司成功的最大关键在于（　　）。

   A．价格便宜　　B．质量上乘　　　C．快速反应　　　D．功能强大

4. 在当当网上书店购书的主要步骤是（　　）。

   A．选定收书地点与发书方式→选书→选择交款方式→等待配货→送货完成

   B．选书→等待配货→选择交款方式→选定收书地点与发书方式→送货完成

   C．选书→选定收书地点与发书方式→选择交款方式→等待配货→送货完成

   D．选书→选择交款方式→选定收书地点与发书方式→等待配货→送货完成

5. 阿里巴巴网站是典型的（　　）模式。

   A．B2G　　　　　B．B2C　　　　　C．C2C　　　　　　D．B2B

## 二、多选题

1. 在管理上，（　　）是当当网上书店的制胜法宝。

   A．独特的商业模型　　　　　　　　B．高额利润

   C．成本控制　　　　　　　　　　　D．合理的费用结构

2. 携程旅行网的3C模式包括（　　）。

   A．Community　　B．Commerce　　　C．Cost　　　　　D．Content

3. 在携程旅行网中，提供给商旅客户的服务有（　　）。

    A．完全个性化服务　　　　　　　　　B．随时随地享受服务

    C．按企业的需求定制　　　　　　　　D．有效的出差费用管理

4. 携程旅行网的创新体现在（　　）。

    A．技术手段　　　B．服务渠道　　　C．业务手段　　　D．销售渠道

5. 以下属于非网上直接划付方式的有（　　）。

    A．银行转账　　　B．银行汇款　　　C．银行卡　　　D．邮局汇款

## 三、简答题

1. 戴尔公司的网上直销给顾客带来了哪些好处？

2. 当当网上书店作为全球最大的中文网上书店，具有哪些独特的特点？

3. 当当网上书店的电子支付方案有哪些？

4. 当当网上书店的不足之处都有哪些？

## 四、实践操作题

1. 在戴尔公司的网站上进行一次模拟购物，体现直销模式的特点。

2. 访问 2～3 家旅游网站，比较它们的服务特色。

# 参 考 文 献

[1] 邵兵家. 电子商务概论[M]. 2版. 北京：高等教育出版社，2006.

[2] 祁明. 电子商务实用教程[M]. 2版. 北京：高等教育出版社，2006.

[3] 宋文官. 电子商务实训[M]. 北京：高等教育出版社，2004.

[4] 司志刚，濮小金. 电子商务导论[M]. 北京：中国水利水电出版社，2005.

[5] 宋文官. 电子商务基础[M]. 大连：东北财经大学出版社，2004.

[6] 卞艺杰，陈京民. 电子商务导论[M]. 北京：中国水利水电出版社，2005.

[7] 屈云波. 网络营销[M]. 北京：企业管理出版社，1998.

[8] 方美琪. 电子商务概论[M]. 北京：清华大学出版社，2000.

[9] 黄敏学. 电子商务[M]. 北京：高等教育出版社，2002.

[10] 姜旭平. 电子商务与网络营销[M]. 北京：清华大学出版社，1998.

[11] 龚炳铮. 电子商务案例[M]. 大连：东北财经大学出版社，2002.

[12] 韩宝明，杜鹏，刘华. 电子商务安全与支付[M]. 北京：人民邮电出版社，2001.

[13] 劳帼龄：电子商务安全与管理[M]. 北京：高等教育出版社，2003.

[14] 董惠良. 网络营销[M]. 北京：高等教育出版社，2006.

[15] 覃征，岳平，田文英. 电子商务与法律[M]. 北京：人民邮电出版社，2001.

[16] 张楚. 电子商务法教程[M]. 北京：清华大学出版社，2005.

[17] 刘春田. 知识产权法[M]. 北京：中国人民大学出版社，2000.

[18] 郑承志. 电子商务与现代物流[M]. 大连：东北财经大学出版社，2005.

[19] 沈凤池. 电子商务概论[M]. 北京：中国电力出版社，2005.

[20] 张卓其. 网上支付与网上金融服务[M]. 大连：东北财经大学出版社，2005.

[21] 方程. 电子商务概论[M]. 北京：中国商业出版社，2003.

[22] 王自勤. 现代物流管理[M]. 北京：中国商业出版社，2003.